JN424343

드론
2021년 3월
관련법 개정

드론의 정석

윤홍주 지음

초경량비행장치 무인멀티콥터 (회전익 드론)
- 1종, 2종, 3종 필기시험 대비용
- 4종 온라인시험 대비용

별책부록 [기출문제집]

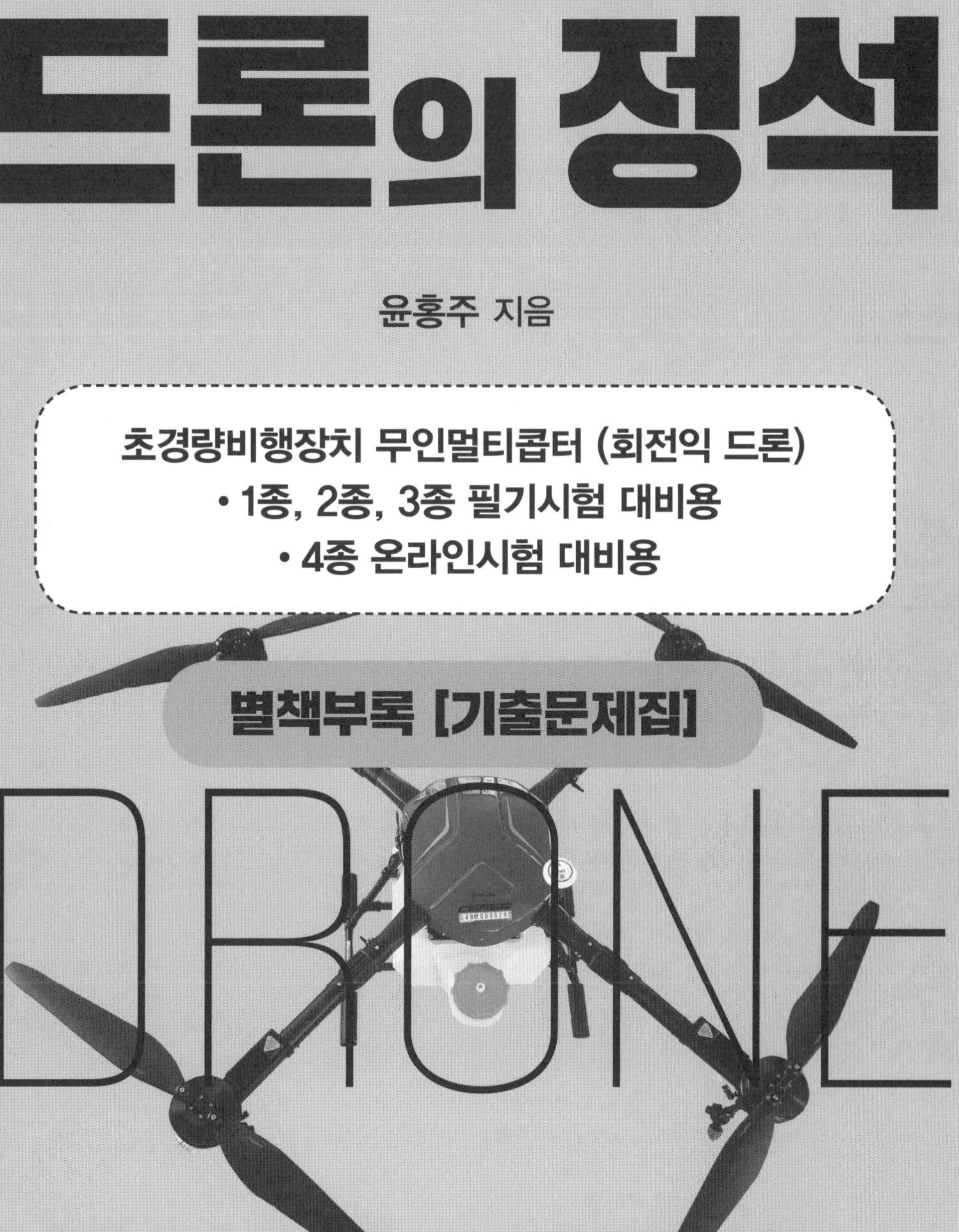

도서출판 WisdomPL

지은이

윤 홍 주

현 · 부경대학교 공간정보시스템공학과 정교수, 드론융합(공유)전공학과 주임교수, 대학원
· 행정공간정보화드론학과 주임교수, 드론연구소 소장, 공간 Bigdata센터 센터장
· 한국전자통신학회 회장, 한국클라우드협회 부회장
· 부산시 지능정보산업협의회 위원장, 4차 산업혁명 대응협의체 위원
· 해양경찰청 과학수사 자문위원, 정책 자문위원

전 기상청 국립기상과학원 연구관, 전남대학교 해양공학과 조교수, 한국생태공학회 회장, 국토교통부 GIS교육 거점대학 단장, 공간정보 융복합 핵심인재 양성사업 단장

학력 프랑스 Grenoble I 대학교 공학박사(해양원격탐사, 해양GIS, 해양정보관리)

저서 해양원격탐사, 해양정보관리, 해양일반, 해양환경 및 해양오염 등 다수

출제 기술고시·7급 공무원(기상), 기술사(예보), 수능(해양, 지구과학) 출제 및 평가위원

자격증과 초경량비행장치 조종자, 지도조종자

실무검토

송 도 민

현 · 부산직업능력교육원 대표 (www.123.or.kr)
· 한국해양대학교 스미트융합기술센터 자문위원

학력 부경대학교 대학원 행정공간정보화드론학과 박사과정

자격증 초경량비행장치 조종자, 지도조종자

이 종 헌

현 · 한국연합드론전문교육원 원장

학력 부경대학교 대학원 행정공간정보화드론학과 박사과정

자격증 초경량비행장치 조종자, 지도조종자, 실기시험 평가위원

한 창 기

현 · 부산직업능력교육원 고문
· 시사매거진 부산·울산·경남 취재본부장
· 한국소비자연맹 부산·경남 자문위원

학력 부경대학교 대학원 행정공간정보화드론학과 석사과정

자격증 초경량비행장치 조종자, 지도조종자

양 재 근

현 · 이선코리아 대표이사

학력 부경대학교 대학원 행정공간정보화드론학과 석사과정

머리말

드론 조종자 자격증 취득과 관련하여, 기존에는 단일체계로 필기시험과 실기시험이 이루어졌다. 하지만 2021년 3월 1일부터 단일체계가 드론의 중량(최대이륙중량)에 따라 1종, 2종, 3종, 4종으로 세분화되었다. 반면에 사업자뿐만 아니라 일반인들도 드론을 조종하기 위해서는 자신이 사용하고자 하는 드론이 4종을 제외한 나머지 종(1종, 2종, 3종) 중의 어느 하나에 해당한다면, 그 종에 대한 자격증을 취득할 수 있도록 법제화가 되었다. 이처럼 세분화함으로써 현재 어떤 면에서는 복잡하고 불편한 점과 혼선이 있겠지만, 한편으로는 장기적으로 볼 때 공공의 이익과 안전이 우선이라는 측면에서 제도가 정착되면 향후 긍정적인 면이 더 많을 것이다.

최근 4차 산업혁명과 맞물려서 새로운 중요한 코어 기술의 한 분야인 드론산업이 수많은 산업분야(실시간 관측 및 감시, 검사, 점검, 해양, 기상, 농업, 산림, 환경, 물류 배송, 마케팅, 광고 등)에서 다양한 형태로 활용 및 운용되면서 주목을 받고 있다. 아울러 드론 기술의 응용은 새로운 가치 창출과 새로운 직업군으로 발전할 것으로 예상된다. 현재 이에 겹쳐서 드론 조종 자격취득자 수가 가파르게 증가 추세를 보이고 있다(무인멀티콥터: 2014년에 606명에서 2021년 4월 현재 전체 조종자격 취득 50,000명 이상, 출처: TS한국교통안전공단). 그리고 조종자 자격취득이 초경량비행장치의 무인동력비행장치들 중에 무인멀티콥터(회전익 드론) 조종에 거의 모두 집중하고 있다(무인멀티콥터에 비해 무인비행기 및 무인헬리콥터의 자격증 취득자가 매우 극소수이다).

이상과 같이 조종자 자격증의 세분화 및 회전익 드론 조종자의 집중화라는 2가지의 특수 상황을 이제는 고려할 때가 되었다. 이러한 현실을 바탕으로 앞으로는 새로 자격증 취득을 원하는 대다수의 일반인을 위한 회전익 드론 중심의 맞춤형 교과서 및 수험서가 필요하다고 하겠다. 그리고 이제 필기시험 시, 주로 회전익 드론과 관련된 문제들이 많이 출제되어야 할 것이다. 또한 현장(드론 교육장)에서도 회전익 드론 중심의 필기교육으로 시스템이 바뀌어야 한다는 주장들이 상당히 설득력을 얻고 있는 실정이다. 따라서 저자는 이러한 이유에 부합하기 위하여 본서를 집필하게 되었다. 집필의 기본 취지는 이 분야에 거의 경험이 없는 자격증 취득을 위한 수험자들(자격증 취득이 필요 없는 4종의 온라인 시험 수험자도 포함)이 부담 없이 쉽게 공부하고 이해하게 하여 필기시험의 합격을 도우는 것이다. 부가적으로는 4차 산업혁명 기술 등을 연계한 회전익 드론 중심의 새로운 학문적 이론체계를 지속적으로 만들어나가는데 부족하나마 일조하는 것이다.

제1장은 [드론의 이해] 부분인데, 무인기의 정의와 분류 그리고 과거에서 현재까지의 발전사를 기술하였다. 그러나 기존의 비행기, 헬리콥터 등의 역사에 대하여는 기술하지 않았다. 제2장은 [비행이론과 운용] 부분인데, 멀티콥터를 중심으로 한 드론의 형태분류, 구조와 조종기, 센서 종류, 비행 모드, 모터, 프로펠러, 배터리 등에 대하여 일반인들이 쉽게 이해할 수 있도록 기술하였다. 또한 비행운용 절차와 조치, 비행안전 및 비행교수법, 비행 절차에 대하여 요약 정리하였다. 제3장은 [항공역학] 부분인데, 항공역학에 기본이 되는 비행원리(비행이론)만 간략히 기술하고 멀티콥터를 중심으로 한 기체의 기동과 기동의 원리에 대하여 설명하였다. 아울러 드론의 기술과 활용 방안에 대하여 알아본다. 제4장은 [항공기상] 부분인데, 7대 기상요소들에 대하여 알아보고 일기도에 사용되는 기호들과 기상보고 등에 대하여 이해를 한다. 마지막으로 제5장은 [항공법규] 부분으로 항공안전법, 항공사업법, 항공법 시행규칙에 대하여 알아본다. 이 장은 독자들의 이해를 돕기 위하여 각각의 법을 조항별로 세분화하였다. 따라서 체계적인 학습으로 쉽게 공부하는 데 많은 도움을 줄 것이다. 부가적으로 필기시험에 대비하여 본서의 별책부록인 [기출문제집]을 동시에 발간하였다. 이 별책부록을 유용하게 잘 활용한다면 기대 이상의 좋은 결과를 분명히 가지게 될 것이다.

본서는 시중에 나와 있는 국내외 많은 드론관련 서적 및 수험서들도 참고했음을 밝혀둔다. 이 분야의 문외한이 첫발을 내디디면서 많은 부분에서 현장과 현실을 잘 반영하지 못한 부족한 내용이 많을 것이다. 독자들의 따가운 질책과 비판을 수용하면서, 앞으로 이러한 문제들은 개정증보판을 통해서 지속적으로 보완해 좋은 지침서가 되도록 노력할 것을 약속드린다. 이에 본서에 대한 독자 여러분들의 애정 깊은 관심과 이해를 부탁드린다.

끝으로, 집필과정에서 바쁜 시간 중에도 기꺼이 감수를 맡아준 부경대학교 대학원 행정공간정보화드론학과 박사과정의 송도민과 이종헌, 석사과정의 한창기와 양재근에게도 고마움을 전한다. 특히 송도민은 본서의 별책부록인 [기출문제집]을 작성하는데 많은 기여를 하였다. 이에 깊은 감사함을 다시 표한다. 또한 본서를 출간하는데 애써주신 위즈덤플 송기수 대표님, 원고 교정과 삽화 정리에 노고를 아끼지 않으신 김명신 실장님과 편집부 직원 여러분께 심심한 감사를 드린다.

2021년 5월

용호만 용소에서

저자 윤홍주

차례

1

드론의 이해

1.1 드론의 정의 및 분류
1.2 드론의 발전사

1.1 드론의 정의 및 분류

일반적으로 드론(Drone)으로 알려진 무인기 혹은 무인 항공기(UAV, Unmanned Aerial Vehicle)는 인간 조종사가 탑승하지 않은 항공기를 말한다.

드론이라는 용어는 '벌이 날아다니며 윙윙대는 소리'라는 의미를 가지는데, 무인기를 지칭하는 최초의 용어이다(1930년 영국에서 'Queen Bee'라는 무인표적기를 개발하여, 이를 'Drone'이라는 용어로 널리 불리고 있다). 우리나라 국립국어원에서는 드론이라는 영어 표현 대신에 우리말 순화어로 '무인기'로 순화하여 사용하기를 권장하고 있다.

미국 연방항공국(FAA, Federal Aviation Administration)은 드론을 '원격조종 및 자율조종으로 시계 밖 비행이 가능한 민간용 비행기로 승객이나 승무원을 운송하지 않는다'로 정의한다. 우리나라 항공안전법에 무인비행장치의 정의는 '항공기에 사람이 탑승하지 않는 무인 동력비행장치와 무인 비행선'으로 되어있다.

무인기는 무인 항공기 시스템(UAS, Unmanned Aircraft System)의 구성 요소를 가지는데 무인기, 지상 기반 컨트롤러 및 둘 간의 통신 시스템을 포함한다. 무인기의 비행은 다양한 수준의 자율성으로 작동 할 수 있다. 사람이 원격으로 제어하거나 자동 조종 장치인 온보드 컴퓨터(on board computers)가 자율적으로 제어를 한다. 승무원 항공기와 비교할 때 무인기는 원래 인간에게는 너무 "지저분하거나 더럽거나 위험한" 임무에 사용되었다. 오래전부터 드론은 주로 군사용으로 사용되었지만, 최근에는 항공사진 촬영 및 측량, 제품 배송, 농업, 치안 및 감시, 인프라 검사, 과학, 밀수, 드론 경주 등에 활용되고 있다.

대중이 더 많이 사용하는 드론이라는 용어는 전함의 총포 발사 연습에 사용되는 초기 원격 비행 표적 항공기와 관련하여 만들어졌으며, Fairey Queen(1920년대) 및 de Havilland Queen Bee(1930년대)라는 표적 항공기와 함께 처음 사용되었다. 이 두 표적 항공기는 GAF Jindivik으로 최종 교체되기 전에 유사한 이름으로 각각 Airspeed Queen Wasp와 Miles Queen Martinet라는 이름으로 서비스되었다.

상업용 드론들

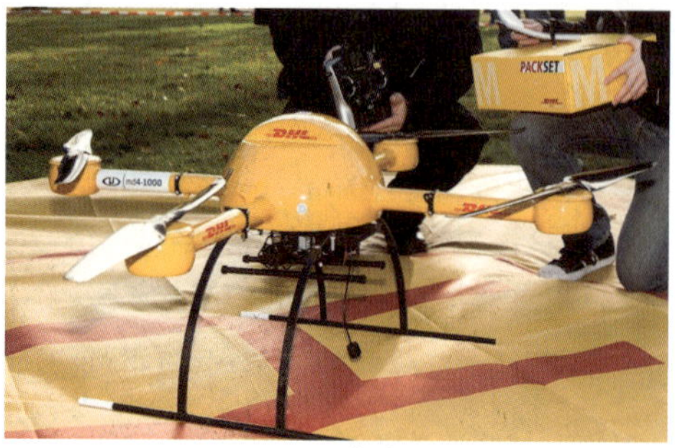

DHL 소포 서비스 드론
(의약품 배송)

Wingcopter 드론
(COVID-19 테스트 키트 제공용)

Zipline 드론
(배송용)

농업용 드론

군사용 드론들

전투용 UAV(RQ-7B)

미사일을 탑재한 사냥꾼 킬러 정찰 UAV
(General Atomics MQ-9 Reaper)

공력 투석기에 의한 UAV 발사	표적 및 미끼용 UAV (DeltaQuad VTOL)

무인 항공기 시스템(UAS)이라는 용어는 미국 국방부(DoD, Department of Defense)와 미국 연방 항공국에서 2005~2030년 무인 항공기 시스템 로드맵에 따라 2005년에 채택했다. 국제 민간 항공기구(ICAO, International Civil Aviation Organization)와 영국 민간항공청(British Civil Aviation Authority)은 2020년 유럽 연합의 단일 유럽 하늘(SES, European Union's Single-European-Sky) 항공 교통 관리(SESAR Joint Undertaking) 로드맵에도 이 용어를 채택했다. 즉, 이 용어는 항공기 이외의 요소의 중요성을 강조한다. 여기에는 지상 관제소, 데이터 링크 및 기타 지원 장비와 같은 요소가 포함된다.

유사한 용어는 무인 항공기 시스템(UAVS, Unmanned-Aircraft Vehicle System), 원격 조종 항공기(RPAV, Remotely Piloted Aerial Vehicle), 원격 조종 항공기 시스템(RPAS, Remotely Piloted Aircraft System) 등이다. 특히, 원격 조종 항공기 시스템(RPAS)이라는 용어는 현재 국제 민간 항공기구(ICAO)가 채택하여 사용하는 용어이다. 그리고 캐나다 정부는 2019년 6월 1일 발효된 새로운 규정에 따라 원격 조종 항공기 시스템(RPAS)이라는 용어를 "원격 조종 항공기, 조종실, 지휘 및 통제링크 및 비행 작업 중에 필요한 기타 시스템 요소로 구성된 집합"을 의미하도록 채택했다.

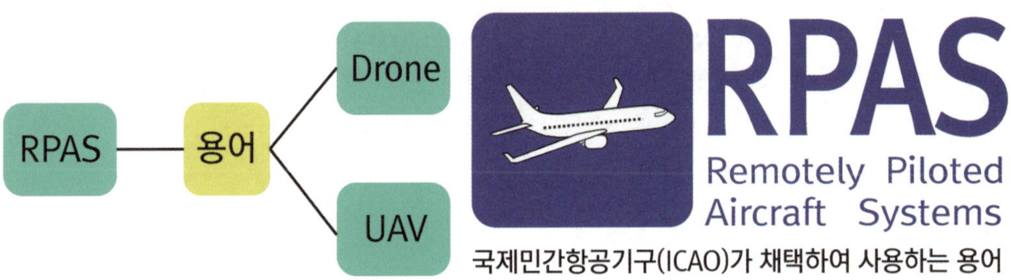

무인기는 "인간 작업자를 태우지 않고 공기 역학적 힘을 사용하여 운반체을 들어 올리고, 자율적으로 비행하거나 원격으로 조종 할 수 있으며, 소모하거나 복구 할 수 있으며, 치명적이거나 치명적이지 않은 페이로드(payload)를 운반할 수 있는 동력이 있는 항공 운반체"로 정의된다. 따라서 미사일은 운반체인 자체가 재사용되지 않는 무기이기 때문에 무인기로 간주되지 않는다.

자율드론과 무인기라는 용어는 종종 서로 바꿔서 잘못 사용된다. 이는 많은 무인기가 자동화되어 있다는 사실에서 기인 할 수 있다. 즉, 자동화 된 임무를 수행하지만 여전히 인간 운영자에게 의존한다. 그러나 자율드론은 "인간 개입 없이 작동 할 수 있는 무인기" 이다. 즉, 자율드론은 스스로 이륙하고 임무를 수행하고 완전히 자율적으로 착륙한다. 따라서 자율드론은 무인기의 한 유형이지만 무인기가 반드시 자율 드론은 아니다.

자율드론은 인간이 조종하지 않기 때문에 지상 제어 시스템 또는 통신 관리 소프트웨어가 운영에 중요한 역할을 함으로 무인기의 일부로 간주된다. 소프트웨어 외에도 자율드론은 클라우드 컴퓨팅, 컴퓨터 비젼, 인공지능, 머신러닝, 딥러닝, 열 센서와 같은 인간의 개입 없이 임무를 수행 할 수 있는 다양한 고급 기술을 사용한다. 즉, 무인기는 군사 사용 사례에 일반적으로 적용되는 용어이다.

최근 몇 년 동안 자율주행 드론은 가시선 (BVLOS, beyond visual line of sight)을 넘어서 비행 할 수 있기 때문에 다양한 상업 산업을 변화시키기 시작했으며, 동시에 생산을 극대화하고 비용과 위험을 줄이고 현장 안전, 보안 및 규정 준수를 보장하고 그리고 전염병 시대에 인간 노동력을 줄여 주었다. 또한 아마존(Amazon Prime Air)에서 입증 된 것처럼 패키지 배송과 같은 소비자 관련 임무 및 중요한 건강 용품 배송에도 사용할 수 있었다. Drone-in-a-Box(DIB)는 사전 프로그래밍 된 임무 목록을 수행하기 위해 배치되고 드론의 충전기지 역할도하는 독립형 랜딩 박스로 돌아오는 자율드론이다.

무인기와 원격조종 모형 항공기의 관계는 명확하지 않다. 무인기는 모형 항공기를 포함하거나 포함하지 않을 수 있다. 각 나라는 자체의 여건에 따라서 법으로 크기 또는 무게를 기준으로 정의한다. 그러나 미국 연방 항공국은 크기에 관계없이 모든 무인 항공기(uncrewed flying craft)를 UAV(Unmanned Aerial Vehicle)로 정의한다. 레크리에이션 용도의 경우에 드론(UAV와 반대)은 1인칭 비디오, 자율 기능 또는 둘 다를 갖춘 모형 항공기를 의미한다.

오늘날 다중 역할 기체 플랫폼이 점점 더 보편화되고 있지만, 무인기는 일반적으로 6가지 기능의 범주를 중심으로 아래와 같이 대분류를 한다.

무인기의 기능에 따른 대분류	
전투	고위험 임무에 대한 공격 능력 제공(무인 전투 항공기(UCAV, Unmanned Combat Aerial Vehicle) 및 자살 드론)
정찰	전장 정보를 제공하는 무인 정찰 항공기(URAV, Unmanned Reconnaissance Aerial Vehicle)
표적 및 미끼	지상 및 공중 사수에게 적의 항공기 또는 미사일을 시뮬레이션하는 표적을 제공
물류	화물 배달 등
민간 및 상업용	농업, 항공사진 촬영 및 측량, 데이터 수집 등
연구 및 개발	무인기 기술 개선

1.2 드론의 발전사

1.2.1 군수용 무인기

1849년 7월 해상에서 풍선 운반선이 항공을 통해서 무인기를 공세용으로 전쟁에 사용했다는 최초의 기록이 있다. 오스트리아군은 포위 된 도시인 베니스에 약 200개의 소이 풍선을 발사하려고 시도했다. 풍선은 주로 육지에서 발사되었다. 그러나 일부는 오스트리아 선박 SMS Vulcano에서 발사되었다. 적어도 하나의 폭탄은 도시에 떨어졌다. 그러나 발사 후 바람의 변화로 인해 대부분의 풍선이 목표를 놓쳤고 일부 풍선은 오스트리아 전선과 발사 선박인 SMS Vulcano 위로 표류했다.

무인기 혁신은 1900년대 초에 시작되었으며 원래는 군인 훈련을 위한 연습 목표를 제공하는데 중점을 두었다. 무인기 개발은 Dayton-Wright Airplane Company가 미리 설정된 시간에 폭발하게끔 만들어진 조종사 없는 공중 어뢰를 발명한 제1차 세계 대전 동안 계속되었다. 1916년에 동력 무인기에 대한 최초의 시도는 A. M. Low에 의한 대공 표적(Aerial Target)에 있었다. 1917년 3월 21일에 Low는 Geoffrey de Havilland의 모노플레인(monoplane)이 그의 무선 시스템을 사용하여 통제 하에 비행 한 것을 확인했다.

Nikola Tesla는 1915년에 승무원이 없는 공중 전투 운반체를 묘사했다. 영국 Hewitt-Sperry 자동 비행기(1917)와 RAE Larynx (1927)를 포함하여 제1차 세계 대전 중과 그 이후에 발전이 이어졌다. 이러한 개발은 또한 오하이오 주 데이턴의 Charles Kettering에 의해 Kettering Bug의 건설에 영감을 주었다. 처음에는 미리 정해진 목표물에 폭발성 탑재물을 운반하는 무인 비행기를 의미했다. 최초의 스케일 원격 조종 운반체는 1935년 영화배우이자 모형 비행기 애호가인 Reginald Denny가 개발했다.

무인기는 제2차 세계 대전 중에 더 많이 등장한다. 대공 포수를 훈련하고 공격 임무를 수행하는데 사용되었다. 나치 독일은 전쟁 중 Argus As 292 및 제트엔진이 장착된 V-1 비행 폭탄과 같은 다양한 무인 항공기를 생산하고 사용했다. 제2차 세계 대전 이후 미국 JB-4(텔레비전/무선-명령가이드 사용), 1951년에 호주의 GAF Jindivik 및 Teledyne Ryan Firebee I와 같은 운반체가 계속 개발되었으며, 1995년에 Beechcraft사는 미 해군을 위해 모델 1001을 제공했다. 그럼에도 불구하고 베트남 전쟁 전까지는 원격 조종 비행기에 불과했다.

1959년 미국 공군은 적대적인 영토에서 조종사를 잃는 것을 염려하여 무인 항공기 사용을 계획하기 시작했나. 1960년 소련이 U-2를 격추시킨 후 계획이 강화되었다. 며칠 만에 고도로 분류 된 무인기 프로그램이 "Red Wagon"이라는 코드 명으로 시작되었다. 1964년 8월에 통킨만(Tonkin Gulf)에서 미국 해군과 북베트남 해군 사이의 충돌은 미국의 고도로 분류된 무인기(Ryan Model 147, Ryan AQM-91 Firefly, Lockheed D-21)를 베트남 전쟁의 첫 번째 전투 임무로 투입했다. 중국 정부가 Wide World Photos를 통해 추락한 미국 무인기의 사진을 보여주었을 때, 미국의 공식적인 반응은 보이지 않았다. 미군은 베트남전에서 무인기를 사용하였고, 전쟁 중에 약 3,435개의 무인가 임무를 수행했으며 약 554대의 무인기를 잃었다.

풍선 운반선

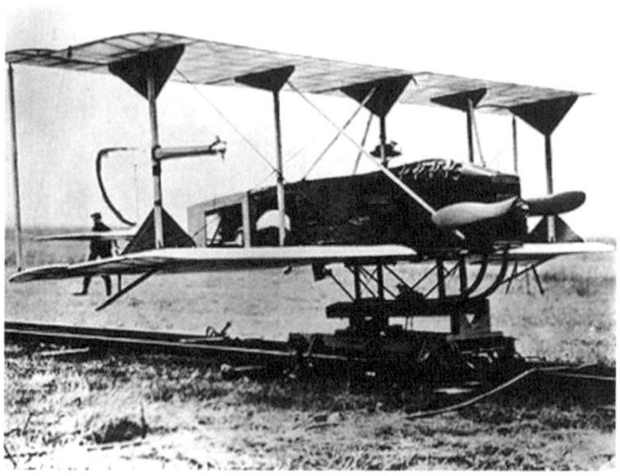

Hewitt-Sperry 자동 비행기

중동전쟁(1967~1970) 동안 정찰 카메라가 설치된 최초의 전술 무인기는 이스라엘 정보기관에 의해 처음 테스트되었으며 성공적으로 수에즈 운하에서 사진을 가져 왔다. 즉, 무거운 제트 기반 무인기와는 달리 짧은 활주로에 발사 및 착륙 할 수 있는 전술 무인기가 전투에서 개발되고 테스트된 것은 처음이었다. 1973년에 욤 키 푸르 전쟁에서 이스라엘은 무인기를 미끼로 사용하여 반대 세력이 값 비싼 대공 미사일을 낭비하도록 박차를 가했다.

욤 키 푸르 전쟁 이후, 무인기를 개발한 팀이 무인기를 상용화하여 최초의 이스라엘 무인기를 개발했다. 소련이 이집트와 시리아에서 공급한 지대공 미사일 배터리는 이스라엘 전투기에 큰 피해를 입혔다. 그 결과 이스라엘은 실시간 감시 기능을 갖춘 최초의 무인기로 IAI Scout를 개발했다. 이 무인기가 제공한 이미지와 레이더 미끼는 이스라엘이 1982년 레바논 전쟁이 시작될 때, 시리아 방공군을 완전히 무력화하는 데 도움이 되었으며, 그 결과 조종사의 인명손실을 가져오지 않았다.

미군은 1980년대와 1990년대에 적용 가능한 기술의 성숙과 소형화로 인해 무인기에 대하여 높은 관심을 가지게 되었다. 1990년대 미국 국방부는 이스라엘 회사인 Malat와 미국 회사인 AAI Corporation과 계약을 맺고 RQ-2 Pioneer 무인기 생산에 돌입했다. 미 해군은 AAI Corporation과 Malat가 공동 개발한 AAI Pioneer 무인기를 구입했다. 이 무인기의 대부분은 1991년 걸프전에서 사용되었으며, 승무원에게 위험 없이 배치 할 수 있는 더 저렴하고 더 유능한 전투 기계의 가능성을 보여주었다. 초기 세대에는 주로 감시 항공기가 포함되었지만 일부는 AGM-114 Hellfire 공대지 미사일을 발사한 General Atomics MQ-1 Predator와 같은 무장을 탑재했다.

유럽연합은 2002년 5월 1일부터 2005년 12월 31일까지 무인기 개발을 위한 공동프로젝트를 진행한 바가 있다. 2012년 현재, 미 공군은 7,494대의 무인기를 사용했으며, 이는 미 공군 항공기 3대 중 거의 1대가 무인기라는 것을 의미한다. 또한 미 중앙정보국(CIA)도 무인기를 운영해오고 있다. 2013년을 기준으로 할 때, 최소 50개 국가가 무인기를 사용하고 있다. 현재 중국, 이란, 이스라엘, 파키스탄, 터키 등이 그들만의 무인기를 설계하고 만들고 있다.

군사용 드론은 공격용(전투, 폭격), 정찰용(관찰, 감시), 감시용(고정된 타깃을 대상), 표적용(전투기의 공대공 미사일 발사, 방공포의 항공기 요격) 등이 있다. 군사목적에 활용되기 때문에 민감도, 비행고도, 속도, 지능화에 주안점을 두며, 시장규모가 크고 수요가 많아 전체 드론 시장의 90% 이상을 차지한다. 산업파급효과 측면에서 보면, 군사용 드론은 산업용과 소비자용 드론에 비해서 그 효과가 매우 적다. 군사용 드론을 포함해서 산업 및 소비자용 드론에 대한 국가정책의 방향에 따라서 그 경제적 잠재력은 대단히 높다.

베트남전에 투입된
Ryan AQM-91 Firefly(1968)

중동전에 투입된
Tadiran Mastiff(1975)

RQ-2 Pioneer

다양한 종류의 UAV(미 해군용)

1.2.2 민간 및 상업용 무인기(드론)

1908년에 최초로 수직으로 이륙한 aerodyne 드론은 Louis Breguet가 설계한 4회전 헬리콥터였는데, 밧줄발사 비행(활로 발사하는 형태)으로 몇 피트의 고도에서만 테스트되었고 '몇 번' 비행한 것으로 보고되고 있다. 1920년대에 Etienne Oehmichen은 회전익 기체 설계를 실험했다. 그가 시도한 디자인 중 2번 헬리콥터에는 4개의 로터와 8개의 프로펠러가 있으며 모두 단일 엔진으로 구동되었다. 4개의 암 끝에 2날 로터가 있는 강철 튜브 프레임을 사용했다. 이 회전익 기체는 어느 정도 상당한 수준의 안정성과 제어 정확도의 향상을 보였으며, 1920년대 중반 동안 1,000회 이상의 테스트 비행을 수행했다.

George de Bothezat 박사와 Ivan Jerome은 X자형 구조 끝에 6날 로터가 있는 de Bothezat 헬리콥터를 개발했다. 추력(thrust) 및 요(yaw)의 제어를 위해 가변 피치(pitch)가있는 두 개의 소형 프로펠러가 사용되고, 기체는 집단 피치 제어를 사용했다. US Air Service에서 제작한 이 기체는 1922년 10월에 첫 비행을 했다. 1923년 말까지 약 100편의 비행이 이루어졌고, 그 당시 도달한 최고 높이는 약 5 m였다. 타당성을 보여 주긴 했지만 전력이 부족하고 반응이 없고 기계적으로 복잡하고 신뢰성 문제에 취약했다. 호버링(hover) 중에 승무원의 작업량이 너무 많아 측면 동작을 시도할 수 없었다.

전후 시대에 와서, Convertawings의 Model A인 쿼드콥터(Quadrotor)는 훨씬 더 큰 민간 및 군용 헬리콥터 라인의 프로토 타입으로 고안되었다. 이 디자인은 V벨트 시스템을 통해서 4개의 로터를 구동하는 2개의 엔진으로 특징 지워 진다. 테일 로터(tail rotor)가 필요하지 않았고 로터 간의 추력을 변경하여 제어 할 수 있었다. 1956년부터 여러 차례 비행한 이 기체는 쿼드로터 디자인을 입증했으며 성공적인 전진 비행을 시연한 최초의 4로터 헬리콥터이기도하다. 그러나 상업용 또는 군용 버전에 대한 주문이 부족하여 프로젝트가 종료되었다. Convertawings는 최대 중량이 19톤, 탑재 하중이 4.9t톤, 거리가 300마일 이상 그리고 최대 속도가 278km/h인 모델 E를 제안하기도 했다.

1958년에 Curtiss-Wright사는 미 육군수송 및 연구사령부를 위한 날으는 지프차(flying jeep)인 수직 이착륙 비행기(vertical take-off and landing(VTOL) aircraft)를 설계했다. VZ-7은 4개의 도관 팬 로터(fan rotors) 각각의 추력을 변경하여 제어되었다. 2000년대 초에, Bell Boeing사는 C-130 크기의 군사 수송용 틸트 로터 개념과 결합하여 고정형 쿼드콥터 개념을 더욱 발전시켰다.

지난 수십 년 동안 쿼드 콥터는 소규모 무인기 또는 드론에 널리 사용되었다. 기동성과 호버링 능력이 더 뛰어난 항공기에 대한 필요성은 쿼드콥터 연구의 증가로 이어졌다. 4로터 설계로 쿼드콥터는 비교적 설계가 단순하면서도 신뢰성과 기동성이 뛰어나다. 연구는 다중 항공기 통신, 환경탐사 및 기동성을 발전시켜 쿼드콥터의 능력을 지속적으로 높이고 있다. 이러한 발전 특성을 결합 할 수 있다면 쿼드콥터는 현재 다른 운반체로는 불가능한 첨단 자율 임무를 수행할 수 있다.

2005년부터 2010년까지 전자기술의 발전으로 저렴한 경량 비행 컨트롤러(FC, flight controller), 가속도계(IMU, inertial measurement unit 혹은 accelerometer), GPS(global positioning system) 및 카메라를 생산할 수 있었다. 이로 인해 쿼드콥터 구성이 소형 무인기에 널리 사용되었다. 작은 크기와 기동성을 갖춘 이 쿼드콥터는 실외뿐만 아니라 실내에서도 비행할 수 있다.

de Bothezat helicopter(1923)

Curtiss-Wright VZ-7(1958)

소형 드론의 경우 쿼드콥터는 기계적 단순성으로 인해 기존 헬리콥터보다 저렴하고 내구성이 뛰어나다. 더 작은 날개깃(blade)은 운동 에너지가 적어 손상을 유발하는 능력을 감소시키기 때문에 유리하다.

소규모 쿼드콥터의 경우, 운반체의 밀접한 상호 작용을 위해 더 안전하게 만든다. 또한 로터를 둘러싸는 보호대가 있는 쿼드콥터를 장착하여 손상 가능성을 더욱 줄일 수 있다. 그러나 크기가 증가함에 따라 프로펠러가 고정된 쿼드콥터는 기존 헬리콥터에 비해 단점이 있다. 날개깃의 크기를 늘리면 운동량이 증가한다. 즉, 날개깃 속도의 변화가 더 오래 걸리고 제어에 부정적인 영향을 미친다. 헬리콥터는 로터 디스크의 크기를 늘려도 날개깃 피치를 제어하는 능력에 큰 영향을 주지 않으므로 이 문제가 발생하지 않는다. 제작 및 제어가 쉽기 때문에 쿼드콥터는 아마추어 모델 항공기 프로젝트로 인기가 있다.

드론은 자율비행이 가능하다. 즉, 쿼드콥터 구성은 자율 비행을 위한 프로그래밍이 비교적 간단하다. 자율비행을 통해 인접한 드론의 기본 감지를 기반으로 복잡한 집단행동을 실험 할 수 있다. 2016년에 독일의 Ferdinand Kickinger은 배터리로 구동되는 쿼드콥터로 2시간 31분 30초라는 가장 긴 비행기록을 세웠다. 기록을 세울 때 Kickinger는 저 방전율, 고용량 리튬 이온 배터리를 사용했고, 기체에 불필요한 무게를 제거하여 전력 소모를 줄이고 비행시간을 연장했다. 최근에는 수소 연료 전지와 하이브리드 가스 발전기와 같은 대체 동력원을 사용하여 비행시간을 연장하는데 이용한다.

산업용 드론은 농업, 임업, 물류, 지질탐사, 지도제작, 전력, 보안, 농업, 식물보호, 화물운송, 공중 무선망, 데이터 획득 등에 활용된다. 경찰, 소방, 기상 등 공공서비스에 활용되며 민용 드론 시장 전체의 대부분을 차지한다.

소비자용 드론은 촬영, 레이싱(racing), 언터테인먼트(entertainment), 드론 축구, 드론 배틀(battle) 등에 활용된다. 촬영용 드론과 레이싱 드론은 크기가 작고 속도가 빠르다. 드론 배틀은 상대방의 드론을 격추시키는 게임이다.

DJI Phantom 드론
(항공사진 촬영 및 측량)

경주용 드론

공공분야 주요 드론 활용모델

분야	상용화 모델
국토조사	영상촬영을 통한 국공유지 실태조사, 정사영상제작, 지적재조사지구 촬영 등 토지보상업무 및 측량의 보조수단으로 활용
수자원	특수임무장비(LiDAR, 초분광영상 등)를 통한 하천(수심)측량·하상변동 조사 및 ICT 기술과 연계한 하천관리 등에 활용
도로·철도	도로 점용현황·비탈면 조사(지자체, LX 등) 및 철도교량, 송전선로 등 철도 시설물 점검 등에 활용
토지·주택·건설	사업대상지 사전조사(보상업무, 문화재 조사 등)부터 공사관리, 지하매설물 및 철근배근 현황조사, 공간정보 연계, 사업지구 홍보(부동산정보제공 등)까지 전 과정에 활용
산림병해충	영상 취득·분석을 통한 병해충 발생현황, 고사목 탐지 등 예찰임무 및 약제 살포를 통한 방제임무에 활용
산불·산사태	실시간 모니터링부터 구호물품 수송, 진화임무까지 활용
산림관리	불법 산지전용·토석채취에 대한 현장점검과 산림 사용허가, 부지 경계확인 등 국유재산 관리, 경영계획 수립지원 등에 활용
교통단속	드론을 이동형 CCTV로 활용하여 고속도로(경부·영동·서해안 지역) 버스전용차로 침범, 갓길 운전 등 얌체운전 단속
실종자수색	드론의 자율비행 중 열감지, 위치송수신기(비콘) 등 특수임무장비를 사용하여 치매노인, 실종자 수색에 활용
농경지·작물관리	농경지 센싱을 통한 DB구축·관리, 드론을 이용한 벼 재배 전주기(경운→이양→수확) 모니터링 등 작물생육정보 측정·관리
파종·방제	드론을 통한 볍씨 파종, 황무지 내 특수 씨앗 파종을 통한 가능성 사전검증, 농약 방제 등에 활용
재난대비	풍수해 등 재난현장 실시간 파악, HPAI(조류 인플루엔자) 등 국가재난형 동물 질병 발생 시 역학조사로 활용
소방	접근 곤란, 재난위험지역에 대한 피해상황 등 위험정보 파악
설비점검	전봇대 단위의 전력설비 점검(16~17년, 한전)을 추진 중이며 향후 에너지·시설물·산업현장 등으로 적용을 확대
도시관리	IoT 기반 도시관리에 무인기 활용 실증·확산
녹조모니터링	초분광센서가 탑재된 드론을 사용하여 녹조 정밀촬영·분석에 활용 중, 조류 발생기간(5~10월)에 중점적으로 추진
화학사고 대응	화학사고 발생 시 대응현황 파악, 주변 환경에 미치는 영향에 대한 모니터링, 피해복구 등에 활용
생태계 조사	생태계 교란종 서식 실태조사 및 훼손지 현황 분석 등 자연환경 조사업무에 활용
부지관리	수도권매립지 부지, 국립공원 내 불법행위 순찰·감시 등
해양생태조사	유해생물(적조, 해파리 등)과 부유성 해조류의 이동·확산분포, 고래 등 해양생태조사 모니터링에 활용
시설물진단·관리	항로표지 싯설 유지관리, 항만시설물 안전진단 등
기상예보지원	온도, 습도, 풍속·풍향 등 기상변수 측정 장비를 탑재하여 데이터 수집(0~2 km, 대기하층)·분석 등을 통해 예보지원

출처: 드론산업발전 기본계획(2017.12.22)

2

비행이론과 운용

2.1 항공안전법에 따른 드론의 분류 체계

항공기(Aircraft)란 공중을 날 수 있는 비행체를 뜻하는 말이다. 우리나라의 항공안전법에 따르면 항공기는 최대이륙중량, 좌석수 등으로 분류하는데, 종류로는 항공기, 경량항공기, 초경량비행장치로 구분한다. 초경량비행장치는 다시 동력비행장치, 행글라이더, 패러 글라이더, 기구류, 무인비행장치, 회전익비행장치, 동력패러글라이더, 낙하산류로 구분된다. 그리고 무인비행장치는 다시 무인동력비행장치, 무인비행선으로 구분된다. 마지막으로 무인동력비행장치를 일반적으로 무인기(UAV)라고 총칭하기도 하는데, 여기에는 무인비행기, 무인헬리콥터, 무인멀티콥터(Multi-copter)가 있다. 이때 최종적으로 구분된 무인멀티콥터를 우리는 드론(Drone)이라고 부른다.

초경량비행장치의 분류

항공기
경량항공기
초경량비행장치 ⇨ 동력비행장치 / 행글라이더 / 패러 글라이더 / 기구류 / **무인비행장치** / 회전익비행장치 / 동력패러글라이더 / 낙하산류
무인비행장치 ⇨ **무인동력비행장치 [무인기(UAV)]** / 무인비행선
무인동력비행장치 ⇨ 무인비행기 / 무인헬리콥터 / **무인멀티콥터 [드론(Drone)]**

※ 무인비행장치(정의)
: 항공기에 사람이 탑승하지 않는 무인 동력비행장치와 무인 비행선
- 무인동력비행장치: 연료의 중량을 제외한 자체중량이 150 kg이하인 무인비행기, 무인헬리콥터 또는 무인멀티콥터
- 무인비행선: 연료의 중량을 제외한 자체중량이 180 kg이하이고 길이가 20 m이하인 무인비행선

무인비행기

무인헬리콥터

무인멀티콥터(회전익 드론)

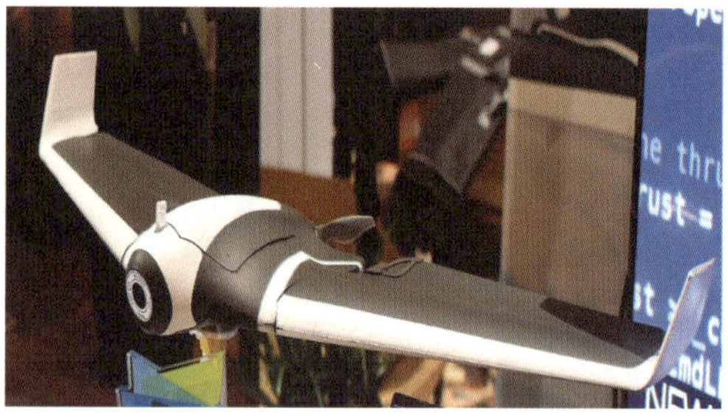

고정익 드론

무인동력비행장치(무인기)의 종류

2.2 날개 형태에 따른 드론의 분류

무인동력비행장치(무인기)의 최종 소분류에 속하는 무인멀티콥터(드론)은 날개의 형태에 따라 고정익(Fixed Wing) 드론, 회전익(Rotary Blade) 드론, 틸트로터(Tiltrotor) 드론으로 나눈다.

(1) 고정익 드론

고정익 드론은 항공기처럼 고정된 날개가 부착되어 있다. 회전익 드론에 비해 비행시간이 길고 고속비행이 가능하다. 공중정지(제자리 비행)인 호버링(Hovering)이 불가능하다. 이착륙을 위해 일정 거리 이상의 활주로나 발사대가 필요하다.

(2) 회전익 드론

회전익 드론은 다수의 로터(Rotor, 회전자)로 움직이는데 헬리콥터와 같은 형태를 가진다. 활주로가 필요하지 않고 어디서든지 이착륙할 수 있으며, 고정된 지점에서 호버링이 가능하고 어떤 방향으로든 날아갈 수 있다. 고정익 드론에 비해서 기동성이 좋고 효율적이다. 고정익 드론에 비해 속도가 느리고 항속시간이 짧다.

(3) 틸트로터 드론

틸트로터 드론은 고정익과 회전익 기능을 모두 포함하는 드론이다. 장점은 수직 이착륙이 가능하고 활주로가 필요 없는 회전익의 장점을 이용하고 비행은 고정익으로 전환하는 방식이다. 유인기의 경우에, 틸트로터 유인항공기의 단점은 비행체가 구조적으로 복잡하여 안정성과 신뢰성 확보가 어려우며, 이착륙 시 돌풍 등 바람의 변화에 취약하며, 탑재용량이 적어 상대적으로 체공시간이 짧다. 그리고 고정익 및 회전익 조종을 모두 해야 하므로 운용자 양성에 많은 시간이 소요된다.

(4) 동축반전형 유인항공기

또한 참고로 드론은 아니시만 헬리콥터의 한 형태인 동축반전형(Co-axial) 유인항공기가 있다. 이 기체는 한 축에 상부, 하부 두 개의 로터를 반대 방향으로 회전하게 하여 헬리콥터의 테일로터(Tail Rotor)형 회전익의 단점인 반토크 현상을 상쇄시키는 원리이다. 기체가 안정적이며 조종 및 제어가 쉽고 운용자를 단기간에 양성할 수 있다. 바람의 영향을 적게 받으며 탑재용량이 많고 체공시간을 늘릴 수 있다.

고정익 드론과 회전익 드론의 장단점 비교

장단점 비교	고정익 드론	회전익 드론
이착륙 시(활주로, 발사대)	필요	불필요
비행시간(동일 연료 출력 시)	길다	짧다
공중정지(제자리 비행)	불가	가능
비행속도	고속비행	저속비행
기동성	나쁨	좋음
운송 능력(무거운 화물)	가능	어려움
감시, 정찰, 촬영(좁은 지역)	어려움	가능

틸트로터 유인항공기

동축반전형 유인항공기

2.3 로터의 숫자에 따른 회전익 드론의 형태 분류

회전익 드론은 로터(Rotor, 회전자)의 숫자로 형태를 구분한다. 로터가 3개이면 트리콥터(Tric opter), 로터가 4개이면 쿼드콥터(Quadcopter), 로터가 6개이면 헥사콥터(Hexacopter), 로터가 8개이면 옥터콥터(Octocopter) 등으로 형태를 분류한다. 트리콥터는 기체가 한쪽 방향으로 도는 현상을 조절하기 위해 꼬리부분을 둔다. 쿼드콥터는 일반적으로 가장 많이 사용되는데 구조가 단순하고 조종이 편하고 안정적이다(로터의 숫자가 적어 효율적이다).

쿼드콥터는 민수용과 군수용에서 가장 많이 개발되고 있다. 헥사콥터는 로터의 수가 많아 전력 소모가 많다. 옥터콥터는 전력 소모가 많지만 무거운 화물을 운송할 수 있다. 드론 택시와 같이 사람을 운송하는 경우에 최소 8개 이상의 로터를 사용한다.

여기서 기본 형태는 X자(Quad X) 인데, 12시 방향을 기준으로 오른쪽에 있는 1번 로터를 기준으로 반시계 방향으로 돌아가면서 2번 로터, 3번 로터, 4번 로터로 명명을 한다. 이때 형태가 +자(Quad I) 이면, 12시 방향에 있는 로터가 1번 로터가 되고 마찬가지로 반시계 방향으로 돌아가면서 로터 번호의 순서가 정해진다. 헥사콥터와 옥터콥터도 모두 이러한 같은 방법으로 각각의 형태에 따라서 로터 번호가 정해진다.

또한 홀수의 번호를 가지는 모든 로터는 그 회전이 반시계 방향으로 회전을 하며, 반대로 짝수의 번호를 가지는 모든 로터는 시계 방향으로 회전을 한다. 이렇게 홀수 번호의 로터와 짝수 번호의 로터가 각각 반대 방향의 회전을 가지는 것은 비행 시에 로터에 달린 드론의 동체가 만들어 내는 토크(Torque)의 영향을 상쇄시키기 위해서 이다. 즉, 인접 로터를 반대방향으로 회전시켜 반토크(Anti-torque)를 발생시킴으로써 토크를 상쇄시켜 안정된 비행을 하는 것이다.

로터 수가 적으면 배터리 소모가 적고 비행시간이 길지만 안정성은 떨어진다. 반면 로터 수가 많으면 안정성이 높고 강한 회전력을 내지만 배터리 소모가 많아져 비행시간이 짧다.

회전익 드론의 형태 분류

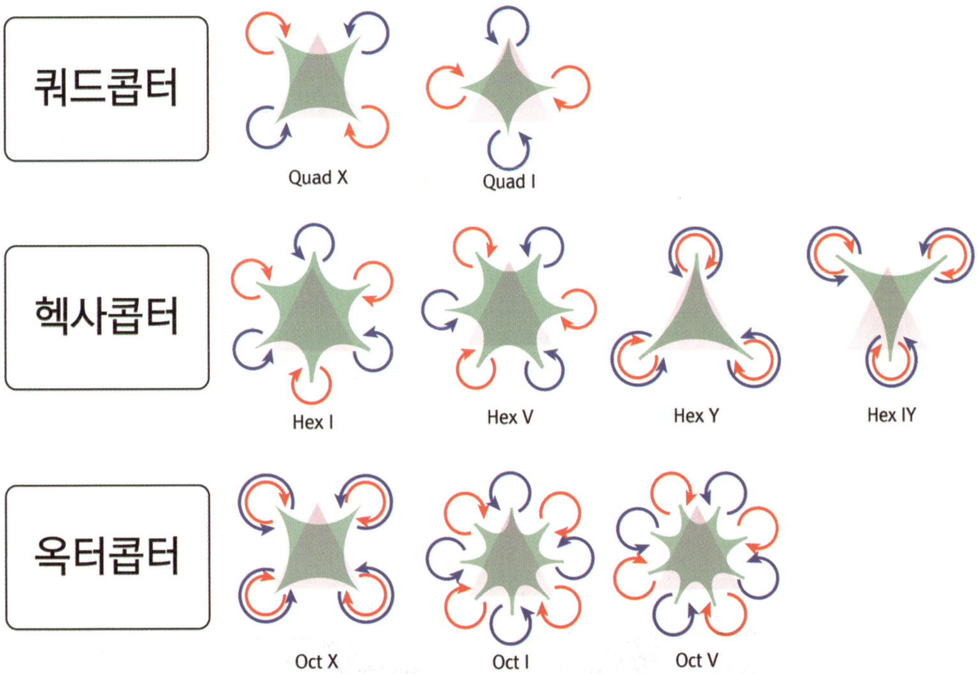

2.4 드론의 구조와 형태

2.4.1 드론의 각 부위 명칭

(1) 프레임(Frame)

프레임(Frame)은 드론 동체의 뼈대를 이루며, 랜딩스키드(Landing Skid)는 드론 동체가 안전하게 이착륙할 수 있도록 해주는 장치이다.

(2) 캐노피(Canopy)

캐노피는 프레임에 부착된 전자장치들을 보호하며, 전자장치에는 조종자와 각종 데이터를 주고받는 통신부와 드론의 비행을 계산하고 통제하는 제어부가 있다.

(3) 배터리

배터리(Battery)는 모터가 회전할 수 있도록 에너지를 제공하며, 암 혹은 붐대(Arm or Boom)는 동체와 모터(Motor)를 연결해주는 역할을 한다. 그리고 암 맨 끝단에는 모터가 장착되어 프로펠러를 회전시킨다. 이렇게 암, 모터, 프로펠러는 드론을 비행하게 구동시키는 역할들을 하므로 구동부라 부른다.

(4) GPS 안테나

GPS 안테나는 드론의 위치 및 속도(비행경로)를 알려준다. 그 외에도 각종 임무를 수행하기 위한 탑재 장비들로 구성된 것을 페이로드(payload)라 한다.

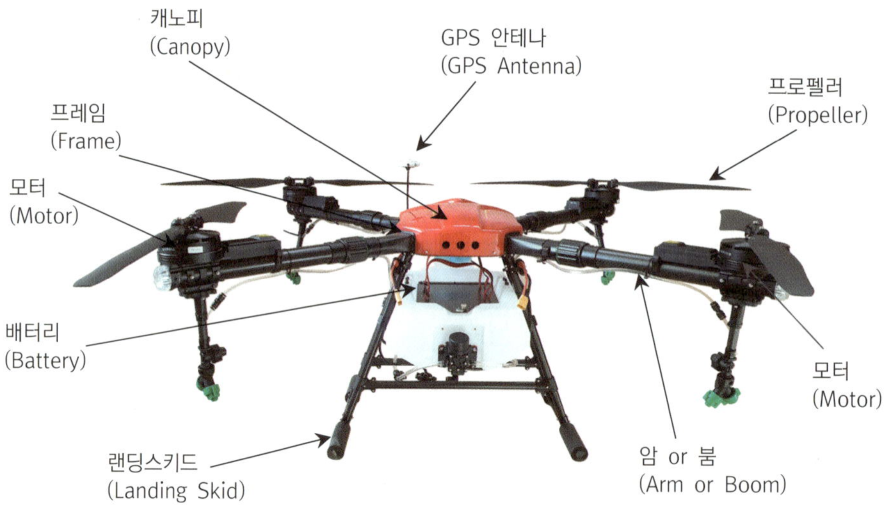

드론의 각 부위 명칭

드론의 구조와 구성 내용

구 조	구 성
통신부	• RC 수신기(비행명령), 비디오 송신기(사진, 비디오), 텔러메트리 송신기(위치, 속도, 배터리 잔량 등), Wi-Fi/LTE 송수신기(원격조정 비행명령, 비디오 데이터)
제어부	• 회전운동상태 측정(Rotational States): 요(Yaw), 피치(Pitch), 롤(Roll) - 3축 자이로센서(Gyroscopes), 3축 가속도센서(Accelerometers), 3축 지자기센서(Magnetometers) 이용 • 병진운동상태 측정(Translational States): 경도 및 위도, 속도, 고도 - GPS 수신기, 기압센서(Barometer Pressure Sensor) 이용
구동부	• BLDC 모터, 프로펠러, 전자변속기(ESC, Electronic Speed Controller), 리튬폴리머 배터리
페이로드 (Payload)	• 드론 자체 혹은 짐벌에 장착하는 장치 - 카메라, EO(Elector Optical)카메라, 통신장비, 특수장비(농약통, 무기 등), IR(InfraRed)센서, 멀티스펙트럴 센서, LiDAR, SAR 등 ※ 짐벌(Gimbal): 물체의 기본틀이 기울어져도 균형을 유지해 주는 장치

2.4.2 드론의 구동원리

신호전달 흐름에 따라 구동하는 순서는 다음과 같다:

① 조종기 스틱을 이용하여 명령정보를 드론 기체에 송신한다.

② 기체 내에 있는 통신부의 RC 수신기가 제어부의 FC(FC, Flight Controller: 비행컨트롤러)로 명령정보를 전달한다.

③ FC는 명령정보와 센서융합기(회전운동상태 및 병진운동상태의 측정)의 측정값을 동시에 계산하여 비행명령정보를 구동부에 전달한다.

④ FC의 비행명령정보를 받은 구동부의 ESC(ESC, Electronic Speed Controller: 전자변속기)는 각각의 모터에 대하여 회전속도를 통제한다.

⑤ ESC로부터 명령을 받은 모터는 지시받은 회수로 프로펠러를 회전시킨다. 즉, 순식간에 이러한 일련의 순차적인 구동과정을 걸쳐서 최종적으로 프로펠러의 회전의 힘에 의해서 양력이 발생하고 기체가 떠서 주어진 임무를 수행한다.

신호전달 흐름에 따른 기본 구성과 기타 구성품

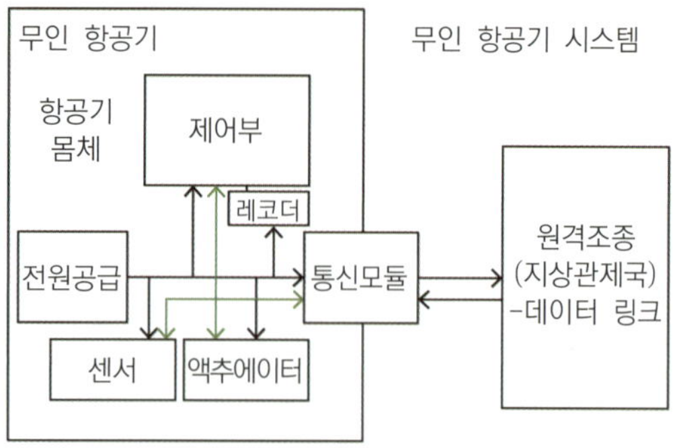

드론의 일반적인 물리적 구조

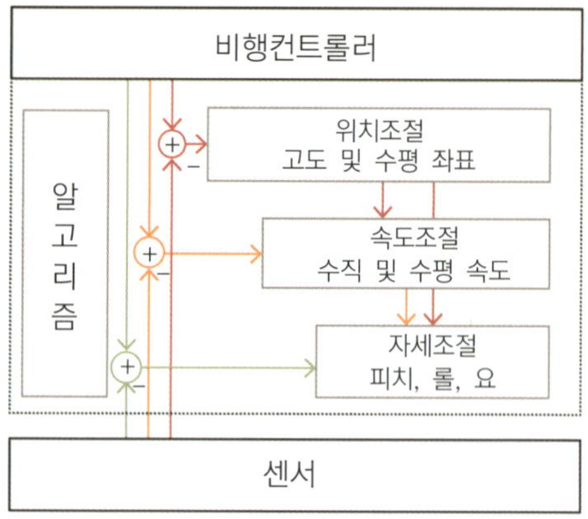

드론의 일반적인 비행 제어 루프

드론의 구조와 비행 제어 흐름도

2.5 드론의 조종기

2.5.1 조종기의 각 부위 명칭

드론 조종기(Controller)의 영어식 용어는 무선모형의 R/C Controller(Radio/Controlled Controller)에서 가져왔다.

(1) 안테나

안테나는 명령정보를 드론 기체에 송신하는데 이용된다. 이때 조종기의 송신과 드론 기체의 수신기를 서로 매칭하여 송신하는 명령대로 기체가 작동하게 하는 것을 바인딩(Binding)이라 한다.

(2) 토글스위치

토글스위치(Toggle Switch)는 GPS 모드, 자세 모드, 매뉴얼 모드, RTH(Return To Home, 자동복귀모드: 통신두절(Failsafe) 시, GPS를 기반으로 이륙위치로 돌아오게 하는 기능)를 설정하는데 사용하며, 그 외에도 필요시 수행할 임무를 입력하여 튜브 낙하, 스프레이 분사 등에 사용한다.

(3) 조종 스틱

조종 스틱은 기본적으로 비행 기능들을 통제한다. 비행 기능에는 전진 및 후진(엘리베이터), 좌측 및 우측 이동(에일러론), 상승 및 하강(스로틀), 좌회전 및 우회전(러더) 등의 기능이 있다. 기타 극소수 일부의 조종기 모드에 따라 조종 스틱의 기능들이 달라진다.

(4) LCD 상태창

LCD 상태창(LCD Display)은 화면을 통해서 여러 가지 설정된 내용들을 볼 수 있다. 전원스위치는 스위치를 위로 올리면 전원이 켜지고(전원표시등에 불이 들어온다), 반대로 아래로 내리면 전원이 꺼진다(전원표시등에 불이 꺼진다). 이때 전원이 켜진 상태에서 만 스틱으로 명령하는 명령어를 기체로 전달 할 수 있다.

(5) 트림(Trim)버튼

트림(Trim)버튼은 조종기 스틱을 미세조종하여 스틱의 영점을 잡는데 사용한다, 조종기 기능 설정버튼은 조종기의 모드를 모드 1 혹은 모드 2로 조작할 수 있다. 조종기 스트랩(Strap) 걸이는 목에 끈을 걸 수 있도록 고안된 고리형태의 걸이이다.

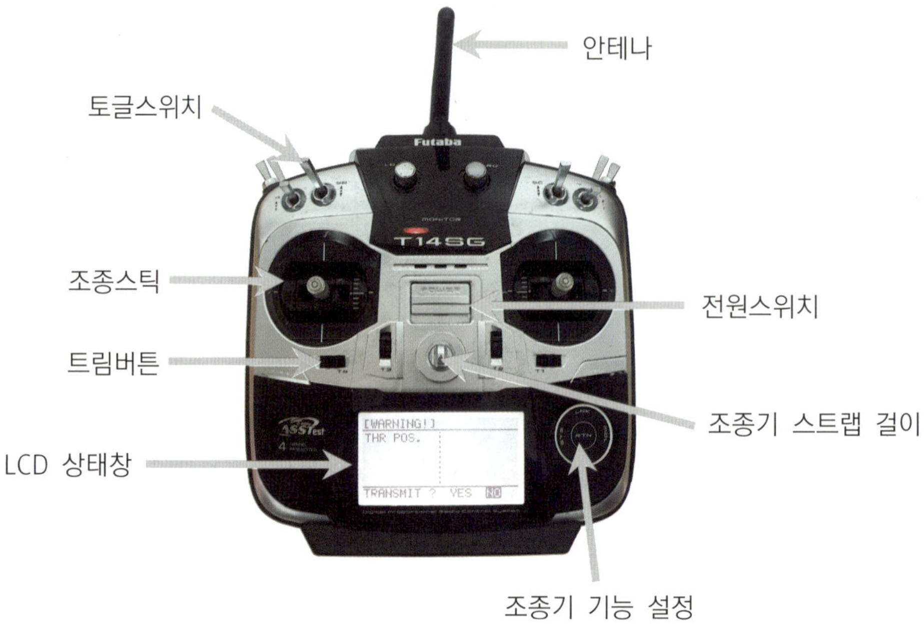

조종기의 각 부위 명칭

2.5.2 조종기 모드의 종류

일반적으로 드론 조종기의 모드(Mode)는 4개의 모드로 구분되는데, 모드 1, 모드 2, 모드 3, 모드 4가 있다. 주로 모드 1과 모드 2가 많이 사용된다. 이 둘 중 모드 2가 최근에 널리 가장 많이 사용되고 권장되고 있다.

(1) 조종기의 모드 2

조종기의 모드 2를 기준으로 하면, 우축 스틱은 드론의 전진 및 후진(엘리베이터, Elevator)/좌측 및 우측 이동(에일러런, Aileron)의 기능을, 좌측 스틱은 드론의 상승 및 하강(스로틀, Throttle)/좌회전 및 우회전(러더, Rudder)의 기능을 각각 가진다. 이때 모드 2의 우축 스틱의 엘리베이터 기능과 좌측 스틱의 스로틀 기능이 상호 교체되어 각각 그 기능을 하게 되면 모드 1이 된다.

Mode 2 기준
조종기의 모드 2의 기능

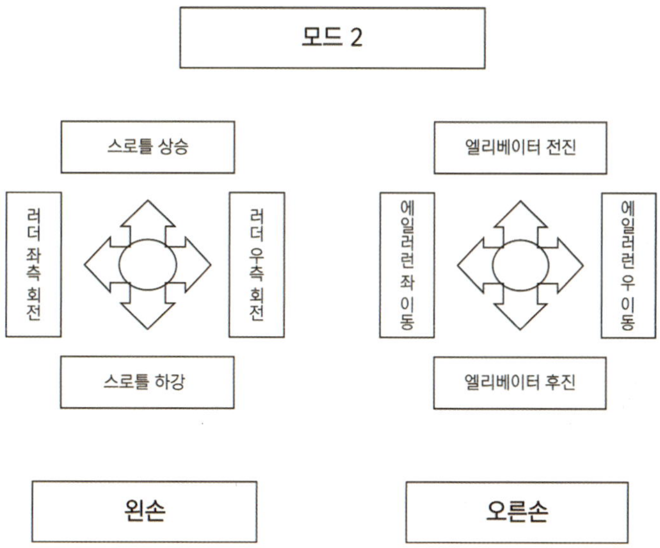

2.6 비행컨트롤러(FC)에 부착된 센서의 종류와 역할

비행컨트롤러인 FC(Flight Controller)는 작은 컴퓨터 시스템으로 작은 보드에 센서 칩(자이로 가속도, GPS, 지자계, 기압계)과 연산을 하는 프로세서가 부착되어 있다. FC는 전자변속기(ESC, Electronic Speed Controller)에 속도 제어신호를 주어서 모터의 회전수를 제어하는 역할을 한다.

(1) 자이로 가속도 센서 혹은 관성측정장치

자이로 가속도 센서는 가속도 센서(Accelerometer sensor)와 자이로 센서(Gyro sensor)가 결합된 센서 융합기(Sensor fusion platform)이다. 여기서 센서 융합이란 각기 개별 센서가 가지는 한계성을 센서 융합 플랫폼을 통해서 상호 보완하고 결합하여 신뢰성을 높이는 기술이다. 또한 일반적으로 자이로 가속도 센서를 관성측정장치(IMU, Inertial Measurement Unit)라고도 부르며, 이동물체의 속도, 방향, 중력, 가속도를 측정하는 장치이다.

가속도 센서는 물체가 정지 할 때, 물체의 기울기를 알려준다(중력 가속도를 측정하는 장치). 그러나 물체가 운동 시(회전운동과 병진운동), 가속도 센스는 잘 못된 기울기 값을 가지므로 자이로 센서와 같이 융합하여 정확한 기울기를 구한다.

자이로 센서는 회전하는 물체의 각속도를 측정하는 각속도 센서이다(회전관성을 이용해 비행자세를 측정). 즉, 물체가 비행하면서 기울어지는 각도와 기울어지는 각도의 속도를 측정하여 자세 정보를 구한다. 따라서 자이로 가속도는 드론의 자세 제어에 관여한다.

(2) GPS 센서

GPS(Global Positioning System, 위치인식 시스템) 센서는 GPS 위성으로부터 GPS 수신기를 통하여 신호를 받아 드론의 위치와 고도를 측정하는 센서이다. 최소 4개 이상의 GPS 위성과 연결되어 정보를 제공 받아야 정확한 위치와 고도를 분석할 수 있다. GPS 센서의 가장 중요한 역할은 위치정보를 제공하는 것이다.

위성항법 시스템(GNSS, Global Navigation Satellite System)이란 인공위성을 이용해서 수신자가 수신기를 통해서 자신의 위치를 알게 해주는 체계를 말한다. 미국에서 운용하는 위성항법 시스템을 GPS(지피에스), 러시아에서 운용하는 위성항법 시스템을 GLONASS(글로나스), 유럽연합에서 운용하는 위성항법 시스템을 Galileo(갈릴레오), 중국에서 운용하는 위성항법 시스템을 Beidou(베이더우)라 한다.

GPS 항법은 GPS전파를 받는 기기를 이용한 항법이며, 무선항법은 전파의 정속성 및 직진성을 이용한 항법이며, 지문항법은 지상의 중요한 목표를 비행 중에 육안으로 확인하면서 비행하는 방법이며, 추측항법은 항법에 필요한 제원(고도, 속도, 거리, 시간, 풍향, 풍속, 편류 등을 구하거나 가정)을 참고하여 비행하는 방법이다.

(3) 지자계 센서

지자계 센서(Magenetometer sensor)는 자북을 측정하여 드론의 방향(방위정보)을 제공하는 나침반 기능을 하는 센서이다. 일명 컴퍼서 센서(Compass sensor)라고 한다. 즉, 지자계 센서는 지구의 자기장을 측정해 방위각을 계산하는 디지털 나침반이다.

가속도계의 속도정보와 GPS의 위치정보에 지자계의 방위정보가 결합되어야 드론은 방향을 유지할 수 있다. 지자계 센서 덕분에 경로지점(Waypoint) 비행 및 리턴 홈(RTH, Return Home) 비행을 할 수 있다.

(4) 기압계 센서 혹은 고도계 센서

기압계 센서(Barometer Pressure sensor)는 다른 말로는 고도계 센스(Altimeter sensor)라고도 하는데, 고도에 따른 대기압 변화의 원리를 이용하여 드론의 고도를 측정하는 센스이다.

고도 센서는 자체의 고도 정보를 GPS 센서의 고도 정보와 같이 융합 계산하여 드론이 안정된 비행을 할 수 있도록 고도를 일정하게 유지시켜 줄 뿐만 아니라 또한 일정 고도에서 비행하고 착륙할 때 고도별로 강하 속도를 조절하여 유연하고 안전하게 착륙하는데 도움을 준다.

FC에 부착된 4개 센서의 역할

자세	위치	방향	고도
 자이로 가속도	 GPS	 지자계	 기압계

2.7 비행 모드의 구분

비행 모드(Mode)는 토글스위치(Toggle Switch))를 사용하여 목적에 따라 비행을 제어하는데, 일반적으로 GPS 모드, 자세 모드, 매뉴얼 모드의 3가지가 있다.

(1) GPS 모드(GPS mode)

GPS 모드는 자이로 가속도 센서, GPS 센서, 지자계 센서, 기압계 센서들 모두 다가 동시에 운용되는 모드로서 안정된 비행을 할 수 있다. 현재 대부분의 드론은 GPS 모드로 설계 제작되어 나온다.

(2) 자세제어 모드(Attitude mode)

자세제어 모드는 자이로 가속도 센서와 기압계 센서 만을 가지고 운용되므로 고도만 유지된다(자세와 고도는 유지하나 위치와 방향을 유지 못하므로 드론이 정해진 고도에서 흘러 다닌다). 즉, GPS 센서의 위치 정보와 지자계의 방향 정보가 없으므로 전후, 좌우로 드론이 흘러다녀 안정된 조종이 어렵게 된다. 따라서 이 모드에서는 조종자의 숙련된 조종기술이 요구된다.

드론은 차와 달리 무선으로 조종되기 때문에 언제라도 신호문제가 발생할 수 있다. 비행 상태에서 GPS가 갑자기 잡히지 않으면 이때는 수동조종을 해야 한다.

(3) 수동 모드(Manual mode)

수동 모드는 GPS 모드에서 운용되는 4개의 센서 기능이 모두 작동되지 않는다. 즉, 이 모드는 자동화된 자세 제어 기능이 전혀 없다. 4개의 센서 기능에 대한 모든 비행조종을 조종자가 직접 실행해야 하므로 조종자의 고도로 숙련된 조종기술이 요구된다.

3가지 비행제어 모드

GPS 모드	Atti(자세제어) 모드	Manual(수동) 모드
 • GPS • 자이로 가속도 • 기압계 • 지자계	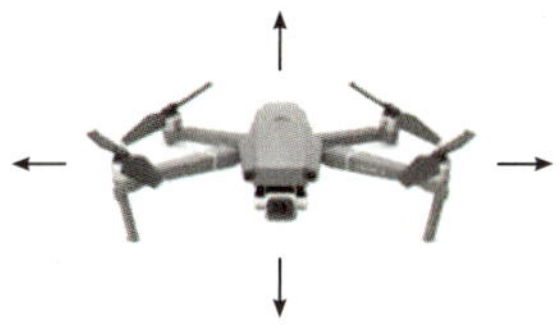 • 자이로 가속도 • 기압계	 • 센서 없음
위치,자세,고도,방향 유지: 자동화로 안정된 비행	자세, 고도만 유지: 전후좌우로 흘러 다님	자동화된 기능 없음: 수동조작 필요

2.8 모터의 종류

모터(Motor)란 전기에너지를 이용하여 회전 토크를 얻는 장치이다. 즉, 드론의 로터(Rotor)를 회전시켜 양력을 발생하여 비행을 가능하게 하는데 필요한 장치이다. 전기 모터에는 브러시 모터/브러시 DC 모터(Brushed Motor/Brush DC Motor)와 브러시리스 모터(BLDC, Brushless DC Motor)가 있다. 회전 시, 브러시리스 모터는 제어 장치인 전자변속기(ESC, Electronic Speed Controller)에 의해서 방향과 속도를 제어 받는다.

(1) 브러시 모터

브러시 모터(Brushed Motor)는 자석은 고정되어 있고 로터(회전자)가 움직여서 브러시를 통하여 전기를 공급하는 모터이다. DC 전원을 인가하면 회전하며 구동제어부가 없다. 소음과 기계적 마모에 의해 열이 발생한다.

(2) 브러시리스 모터

브러시리스 모터(Brushless Motor)는 브러시 없이 전류의 방향을 전자적으로 검출한다. 3상의 모터선으로 속도와 위상을 제어하고 고속의 회전을 낸다. 즉, 3상 전류를 사용해야 하므로 전자변속기(ESC)가 필요하다. 순간적으로 속도를 높이고 조절할 수 있기 때문에 브러시리스 모터를 드론에 사용한다. 소음이 발생하지 않으며 반영구적으로 사용이 가능하다.

참고

※ kV 란 "1 V당 모터의 분당 회전수(RPM, Revolutions Per Minute)"를 의미 한다.

예시 1) 브러시리스 모터가 1200 kV라면, 1 V 전압일 때 분당 1,200 RPM으로 회전한다.

2) 위의 브러시리스 모터에 리튬폴리머 배터리(3.7 V 6개를 직렬로 연결)의 전압이 22.2 V 가해지면, 모터는 22.2 x 1200 = 26,640 RPM으로 회전한다.

3) 어떤 브러시리스 모터의 스펙이 8025~100 kV로 표시되어 있다면, 80은 모터의 원주지름, 25는 모터의 높이, 100 kV는 1 V의 전압으로 분당 100 RPM으로 회전하는 모터임을 의미한다.

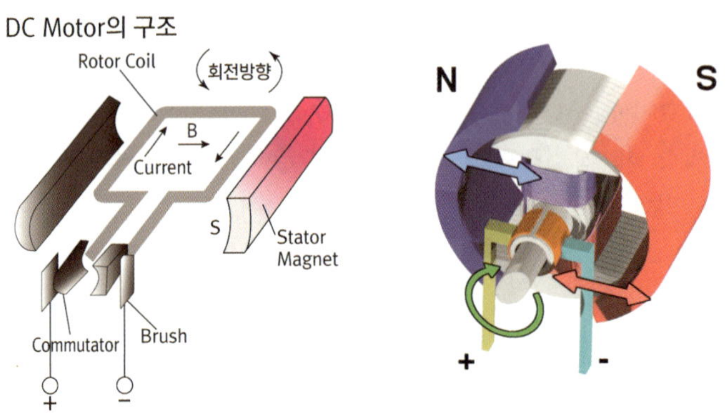

브러시 모터

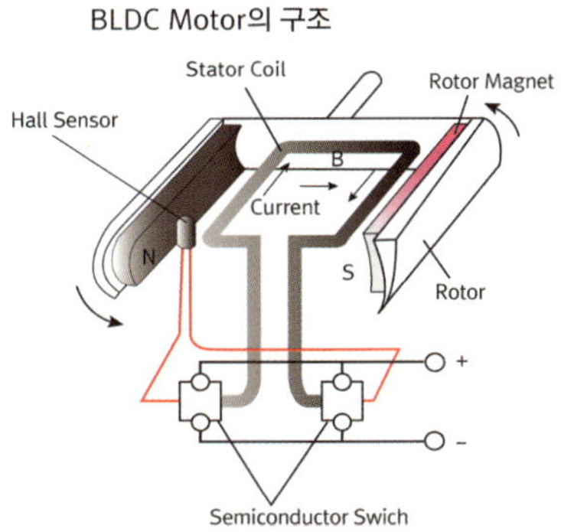

브러시리스 모터

브러시 모터와 브러시리스 모터 간의 장단점 비교

구 분	브러시 모터	브러시리스 모터
장 점	• 단순한 구조 • 구동이 간단 • 가격이 저렴	• 반영구적 수명 • 저소음 • 전기적, 기계적 효율성이 높음
단 점	• 브러시 마모, 발열이 많음 • 소음 발생 • 유지 보수 필요 • 수명이 짧음	• 전자변속기(ESC) 필요 • 가격이 고가

2.9 프로펠러

프로펠러(Propeller, 프롭) 또는 로터 (Rotor)는 모터의 회전에 의해 양력을 발생시키는 장치(항공기나 선박에 추력(추진력, 전방으로 이동하는 힘)을 부여하는 장치)로, 회전을 하면서 앞쪽 공기를 쪽으로 밀어낸 거리만큼 기체를 이동 시킨다. 이때 프로펠러가 한 바퀴 회전 시 앞으로 나아간 거리를 피치(Pitch)라 하며, 또는 영어로 Blade Pitch라고도 한다.

시위선과 프로펠러 회전면(1개의 날개깃(blade)의 회전면, Disk)이 이루는 각을 피치각(Pitch Angle)이라고 하는데(기준면에 대한 각도로 로터 안쪽에 휘어져 있는 각), 뿌리(익근)에서는 90도에 가까운 큰 각을 이루고 끝단(익단)으로 갈수록 작은 각으로 변한다(익근의 꼬임각이 익단의 꼬임각보다 크다).

피치각이 클수록 기체 비행속도가 빨라진다. 촬영용은 피치각이 크고 익면적(날개깃의 면적)이 좁아 바람저항에 잘 견딘다. 농업용은 피치각이 작고 익면적이 넓어 안정적 비행이 가능하다.

프로펠러가 시계방향으로 회전하면 CW(Clockwise), 반시계방향으로 회전하면 CCW(Counter Clockwise)라 한다. 프로펠러의 재질은 단단한 재질일수록 양력을 얻는데 좋다. 일반적으로 모터에 부하가 적게 걸리는 가벼운 카본(Carbon) 재질의 프로펠러를 많이 사용한다. 그 외에도 CF(Carbon Fiber)와 GF(Glass Fiber) 재질로 만든 것도 있다. CF는 GF보다 가벼운 장점이 있다.

참고

※ 프로펠러의 표시 단위는 4자리 숫자로 기입하고, 길이와 피치는 인치(inch)로 표기한다.

예시 1) 프로펠러에 8045라고 기입되어 있다면, 프로펠러의 길이는 8인치이고 피치는 4.5인치라는 의미이다.

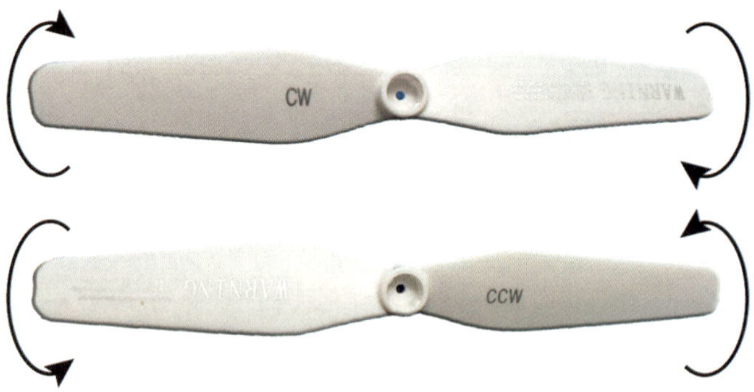

시계방향과 반시계방향의 프로펠러

2.10 배터리

2.10.1 종류

배터리(Battery)는 화학반응에 의해서 전기를 얻는 전지를 말한다. 드론에 배터리를 사용하는 이유는 기체의 소음을 줄이고 기체를 경량화 할 수 있기 때문이다. 현재 일반적으로 산업용 드론에 사용되는 배터리는 20~30분 정도의 비행이 가능하다.

종류로는 리튬 폴리머(Li-Po), 니켈 카드뮴(Ni-Cd), 니켈 수소(Ni-Mh), 리튬 이온(Li-Ion), 리튬 철(Li-Fe), 니켈 아연(Ni-Zn) 등이 있다.

이중 드론에는 최고 적격으로 사용되는 배터리는 리튬 폴리머이다. 그 이유는 1) 두께가 얇고 가벼우며, 2) 폭발 위험이 적으며, 3) 전압과 방전률이 뛰어나고, 4) 구조적으로 안정적이고, 5) 다양한 형태로 제작할 수 있기 때문이다. 그러나 온도 변화에 민감하여 10℃ 이하에는 성능이 급격히 저하되는 단점이 있다. 따라서 겨울철 비행 시, 리튬 폴리머 배터리의 보온관리가 매우 중요하다.

드론관련 제품에 사용되는 배터리들

드론용 배터리	비 교
• 리튬 폴리머(Li-Po)	가장 많이 사용
• 니켈 카드뮴(Ni-Cd) • 니켈 수소(Ni-Mh) • 니켈 아연(Ni-Zn) • 리튬 이온(Li-Ion) • 리튬 철(Li-Fe)	제품의 용도와 사용 용도에 따라 병행

2.10.2 규격

(1) 정격전압(공칭전압), 만충전압

배터리의 규격은 배터리 표면의 표기를 보고 확인할 수 있다. 아래 그림의 리튬 폴리머 배터리를 예로 들어 보자. 이 배터리의 1Cell(낱개 배터리 1개)당 정격전압(공칭전압)은 3.7 V(Volt, 볼터)이고, 만충전압은 4.2 V 이다. 이때 배터리 6개[6S(Serial)로 표기]를 직렬로 연결[1P(Perall el)로 표기]하면 정격전압은 3.7 V X 6개 = 22.2 V가 되고, 만충전압은 4.2 V X 6개 = 25.2 V가 된다. 보통 상업용 드론에서는 6개의 Cell(셀)을 하나로 묶어 모듈(Module) 단위로 배터리를 장착한다. 따라서 아래의 그림을 보면 3S1P로 표기되어 있으므로, 낱개 배터리 3개(3셀)를 직렬로 연결한 폴리머 배터리를 의미한다.

(2) 배터리 용량

배터리 용량(Battery Capacity)[배터리 전류량]은 표시하는 단위가 Ah(Ampere·hour, 암페어시: 1 Ah = 1000 mAh) 또는 mAh 이다. 예를 들어, 10 Ah는 10 A의 전류를 1시간을 사용하거나 1 A의 전류를 10시간을 사용한다는 의미이다. 그림에서 2200 mAh로 표기되어 있으므로, 2.2 Ah가 되고 2.2 A의 전류를 1시간 공급하거나 1.1 A의 전류를 2시간 공급이 가능함을 뜻한다.

(3) 배터리 방전율

그림에서 배터리 방전율(Discharge Rate)이 25C로 표기되어 있는데, 여기서 25C는 순간적으로 배터리 용량의 25배를 방출할 수 있다는 의미이다. 이렇게 25배로 순간 최대 방전율이 높다고 좋은 것은 아니다. 왜냐하면 그만큼 배터리 수명이 짧아지기 때문이다.

(4) 전압, 출력

그림에서 전압(Battery Voltage)이 11.1 V로 표기된 것은 정격전압 3.7 V를 가지는 3개의 셀이 직렬로 연결(3S1P, 3.7 V X 3개 = 11.1 V)되었을 때의 전압 값을 뜻한다. 배터리의 출력은 방전률(C)에 배터리 용량(전류량)을 곱하여 계산한다. 즉, 그림에서 배터리 출력은 55 W(25C X 2.2 Ah = 55 W)가 된다.

리튬 폴리머 배터리

배터리 관리요령

구 분	주의 사항
사용 시	• 부풀어진 배터리 사용 금지 • 손상되거나 심한 충격은 받은 배터리 사용 금지 • -10℃ ~ 40℃ 범위에서 사용(50℃ 이상 환경에서 사용 시 폭발 위험) • 과방전되지 않도록 관리(저전압 알람, LED 표시 확인) • 외부충격 등으로 발화될 수 있으므로 취급 주의 • 겨울철에 배터리 효율이 떨어지므로 보온하여 사용
충전 시	• 급속 충전 사용 지양(배터리 수명 단축) • 여름철에 충전 시, 배터리가 과열되기 쉬우므로 충전 전에 충분히 냉각하여 사용 • 충전 완료 후, 셀별로 전압 확인(4.2 V가 넘으면 폐기) • 비행 직후, 온도가 높아진 상태에서 충전 금지
보관 시	• 22℃ ~ 28℃ 범위의 장소에서 보관 • 보관 시, 드론과 배터리 분리 • 장기 보관 시, 50%로 충전하여 보관
폐기 시	• 배터리 폐기 시, 완전히 방전시켜 분리 배출

2.11 비행운용 단계별 절차와 조치 사항

2.11.1 비행 전 준비 사항

사 항	내 용
1. 배터리 충전상태 확인	• 부족 시 충전(정격 충전기 이용)
2. 기체운반 시	• 배터리 등 장착물 분리 운반 • 스위치 Off 확인 • 프로펠러 등 고정 후 이동
3. 비행 전 육안 확인	• 기체 외관 파손 유무 확인 • 프로펠러, 모터, 커넥터, 배선의 이상 유무 확인 • 연결부위의 결합 및 고정상태 확인(볼트, 너트 등)
4. 비행 전 교정 작업 (Calibration) 실시	• 조종기 교정 - 조종기 스틱의 값 맞춤(트림스위치 이용) • 전자변속기(ESC) 교정 - 스로틀 스틱으로 모터의 최고 및 최저 속도 확인 • 수평(Level) 교정 - 기체의 평형상태를 FC(비행제어기)에 인식시키는 작업 • 지자계(Compass) 교정 - 비행 진행방향을 FC(비행제어기)에 인식시키는 작업 (전자기 간섭이 없는 장소에서 실시)

2.11.2 비행절차

절 차	내 용
1. 비행안전구역 확인	• 비행구역에 다른 비행체(경비행기 또는 초경량비행장치)가 비행하는지 확인(다른 비행체가 있을 시, 반드시 양보) • 비행 전 기체의 이착륙 지점 확인(주변의 장애물 확인, 일반인 접근이 없는 위치 선정) • 우발상황 대비, 기체로부터 최소 15 m 이상 떨어진 장소에 위치(일반인 접근 통제)
2. 기상 상태 확인	• 풍속 확인(5 m/sec 이상이면 비행 제한) • 비, 안개, 천둥, 번개 시 비행 자제 • 지자계 수치 확인(5 이상이면 비행 제한)
3. 시동 전 조종기 점검	• 조종기 스위치의 정 위치 확인 • 스틱에 대한 이물질 여부 확인 • GPS 수신 상태 확인(녹색 색깔의 LED등이 점멸하면 정상)

2.11.3 비행 전후 점검 절차

절차	내 용
1. 비행 전 점검	• 날씨 점검: 일기예보, 풍향, 풍속, 지구자기장 수치 • 기체 외관 점검: 프로펠러 장착상태 및 파손여부, 배터리 잔량 확인 • 조종기 점검: 스위치, 안테나, 외관, 배터리 충전 상태, 각 토글 스위치 확인 • 시스템 점검 - 통신상태, GPS 수신 상태 점검 - 조종기 전원 인가(FC 전원 인가 전) - GPS 수신 상태 확인(LED등 점멸 확인) - 모드 스위치 조작(GPS → 자세 → 매뉴얼 조종모드로 전환되는지 LED등 확인) - 기체동작 점검(안정적 GPS 수신 후 동작 점검, 조종간(스트롤, 러더, 엘리베이터, 에일러런) 동작 상태 확인 • 비행 전 기체 점검(순서) - 프로펠러 → 모터 → 모테 베이스 → 변속기 → 암대 → 메인 프레임 → 랜딩 스키드 → 배터리 충전 상태 확인 → 조종기 점검(안테나 → GPS 모드 → 조종기 'on') → 기체 베터리 연결 → 아워메타 확인 기록 → GPS 수신 확인
2. 비행절차	• 이륙: 이착륙지 선정, 안전거리 확보(15m 이상), 이륙 시 스로틀 급조작 금지 • 비행: 비행 중 스로틀 급조작 금지, 가시거리(수평거리)는 500m~1 km 이내, 고도 150 m 이내 유지 • 착륙: 착륙 후 강제로 모터 정지 금지, 하드랜딩(hard landing) 시 스토틀 급조작 금지
3. 비행 후 점검	• 기체외관 점검, 조종기 점검, 프로펠러 파손 여부 확인, 모터 마모 및 변속기 과열 상태 확인, 암 및 메인 프레임 연결 부위(유격현상), 스키드 뒤틀림 및 GPS 안테나 고정 확인 • 비행 후 기체 점검(순서) - 아워메타 확인 기록 → 기체 전원 'off' → 조종기 전원 'off' → 프로펠러 → 모터 → 모테 베이스 → 변속기 → 암대 → 메인 프레임 → 랜딩 스키드 → 기체 배터리 분리 ※ 비행 후 점검은 비행 전 점검 절차와 동일하다. 단, 비행 전 점검에는 조종기를 먼저 'on'하고, 비행 후 점검에는 메인배터리를 먼저 'off'한다.

2.11.4 비행 중 비정상 상황발생 시 조치

상 황	내 용
1. 비정상 상황 발생 시	• 드론의 이상 반응(진동, 소리, 냄새 등) 발생 시, 큰 소리로 '비상'이라고 알리고 즉시 안전한 장소에 착륙시킴
2. 기체의 균형 상실, 급격한 고도 저하 시	• 최대한 평행자세를 유지시켜 착륙시킴 • 착륙 후, 기체와 조종기 전원 차단 및 기체 점검 • 프로펠러 이상 유무 확인(파손, 균열, 모터와의 유격, 볼트 고정 등) • 모터의 이상 유무 확인(지원프로그램 연결)
3. 조종기 작동 미흡 시	• 조종기 전파를 방해하는 주변의 대상물 확인(고출력 통신장비, 고압선 등) • 수회 반복하여 재시동 시도(조종기 배터리, 지원 프로그램을 연결하여 교정) • 비행 중 이상 시, 기체를 안전한 곳에 착륙시킨 후 점검(No control 상황이면, fail/safe 상황으로 RTH 상황이됨)
4. GPS 수신 감도 저하 시	• 비행 중지, GPS가 6개 이상 연결 되었을 때 재시도(약 15분 정도 대기 후, GPS가 6개 이상 연결이 안 되면 장소를 이동하여 재시도) • 숙련된 조종자는 GPS 모드에서 자세제어(Atti) 모드로 전환하여 비행 실시(GPS가 6개 이하로 수신되어도 비행 가능)
5. 비행 중 사고발생 시 조치사항	• 인명구조가 최우선 • 신속히 신고(관할 소방서, 경찰서, 항공청 등) • 사고조사를 위하여 기체와 현장을 보존 - 사고 현장 유지 - 현장 및 장비 사진 촬영 - 현장 및 장비 동영상 촬영
6. 사고의 보고	• 사고 발생 시 지체 없이 그 사실을 보고(관할 항공청) • 보고사항 - 조종자 및 그 초경량비행장치 소유자의 성명 또는 명칭 - 사고가 발생한 일시 및 장소 - 초경량비행장치의 종류 및 신고번호 - 사고의 경위 - 사람의 사상 또는 물건의 파손 개요 - 사상자의 성명 등 사상자의 인적사항 파악에 참고가 될 사항

2.11.5 비행 후 조치사항

사 항	내 용
1. 비행 전 점검 요령과 동일	• 조종기, 프로펠러, 모터, 기체 내외부, 랜딩 기어 확인(배터리 덮개, 카본 파이프 등 오염된 부분 제거)
2. 로그 북(Log Book) 작성	• 비행날짜, 비행 횟수, 배터리 사용 횟수, 비행장소 및 비행시간, 비행 목적 등을 기록

2.12 무인비행장치 비행안전과 비행교수법

2.12.1 비행안전

조종자의 역할	내 용
1. 안전	• 인간이 모든 안전관리의 중심에 있음 • 조종자에 의한 사고발생의 주요 원인은 피로(Fatigue) • 과거: 기술수준 부족으로 기계적 결함에 의한 사고가 대다수 • 현재: 예방정비 부실 및 과도한 기체 조작 등에 의한 사고 대다수(조종자의 과실) • 안전관련 적용 법칙 - 하인리히 법칙(Heinrich's Law): 대형사고가 발생하기 전에 그와 관련된 수많은 경미한 사고와 징후들이 반드시 존재한다는 법칙(1:29:300 법칙; 큰 재해: 작은 재해: 사소한 사고) - 스위스 치즈 이론(Swiss Cheese Model): 사고는 연속된 일련의 휴먼 에러에 발생하고(치즈를 여러 개 겹치면 구멍의 통로가 연결된다), 사고 이전에 오래전부터 사고 발생과 관련한 전조가 있다는 법칙 - 도미노 이론(Domino Theory): 어떤 한 체계가 무너지면 인접한 체계도 동시에 무너진다는 이론
2. 책임	• 자신의 행동에 책임을 짐 • 관계 법령의 바른 이해와 해석(적절한 판단에 의한 의사결정)
3. 기본 소양과 적성	• 지적 능력, 정보처리 능력, 심리적 안정성, 정신적 성숙도 요구
4. 비행 의사결정	• 바른 지식 → 위험도의 식별 → 판단 → 바른 의사결정('실행하는 것' 혹은 '실행하지 않는 것을 결정') • 조종조작의 자동적 반응, 위험관리(비행장치, 조종자, 환경, 비행 등) 및 상황판단 능력(여러 상황 확인 및 처리 능력) 요구

5. 보험 가입	• 대인·대물보험(의무화) • 기체 및 자손보험(필요)

2.12.2 비행교수법

교관의 역할	내 용
1. 지도 요령	• 교관의 기본자질에는 성실성, 교육생의 특성 이해, 단정한 외모, 침착, 일관된 태도, 적절한 언어, 화술 능력 구비 등이 요구된다. • 심리지도 시, 세심한 관찰, 설득 유도, 분발 격려, 성취 욕구 자극, 질책(한번으로 끝냄) 등이 필요하다. • 학습지원은 교육생 특성에 맞는 맞춤형 교육, 정확한 표준 조작 요구, 긍정적인 면을 강조하고, 교관은 비행원리에 정통하고 이를 적용한다. • 학습 장애 요인으로는 불공평한 느낌, 조바심, 흥미 결핍, 신체적 불편 및 피로, 무관심 및 무계획적 교육에 대한 불만, 근심, 불안 등이 있다. • 과시욕, 비인격적 대우, 과격한 언어 및 욕설, 구타, 비 정상정인 수정 조작, 자기감정의 표출 등은 지양해야 한다. • 교육생과 접촉을 유지하고 감정을 조절하고, 쉽게 이해시키고, 적절한 유머를 사용하고, 바른 교육 태도를 유지하여야 한다. • 비행교육 시, 동기 유발, 지속적인 지시, 개별적 접근, 적절한 칭찬, 건설적 강평, 인내심을 가진 지도, 비행 시 교관 과오의 인정 등이 필요하다.
2. 비행 단계별 교육 요령	• 학과 교육 - 비행원리에 정통하고 이를 적용, 시뮬레이션 교육 철저, 철저한 안전교육, 교육 기록부 기록 철저 • 기본 비행 단계 - 기본 조작 교육 철저, 주의력 분배 교육(기체로부터 시야를 넓힘), 파워, 피치, 러더가 일치된 조작 설명, 한 걸음 뒤로 물러서서 교육(교육생이 스스로 조종하는 느낌이 들게 함), 설명을 줄임(교육생이 스스로 판단 및 조작하게 함) • 응용 비행 단계 - 단독 비행, 철저한 안전교육, 비행 기준, GPS, 응용 등 교육 • 비상 절차 단계 - 각 경고등 점등 시 의미 및 조치사항(평가 실시), GPS 수신불량(실습 실시), 통신 두절에 따른 Return to Home 기능(시범 실시), 제어 시스템 에러 사항(교육 실시) 등 • 비행 평가 단계 - 비행 평가 원칙: 평가자의 자격, 평가 방법의 표준화 및 객관화, 평가 목적의 이해, 평가자간의 협조, 구체적인 평가결과 산출 등

	- 강평: 교육의 일부로 매일 실시, 교육생에게 인격적인 대우, 학습의 필요성 강조, 교육에 필요한 모든 것 실시, 기본 원칙 강조, 교육생 참여 유도 등

2.13 드론 비행절차*

2.13.1 비행가능 공역

초경량비행장치 비행공역(UA)에서는 비행승인 없이 비행이 가능하며, 그 외 지역은 비행이 불가하다. 그러나 연료를 제외한 자체무게 25 kg 이하의 드론은 관제권 및 비행금지공역을 제외한 지역에서는 150 m 이하의 고도에서는 비행승인 없이 비행이 가능하다.

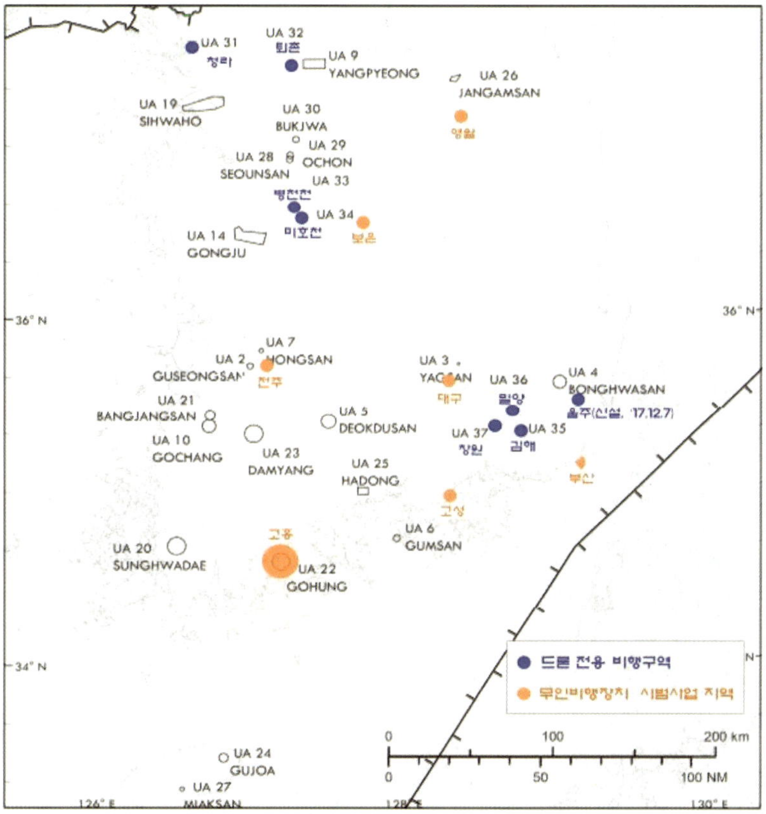

비행가능 공역

* 출처: 드론 안전관리 가이드(국토교통부, 2018)

※ 비행가능 공역, 비행금지공역 및 관제권 현황은 국토교통부에서 제작한 스마트폰 어플 Ready to Fly 또는 V월드(http://map.vwor4ld.kr/map/mps.do) 지도서비스에서 확인 가능하다.

2.13.2 관제권 및 비행금지공역

관제권은 통상 비행장 중심으로부터 반경 5 NM(9.3 km)으로 고도는 비행장별로 상이하며, 비행금지공역은 서울 도심(P73), 휴전선 지역(P518), 원전 주변(P61[고리원전], P62[월성원전], P63[한빛원전], P64[한울원전]), 원자력연구소(P65) 이다. 원전 및 원자력연구소의 비행금지구역은 원전 반경의 18.6 km 이다. 여기서 NM(Nautical Miles)은 해리(海里)를 뜻하며, 1해리는 약 1.852 km이다.

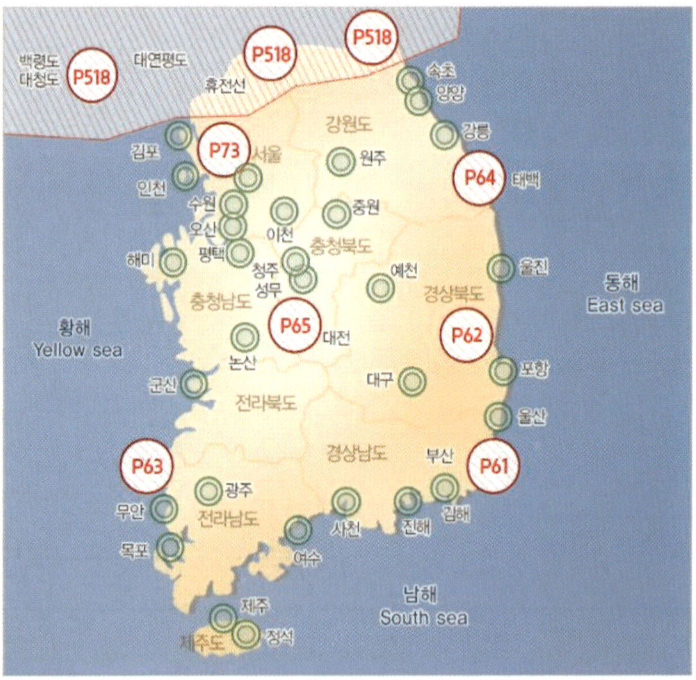

※ 관할기관(허가기관)
- 관제권
  - 관할 지방항공청 및 기지(인천, 김포, 양양, 울진, 울산, 제주, 김해, 대구 등)
- 비행금지공역
  - 수도방위사령부(서울 도심), 합동참모본부(휴전선 지역, 원전 주변, 원자력연구소)

※ 비행승인 대상
- 관제권 및 비행금지구역에서 비행하는 경우의 모든 비행장치가 해당
  - 최대 이륙중량이 25 kg을 초과한 드론(무인동력비행장치)[농업용은 제외]
  - 고도 150 m 이상으로 비행하는 경우
  - 사업에 사용되는 행글라이더, 패러글라이더, 계류식 무인비행장치, 낙하산류
  - 자체중량(연료 제외) 12 kg 초과 길이 7 m 초과하는 비행선

2.13.3 조종자 준수사항

① 인명이나 재산에 위험을 초래할 우려가 있는 낙하물을 투하하는 행위

② 인구가 밀집된 지역 기타 사람이 운집한 장소의 상공에서 인명 또는 재산에 위험을 초래할 우려가 있는 방법으로 비행하는 행위

③ 비행계획의 승인을 얻지 아니하고 무인비행장치 비행제한공역에서 비행하거나 관제권·비행금지구역에서 비행하는 행위

④ 안개 등으로 인하여 지상목표물을 육안으로 식별할 수 없는 상태에서 비행하는 행위

⑤ 일몰시부터 일출시까지의 야간에 비행하는 행위

⑥ 음주·약물복용 상태 및 비정상적인 상태나 방법에 의하여 비행하는 행위

⑦ 항공기, 경량항공기 및 무동력 초경량비행장치에게 진로를 양보하지 않는 비행

⑧ 해당 무인비행장치를 육안으로 확인할 수 없는 범위 밖에서 비행하는 행위

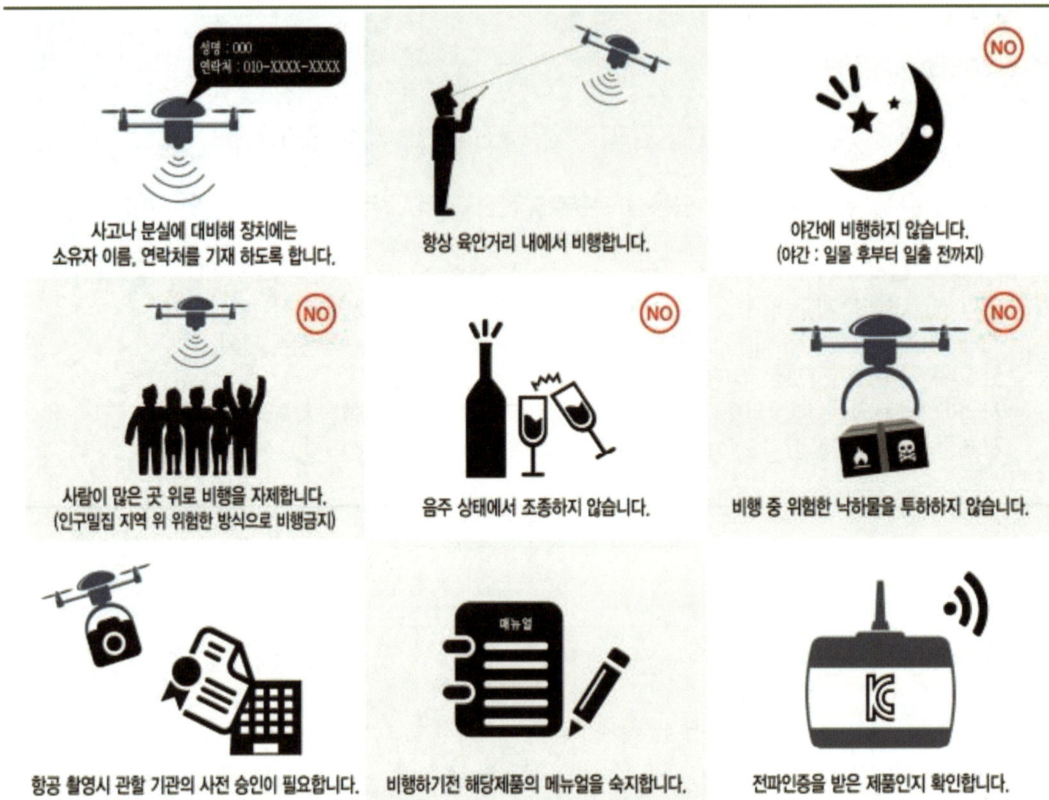

※ 조종자의 최소 음주량: 혈중알콜농도 0.02% 이상(3년 이하의 징역, 3,000만 원 이하의 벌금)

※ 드론 불법비행 적발 시, 처벌 기준

구분		장치 미신고	안전성 미인증	조종자 미증명	무보험	비행 미승인	준수사항 미준수
위반 시 처벌 기준	징역	6개월	-	-	-	-	
	벌금	500만 원	-	-		200만 원	
	과태료		500만 원	300만 원	500만 원		200만 원

3

항공역학

3.1 비행원리(비행이론)

3.1.1 날개 이론

에어포일(Airfoil, 날개골, 풍판)이란 항공기의 날개 단면(Wing section) 또는 드론의 프로펠러 단면을 학술적으로 정의하는 용어이다. 에어포일은 항공기를 부양시키는 양력을 발생시킨다. 드론의 경우에는 모터의 강력한 회전력에 의한 프로펠러의 회전으로 양력이 발생하고 드론이 뜬다.

(1) 항공기의 날개 단면

그림 (1)은 항공기의 날개 단면 또는 드론의 프로펠러 단면의 모식도이다.

(2) 에어포일

그림 (2)는 그림 (1)로부터 가져온 에어포일을 나타낸다.

(3) 익현선

그림 (3)에서 익현선(시위선, Chord line)이란 에어포일의 앞전(Leading edge)과 뒷전(Trailing edge)을 이은 선이다. 시위길(앞전에서 뒷전까지의 거리)이는 에어포일의 두께, 캠버(Chamber)와 같은 부분의 길이를 측정하는 기본거리로 사용된다. 캠버는 시위길이(시위선)와 평균캠버선 사이의 길이(두께)이며, 평균캠버선은 윗면(Upper chamber)과 아랫면(Lower chamber)의 중간 지점을 잇는 선이다.

(4) 회전면

그림 (4)에서 회전면은 드론의 경우에 프로펠러가 수평으로 회전하는 면(로터의 이동경로)이다.

(5) 취부각

그림 (5)에서 취부각(붙임각, Angle of Pitch)은 익현선과 회전면이 이루는 각이다. 즉, 단순한 기하학적인 각(기계적인 각)이다.

(6) 공기흐름

그림 (6)은 공기들이 에어포일의 앞전에서부터 뒷전까지 상하로 흐르는 것(비행방향의 반대방향인 공기흐름 방향)을 보여준다.

에어포일 이론

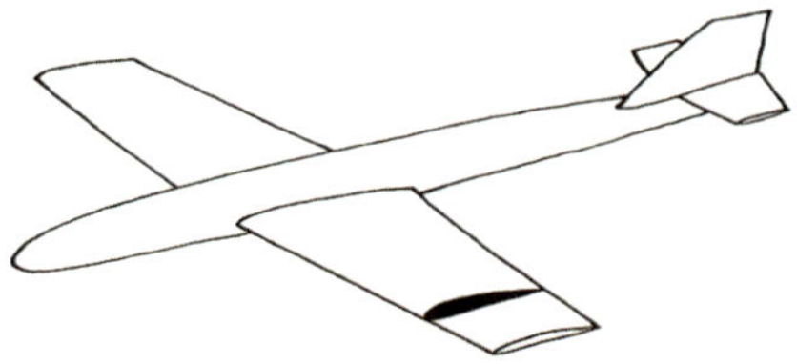

(1) 항공기의 날개 단면의 모식도

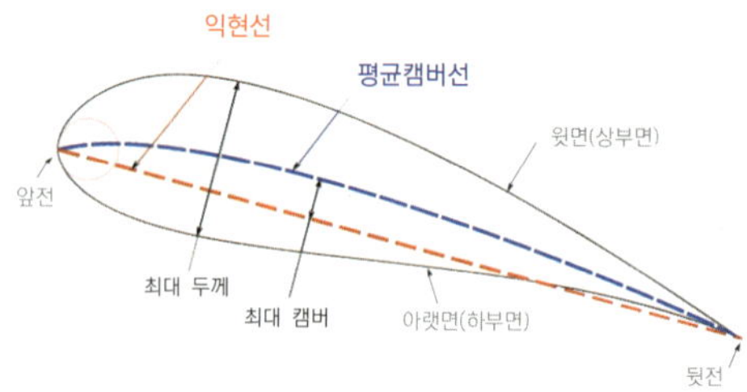

(2) 에어포일

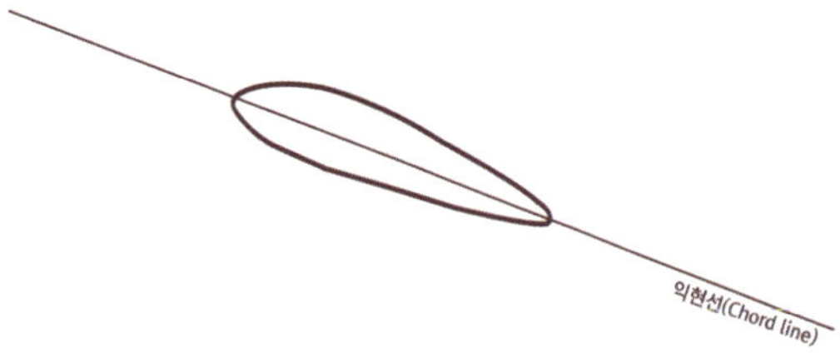

(3) 익현선

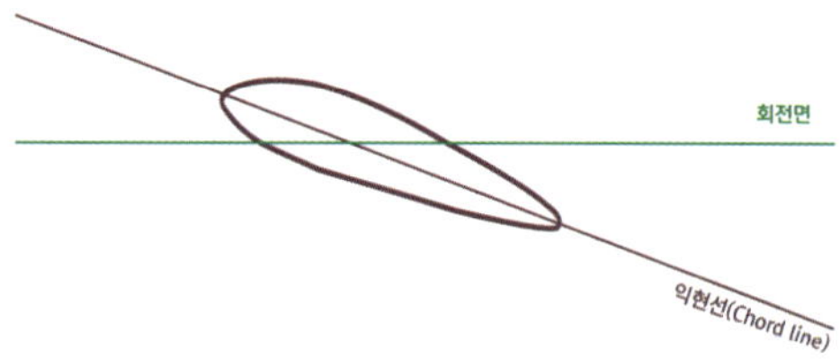

(4) 회전면

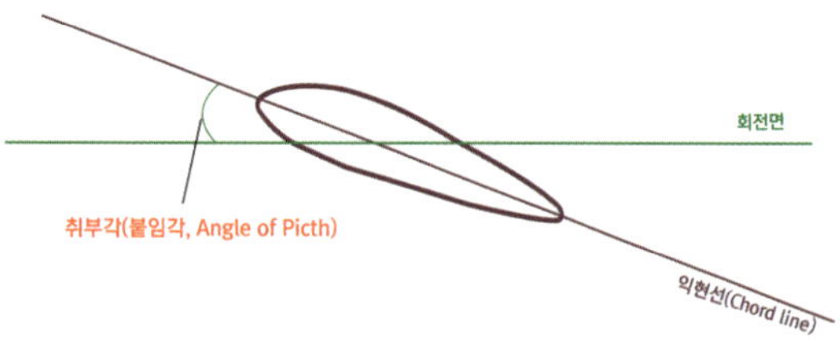

(5) 취부각
기계적인 각,
통상 10~30°의 각

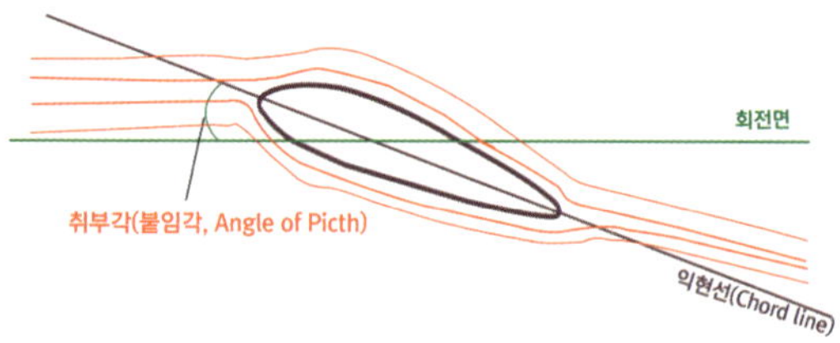

(6) 비행방향의 반대방향인 공기흐름

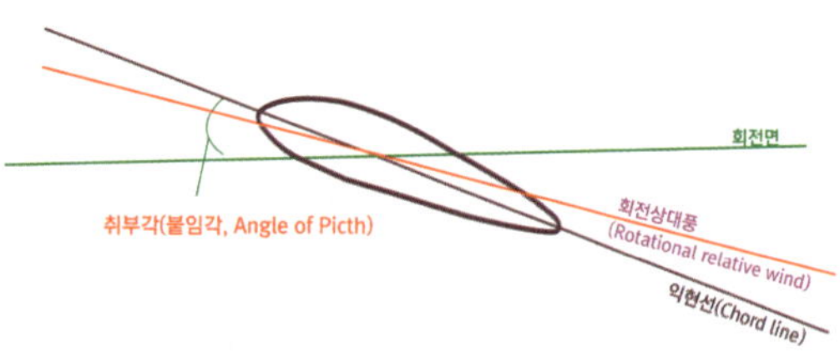

(7) 회전상대풍

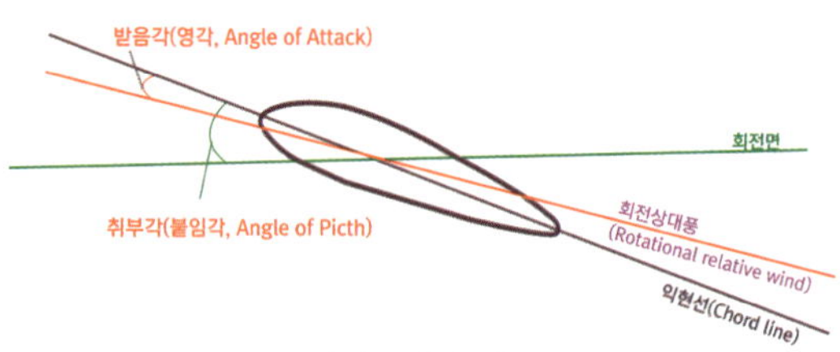

(8) 받음각
항공역학적 각(양력과 항력의 크기를 결정),
통상 0~15°의 각

(7) 회전상대풍

그림 (7)에서 회전상대풍(Rotational relative wind)이란 그림 (6)에서의 공기 흐름들의 합력(두 방향에 대해서 합해지는 벡터 값, 공기역학적 바람)을 이론적으로 나타낸 것이다. 상대풍(Relative wind)은 에어포일의 이동방향에 정반대로 작용하는 바람(에어포일에 상대적인 공기의 흐름)으로, 양력을 발생하는 받음각의 크기를 결정하는 요소이다.

(8) 받음각

그림 (8)에서 받음각(영각, Angle of Attack)은 익현선(날개의 경사각)과 회전상대풍(공기 흐름의 방향)이 이루는 각이다. 이렇게 받음각이 형성됨으로서 양력이 발생한다. 그리고 이 각은 양력(부양력), 항력(공기 저항력), 피칭 모벤트(비행 시 상하움직임)에 의해서 매우 큰 영향을 받는다. 받음각이 커지면 양력도 커지나, 일정 수준을 넘어서면(흐름의 떨어짐 현상이 발생) 양력은 감소하고 항력은 증가 한다. 항력은 속도의 제곱에 비례하고, 날개면적에 비례하고, 공기밀도에 비례한다.

(9) 실속

실속(Stall, 항공기의 속도 상실)이란 항공기가 공기의 저항에 부딪쳐 추진력을 상실하는 현상으로 받음각이 너무 커져서 일어나며, 무게, 하중계수, 비행속도, 밀도고도와는 관계가 없다.

3.1.2 베르누이 원리

(1) 유체의 연속의 법칙

다음 그림의 호스(hosepipe)을 보면, 호스의 왼쪽 입구는 단면적이 넓고(A_1), 호스의 오른쪽 출구는 단면적이 좁은(A_2) 것을 알 수 있다. 호스를 지나는 유체의 속도는 관의 단면적에 반비례하여, 단면적이 커지면 속도는 감소하고(1의 점에서의 유체) 단면적이 좁아지면 속도는 빨라진다(2의 점에서의 유체). 즉, 왼쪽에 유입된 유량은 나중에 오른쪽에 유출된 유량(Q = AV)과 같아야한다. 이를 유체의 연속의 법칙이라 한다. 여기서 A는 면적(㎠) 이다.

- **수식**

수식으로 나타내면 $Q_1 = Q_2 =$ Constant(일정)가 되고, $\rho A_1 V_1 = \rho A_2 V_2 =$ Constant(일정)가 된다. 이 식의 물리적인 의미는 유체가 통과하는 호스의 단면적이 작아지면 유체의 속도는 증가하고 단면적이 증가하면 유체의 속도가 느려져서 결국 유체의 양이 동일하다는 뜻이다.

(2) 베르누이 정리

항공역학에서 '양력이 어떻게 발생하는가?'를 물리학적으로 설명하는 것이 '베르누이 정리'이다. 즉, 이상 유체의 정상 흐름에서 유체의 에너지 총량은 항상 일정하다 것을 의미한다. 이것은 유체의 에너지 보존에 법칙에 따른다. 유체의 압력은 정압(Static pressure)과 동압(Dynamic pressure)을 동시에 가지고 있다. 정압은 유체의 체적이 받는 압력에너지[Ps]이며, 동압은 유체가 흐를 때 유속으로 생기는 압력으로 운동에너지[$Pd = 1/2\rho V^2$] 이다. 여기서 g는 중력가속도 (cm/sec^2), ρ는 밀도(g/㎤), V는 유속(cm/sec)을 각각 나타낸다. 이때 전압[Total pressure, Pt]이란 정압과 동압의 합을 의미하며 항상 일정하다.

- **수식**

베르누이 정리를 수식으로 표현하면 다음과 같다. Pt(전압) = Ps(정압) + Pd(동압) = Ps(정압) + $1/2\rho V^2$(동압) = Constant(일정). 즉, '유체(액체, 기체)의 정압과 동압의 합은 일정하다'로 설명할 수 있다. 여기서 일정하다는 의미는 '동압이 증가하면 정압이 감소하고, 동압이 감소하면 정압이 증가 한다'는 것을 뜻 한다. 아래 그림의 호스는 베르누이의 벤츄리관 실험의 결과와 같은 예시를 잘 보여주고 있다.

베르누이 정리

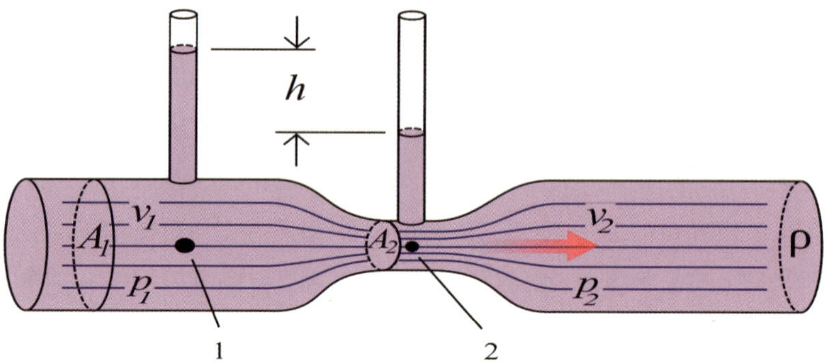

Pt(전압) = Ps(정압) + Pd(동압)
= Ps(정압) + $1/2\rho V^2$(동압) = Constant(일정)

- 1의 점에서 유체(액체, 기체)의 속도가 감소: 동압감소, 정압증가↑
- 2의 점에서 유체(액체, 기체)의 속도가 증가: 동압증가, 정압감소↓

3.1.3 양력

양력(Lift)은 베르누이 원리를 따른다. 에어포일은 공기흐름의 속도를 다르게 하여 압력차를 발생시켜 양력을 만들어 내는 모양으로 되어 있다. 일반적으로 에어포일의 앞면은 둥글고 뒷면은 뾰쪽하고, 윗면은 둥글고 아랫면은 편편하다. 에어포일의 앞전에서의 공기흐름은 반드시 에어포일의 뒷전에서 다시 만나야 한다. 이는 유체의 연속의 법칙에 따른다.

에어포일의 앞전에서 윗면(공기흐름의 도달 경로가 상대적으로 길다)을 지나는 공기는 빠른 속도로 흘러 뒷전에 도달하고, 앞전에서 아랫면(공기흐름의 도달 경로가 상대적으로 짧다)을 지나는 공가는 느린 속도로 흘러 뒷전에 도달하여 다시 같이 만난다.

이때 에어포일의 윗면을 지나는 공기는 속도 증가하므로 동압이 증가하고 정압이 감소하며, 상대적으로 에어포일의 아랫면을 지나는 공기는 속도가 감소하므로 동압이 감소하고 정압이 증가한다. 이는 베르누이의 원리를 따른다. 따라서 에어포일의 아랫면의 정압의 증가로 양력이 발생한다. 드론의 프로펠러가 회전하면서 발생하는 양력도 베르누이 원리에 따른다.

양력의 발생 원리

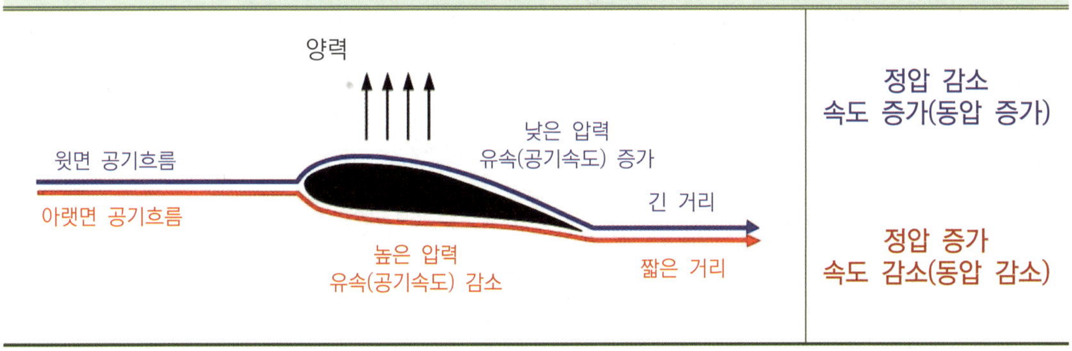

3.1.4 양력발생이론

양력은 드론(비행기)의 진행방향에 대하여 바람이 불어오는 방향에 대하여 수직으로 작용하는 힘이고, 발생 원리는 베르누이 방정식을 기본으로 한다는 것을 앞에서 간략히 이해했다. 유체의 압력과 속도와 관계를 수학적으로 표현한 것이 베르누이 방적식인데, 에너지 본존법칙을 유선(streamline)을 따라서 적용한 것이다. 여기서 유동의 에너지 보존법칙에 대하여 상세히 알아보자. 유체의 유동 특성(압력, 온도, 밀도, 속도)을 해석하기 위해서는 물리학의 3대 보존법칙(Conservation law)이 적용된다.

(1) 질량(Mass)보존 법칙

모든 질량은 새로 생성되거나 소멸되지 않는다. 들어가는 입구에서의 공기의 질량 흐름률과 나가는 출구에서의 흐름률이 같다. 연속방적식(continuity equation)은 다음과 같다.

$$[\rho A V]_{입구} = [\rho A V]_{출구} = 일정$$

이 연속방정식은 흐르는 공기 밀도(ρ)와 유량이 흐르는 면적(A), 흐름속도(V)의 곱이다.

(2) 운동량(Momentum)보존 법칙

물체 운동량의 시간 변화율은 물체에 가해진 힘의 총합에 비례한다. 오일러 방정식은 공기 흐름의 점성을 고려하지 않은 질량 보존의 법칙을 식으로 표현한다. 미소 직육면체에서 유선을 따라 흐르는 유체입자를 뉴턴의 제2법칙에 적용하면, 유체 입자의 좌측면에 작용하는 힘은 $P \cdot dA$이고, 우측면에 작용하는 힘은 $(P+dP) \cdot dA$이다. 여기서 P는 압력이고 dA는 미소 면적이다. 뉴턴의 제2법칙 $\sum \overrightarrow{F} = m\frac{d\overrightarrow{V}}{dt}$에서, 좌측 미소입자에 작용하는 모든 힘의 합은 우측의 모든 운동량의 변화와 같다. $\sum F = pdA - (p + dA) = -dpdA$이고, 첫째항인 질량($m = \rho dAds$)은 체적에 밀도를 곱한 것이고, 둘째항인 가속도항은 $\frac{dV}{dt} = \frac{dV}{ds}\frac{ds}{dt} = \frac{dV}{ds}V$이다. 여기서 좌우항을 정리하면 $-dpdA = (pdAds)(\frac{dV}{ds}V)$이다. 즉, 운동량보존법칙으로부터 운동량 방정식인 오일러방정식은 다음과 같다.

$$-dp = \rho VdV$$

오일러방정식의 물리적 의미는 미소구간에서 속도의 미소증가는 압력의 미소감소를 의미하고, 반대로 압력의 미소증가는 속도의 미소감소를 의미한다.

(3) 에너지(Energy)보존 법칙

유선을 따라 일정하게 흐르는 유체질량은 세 가지의 에너지를 가진다. 여기에는 운동에너지 ($\frac{1}{2}mV^2$), 체적이 받는 압력에너지(P_ν), 어떤 높이에서 중력을 받는 중력에너지(mgh)가 각각 있다. 세 에너지의 총합은 일정하다.

$$\frac{1}{2}mV^2 + P_\nu + mgh = \text{일정}$$

각 항을 체적(ν)으로 나누면 밀도($P = \dfrac{m}{\nu}$)를 포함하는 압력 항으로 표현되며, 공기에 의한 위치에너지(mgh)는 ρgh가 된다.

$$\frac{1}{2}\rho V^2 + P + \rho gh = \text{일정}$$

유체가 가벼운 공기일 경우 중력항은 무시된다.

$$P + \frac{1}{2}\rho V^2 = \text{일정}$$

P는 정압(static pressure)이고 $\frac{1}{2}\rho V^2$은 흐르는 공기가 갖는 동압(dynamic pressure)이며, 두 압력의 합이 전압(total pressure)이다.

(4) 베르누이 방정식의 유도

날개 주위에 흐르는 공기가 정상(steady), 비점성(inviscid), 비압축성(incompressible) 흐름이라고 가정을 하고 유선상의 두 지점에 관한 식을 유도할 수 있다. 오일러 방정식을 유선의 임의 지점 1에서 임의 지점 2까지 적분을 하면 베르누이 방정식(Bernoulli's equation)을 얻을 수 있다.

$$-dp = \rho V dV$$

$$\int_1^2 dp = -\int_1^2 \rho V dV$$

$$p_2 - p_1 = -\rho\left[\frac{V^2}{2}\right]_1^2$$

$$p_1 + \frac{1}{2}\rho V_1^2 = p_2 + \frac{1}{2}\rho V_2^2$$

(5) 피토 튜브

베르누이 방정식은 항공기의 속도를 측정하는 피토 튜브의 이론적 원리를 제공한다.

$$p_1 + \frac{1}{2}\rho V_1^2 = p_2 + \frac{1}{2}\rho V_2^2 = \text{일정}$$

공가흐름 중에 놓인 피토 튜브는 공기흐름의 전압과 정압을 전압구와 정압구를 통해서 측정한다. 전압구에서 공기흐름은 정체되어 속도가 0에 이르게 된다. 베르누이 방정식에서 전압과 정압의 차이로부터 동압을 구한 후, 항공기 속도를 구한다.

$$p + \frac{1}{2}\rho V^2 = p_t = \text{일정}$$

$$\frac{1}{2}\rho V^2 = p_t - p$$

$$V = \sqrt{\frac{2(p_t - p)}{\rho}}$$

3.2 드론과 뉴턴의 운동법칙

3.2.1 제1법칙 : 관성의 법칙

정지하고 있는 물체는 계속 정지하려하고, 운동하고 있는 물체는 계속 운동하려고 하는 성질을 말한다. 즉, 물체가 외부의 힘을 받지 않을 때 기존의 운동 상태를 유지하려는 성질 이다. 드론의 경우를 보면, 이동하고 있는 드론을 정지시키려고 스틱을 조작하면 바로 정지하지 않고 이동하는 관성에 의해서 조금 이동하다가 정지를 한다.

관성의 법칙

3.2.2 제2법칙 : 가속도의 법칙

물체가 힘을 받으면 그 물체는 힘의 방향으로 가속되려는 성질을 말한다. 여기서 가속도 $F = ma$ 이며, F는 힘, m는 질량, a는 가속도를 각각 나타낸다. 드론을 이륙시킬 때, 스로틀 스틱을 앞으로 밀어 프로펠러의 속도를 계속 증가시켜 가속력을 받게 해야 지상에서 이륙을 한다. 이때 정지하고 있는 물체는 계속 정지하려는 관성의 법칙도 동시에 작용하고 있다.

가속도의 법칙

3.2.3 제3법칙: 작용 반작용의 법칙

물체A가 물체B에 힘을 가하면 물체B도 물체A에게 크기가 같고 방향이 반대인 반작용을 한다. 가해진 힘의 크기에 정비례하고 물체의 질량에 반비례한다. 헬리콥터의 경우에는 로터가 반시계 방향으로 회전할 때, 헬리콥터의 몸체는 반작용 법칙이 작용하여 시계방향으로 회전하는 토크현상이 발생한다.

여기서 토크(Torque)는 모멘트(monent), 회전력, 돌림힘 등으로 불리며, 물체를 회전시키는 효력을 나타내는 물리량(N•m, 뉴턴미터)이다. 이때 이를 상쇄시키는 힘을 반토크(Antitorque)라 한다.

헬리콥터의 경우에는 테일 로터(Tail Rotor)가 반토크를 만들어서 헬리콥터의 균형을 잡는다. 드론의 경우에는 프로펠러가 어느 한 방향으로 회전을 한다면, 드론의 몸체는 반대방향으로 회전하려는 토크현상을 일으킨다. 이를 상쇄하기 위해 반토크를 만들어주는 프로펠러로 드론의 균형을 잡고 비행을 한다. 인접한 프로펠러가 다른 방향으로 회전하기 때문에 반토크가 상쇄되고 드론의 몸체가 빙빙 돌아가지 않고 공중으로 싱승하게 된다. 예를 들면 쿼드콥트의 경우에 홀수인 1번 및 3번 로터의 반시계방향 회전에 대하여, 짝수인 2번 및 4번 로터의 시계방향 회전으로 토크현상을 상쇄시킨다.

작용 반작용의 법칙

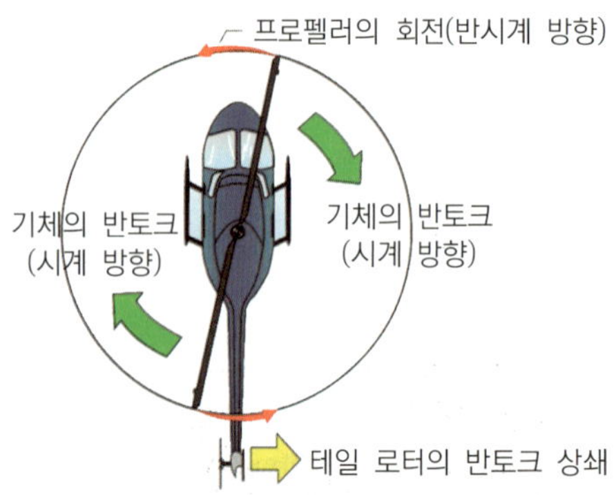

헬리콥터의 토크와 반토크

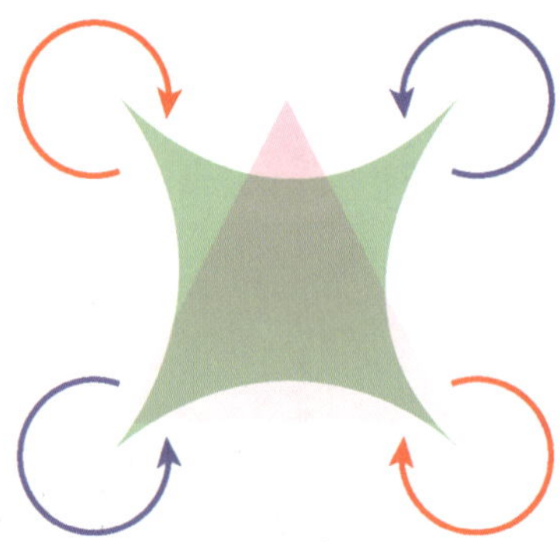
드론의 토크와 반토크
(반시계방향 회전과 시계방향 회전)

트림(Trim)은 항공기에 작용하는 모멘트의 힘이 상쇄되어 각운동을 하지 않는 상태를 뜻한다. 헬리콥터가 바람이 없는 공기 중에 호버링 하면서 평형상태인 트림상태를 유지하려면 각 방향의 힘과 모멘트의 합이 '0'이 되어야 한다. 빠른 속도로 전진하는 헬리콥터가 트림상태를 유지하려면 힘과 무게중심에 대한 모멘트의 합이 각각 '0'이 되어야한다. 이는 호버링 상태의 트림과 마찬가지이다. 편류현상은 헬리콥터 전체가 꼬리 회전날개의 추력방향으로 편류(driftway)되려는 현상을 말한다. 이러한 편류 성향은 주회전 날개의 구동축을 꼬리 회전 날개 추력의 반대방향으로 약간 기울이는 방법을 통해서 보정한다.

3.3 드론에 작용하는 4가지 힘

드론에 작용하는 힘은 양력, 중력, 추력, 항력이다. 이 4가지 힘이 균형을 이룰 때, 드론은 등가속도로 일정하게 비행을 하고 공중에 떠서 여러 가지 목적에 활용된다.

(1) 양력

양력(Lift)은 공기흐름의 속도방향에 수직방향으로 작용하는 힘이다. 즉, 양력은 드론의 위쪽 수직방향으로 작용하는 힘이다. 드론의 모터와 프로펠러의 회전에 의해서 생기는 양력이 드론을 떠있게 한다.

드론은 고정된 피치로 모터의 회전수에 의해서 양력발생 크기를 조절한다. 모터의 회전이 강하면 프로펠러의 회전이 증가하여 양력이 커져서 드론이 상승하고, 반대가 되면 양력이 작아져서 드론이 지상으로 내려온다.

이렇게 여러 프로펠러의 회전수를 조절하여 드론의 4가지 비행형태(상승하강, 전후진, 좌우, 좌우회전)를 결정하고 균형을 이루어 안전비행을 한다. 양력은 흐르는 공기의 양에 비례하므로, 속도가 빠르면 증가하고 공기밀도가 낮은 고공에서 감소한다.

(2) 중력

중력(Weight)은 지구가 지표면에 있는 물체(드론)를 끌어당기는 힘으로 지구의 중심을 향한다. 중력은 만유인력(gravitation)과 원심력(centrifugal force)의 합으로 결정된다.

여기서 지구 자전에 의해서 생기는 힘을 원심력(지표면에 있는 물체가 지구 바깥으로 튕겨 나가려고 하는 힘)이라 하고, 지구의 중심점을 향하여 작용하는 힘을 만유인력이라 한다. 원심력은 만유인력에 비해서 무시될 정도로 작으므로 일반적으로 만유인력을 중력이라는 개념으로 사용한다.

(3) 추력

추력(Thrust)은 드론의 진행방향으로 발생하는 힘(드론이 앞으로 나아가는 힘)이다. 이때 모터 회전에 의한 힘과 프로펠러에 경사를 주어서 해당 방향으로 추력을 발생시킨다. 호버링(hovering, 공중 정지)시 프로펠러의 추진력이 모두 양력으로 전환된다. 이동시 프로펠러의 추진력이 양력과 추력으로 분리된다.

(4) 항력

항력(Drag)은 드론 진행방향의 반대 방향으로 발생하는 저항력으로, 추력의 반대방향으로 작용하는 힘이다(공기와 드론 기체의 마찰로 인해 추력을 방해하는 힘). 즉, 드론의 동체, 프로펠러, 탑재체 등에 의해서 공기의 흐름을 방해하는 힘이다.

비행 속도를 올리거나 받음각을 크게 하면 항력도 동시에 증가한다. 항력을 발생시키는 주요한 힘을 외력이라 하는데, 외력에는 기상 7대 요소(기온, 기압, 습도, 구름, 강수, 시정, 바람)가 있다.

항력은 유도항력, 유해항력, 형상항력으로 구분된다. 이때 형상항력은 유해항력의 일종으로 주로 회전익에서 발생하며 날개가 회전할 때 공기와 마찰하면서 발생하는 항력이다. 항력은 기체의 단면적이 넓을수록 증가하고, 공기 밀도가 높은 저공에서도 증가한다. 유도항력은 프로펠러의 움직임에 발생(양력 발생)하는 하강기류(유도기류)에 의하여 발생하는 항력이다(저속과 제자리 비행 시 가장 크고 속도가 증가하면 감소된다). 유해항력은 전체 항력에서 메인로테에 작용하는 항력을 뺀 나머지 항력이다.

호버링(hovering, 공중 정지) 시 프로펠러의 추진력이 모두 양력으로 전환

추진력은 양력과 추력의 합성력

이동 시 프로펠러의 추진력이 양력과 추력으로 분리

- 상승비행: 양력 〉 중력
- 가속비행: 추력 〉 항력
- 수평비행: 양력 = 중력
- 등속비행: 추력 = 항력

3.4 스칼라와 벡터

공기역학적으로 힘이 작용하는 원리와 관련해서 물리적 현상을 양적으로 표현하는 방법에는 스칼라(Scalar)와 벡터(Vector)가 있다.

(1) 스칼라

스칼라는 방향을 가지고 있지 않고 크기만 가지고 있는 물리량(속력, 질량, 부피, 시간, 면적 등)이다.

(2) 벡터

벡터는 크기와 방향을 모두 가지고 있는 물리량(속도, 가속도, 중량, 양력, 항력 등)이다. 항공역학에서 사용되는 모든 힘들은 운동의 방향성을 가지는 벡터량을 의미한다. 물체가 운동하면 위치가 변하는데 물체가 운동한 경로의 길이를 이동거리라 하며, 처음 위치에서 나중 위치까지의 변화량을 변위라고 한다. 즉, 어떤 물체가 어디로 얼마만큼 이동한 거리를 표현하는 방법이다.

스칼라와 벡터

구 분	스칼라	벡터
속 성	크기	크기, 방향
예 시	• 속력 • 질량 • 시간 • 길이 • 넓이 • 면적 • 부피	• 속도 • 가속도 • 중량 • 중력 • 양력 • 추력 • 항력

3.5 기체의 기동

3차원 공간인 공중에서 비행운동을 하는 기체는 x축(롤, Roll), y축(피치, Pitch), z축(요, Yaw)을 중심으로 움직인다. 여기서 3개의 축이 교차하는 지점을 무게중심(CG, Center of Gravity)이라 한다. 드론(멀티콥터)의 CG는 동체의 중앙부분이다.

기체가 공중에 떠는 데는 롤, 피치, 요, 추력(Thrust)의 4가지 기능을 이용한다. 기체의 기동에서 드론도 마찬가지로 적용된다. 다만 드론이 기체와 다른 것은 상승하강 운동을 하는 기능(스로틀, Throttle)이 추가 된다. 드론에 사용되는 기동 기능에 대한 용어는 기본적으로 기체에서 사용하는 용어를 가져온 것이다.

드론의 비행 상태는 회전운동상태(Rotational States)와 병진운동상태(Translational States)를 동시에 가진다. 회전운동상태(회전운동)는 롤, 피치, 요 이며. 병진운동상태(직진운동)는 경도, 위도, 고도, 속도 이다.

참고

무게중심(CG) = TM(총 모멘트) ÷ TW(총 무게)

(1) 롤(Roll)

x축(Longitudinal Axis)은 기체의 앞부터 꼬리까지 연결하는 축이다. 이 축을 중심으로 기체가 좌우로 기울어지는 롤링운동(Rolling)을 한다. 드론에서는 에릴러런(Aileron) 스틱의 조종을 통해서 좌우비행을 한다.

(2) 피치(Pitch)

y축(Lateral Axis)은 날개 끝들을 연결하는 축이다. 이 축을 중심으로 기체가 상하로 기울어지는 피칭운동(Pitching)을 한다. 드론에서는 엘리베이터(Elevator) 스틱의 조종을 통해서 전후비행을 한다.

(3) 요(Yaw)

z축(Vertical Axis)은 기체의 무게중심을 관통하는 축으로, 수직축을 중심으로 기체가 좌우방향으로 전환하는 요잉운동(Yawing)을 한다. 드론에서는 러더(Rudder) 스틱의 조종을 통해서 좌우회전비행을 한다.

기체와 드론과의 기동 기능의 비교

기동 기능	기체	드론
좌우비행	Roll	Aileron
전후비행	Pitch	Elevator
좌우회전비행	Yaw	Rudder
상승하강비행		Throttle

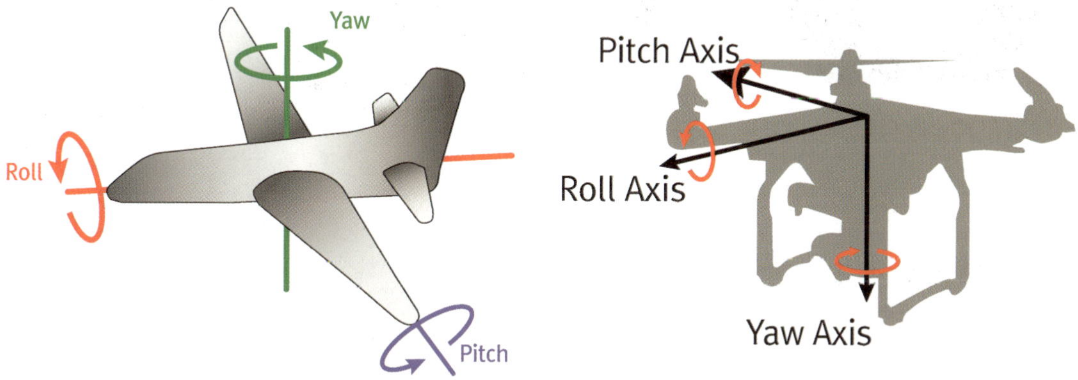

기체 드론

기체와 드론의 회전운동

3.6 스틱조작에 따른 기동 원리

(1) 전후진 조작

엘리베이터(Elevator) 스틱은 드론을 전진시키고 후진시키는 스틱이다. 드론의 기수방향을 기준으로 앞뒤 프로펠러의 회전수를 조절하여 회전면을 기울여서 드론을 전진 또는 후진시킨다. 전진 시(엘리베이터 스틱을 앞로 움직인다), 전방을 향하여 드론이 기울고 3번 및 4번의 프로펠러가 1번 및 2번의 프로펠러 보다 회전수가 증가하여 전진을 한다. 후진 시(엘리베이터 스틱을 뒤로 움직인다), 후방을 향하여 드론이 기울고 1번 및 2번의 프로펠러가 3번 및 4번의 프로펠러 보다 회전수가 증가하여 후진을 한다.

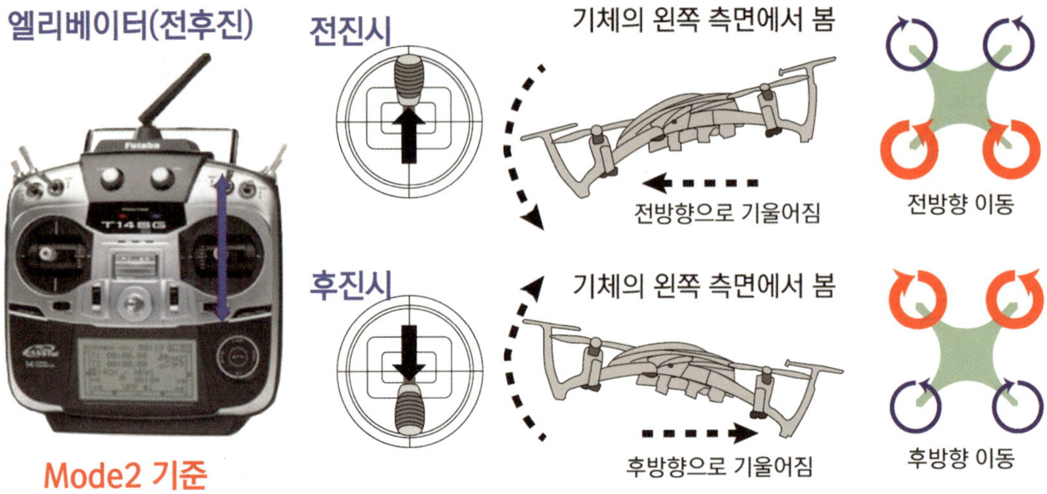

전후진의 기동 원리

(2) 좌우이동 조작

에일러런(Aileron) 스틱은 드론을 좌측 및 우축으로 이동시키는 스틱이다. 드론의 기수방향을 기준으로 좌우 프로펠러의 회전수를 조절하여 회전면을 기울여서 드론을 좌측 또는 우측으로 이동 시킨다. 좌측이동 시(에일러런 스틱을 좌로 움직인다), 좌측을 향하여 드론이 기울고 1번 및 4번의 프로펠러가 2번 및 3번의 프로펠러 보다 회전수가 증가하여 좌측으로 이동 한다. 우축이동 시(에일러런 스틱을 우로 움직인다), 우측을 향하여 드론이 기울고 2번 및 3번의 프로펠러가 1번 및 4번의 프로펠러 보다 회전수가 증가하여 우측으로 이동 한다.

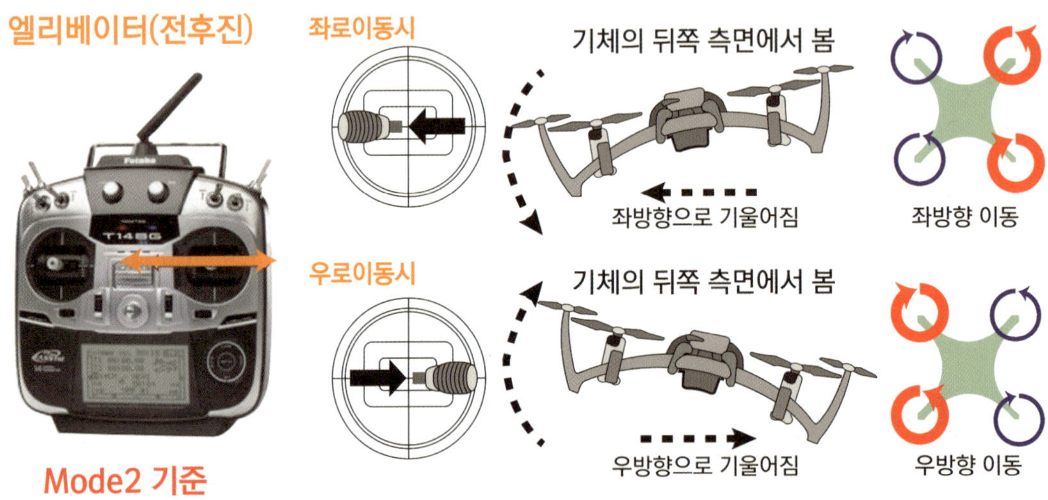

좌우이동의 기동 원리

(2) 상승하강 조작

스로틀(Throttle) 스틱은 드론을 상승시키고 하강시키는 스틱이다. 4개(1번, 2번, 3번, 4번) 프로펠러의 회전수를 조절하여 드론을 상승 및 하강 시킨다. 고도 상승 시(스로틀 스틱을 앞로 움직인다), 1번, 2번, 3번, 4번인 모든 프로펠러의 회전수를 증가하여 상승을 한다. 고도 하강 시(스로틀 스틱을 뒤로 움직인다), 1번, 2번, 3번, 4번인 모든 프로펠러의 회전수를 감소하여 하강을 한다. 즉, 4개 프로펠러의 회전수를 동일하게 빠르게 혹은 동일하게 느리게 하여 드론의 고도를 조절한다.

- **유도기류**

드론이 상승 및 하강 시, 이착륙 지면과 거리가 가까워지면 유도기류에 의한 지면효과(ground effect)가 발생한다. 유도기류는 로터의 회전면을 따라서 위에서 아래로 흐르는 공기의 하향 흐름(하강기류)이다. 이때 하강기류가 지면에 부딪쳐 드론과 지면 사이를 압축하여 공기압을 높여 제자리 비행 위치를 유지시키는 쿠션(Cushion) 역할을 한다.

피치각이 커지면 유도기류가 증가하고, 지면과 거리가 가까워지면서 양력이 증가한다(드론 착륙 시, 하강풍이 지면과의 충돌로 양력 발생 효율이 증대). 지면효과의 증가는 드론의 하강을 지연시키고, 딱딱하고 평평한 지면(시멘트, 아스팔트 등)과 로터 직경 1배 이하의 고도에서 지면효과가 증가한다. 반대로 하강기류를 흡수하는 수면, 수풀 등과 로터 직경 1배 이상의 고도에서는 지면효과가 감소한다.

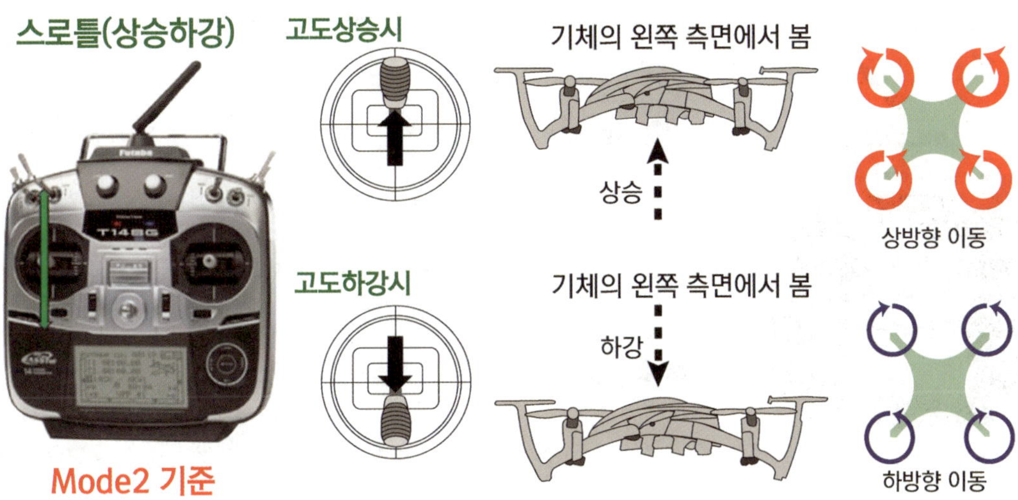

상승하강의 기동 원리

 지면효과	▶ 유도기류에 의해 발생(하강기류) : 피치각이 커지면 유도기류가 증가, 양력 증가, 중력 감소, 프로펠러 바람속도 감소 • 효과 상승: 딱딱하고 평평한 지면 (시멘트, 아스팔트 등), 로터 직경 1배 이하의 고도 • 효과 하강: 수면, 수풀 등, 로터 직경 1배 이상의 고도

(3) 좌우회전 조작

러더(Rudder) 스틱은 드론을 좌회전시키고 우회전시키는 스틱이다. 드론의 기수방향을 기준으로 대각선으로 마주한 프로펠러의 회전수를 조절하여 드론을 좌회전 또는 우회전으로 전환시킨다. 좌회전 시(러더 스틱을 좌로 움직인다), 시계방향으로 회전하는 2번 및 4번의 프로펠러가 반시계방향으로 회전하는 1번 및 3번의 프로펠러 보다 회전수를 증가하여 좌회전을 한다. 우회전 시(러더 스틱을 우로 움직인다), 반시계방향으로 회전하는 1번 및 3번의 프로펠러가 시계방향으로 회전하는 2번 및 4번의 프로펠러 보다 회전수를 증가하여 우회전을 한다.

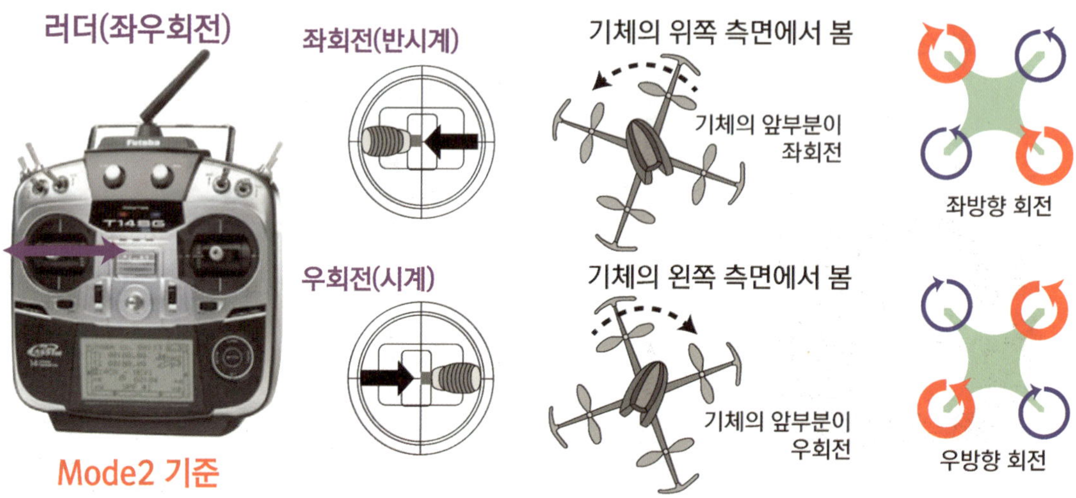

좌우회전의 기동 원리

(4) 공중정지 조작

호버링(Hovering, 공중 정지비행) 조작은 반시계방향으로 회전하는 1번 및 3번의 프로펠러 회전속도의 합과 시계방향으로 회전하는 2번 및 4번의 프로펠러 회전속도의 합이 동일하고, 전체 추력의 합력이 드론의 무게를 상쇄하면 드론은 공중에서 정지한다. 즉, 양력, 중력, 추력, 항력이 모두 같은 세기의 힘으로 균형을 이룰 때 이다. 위성항법시스템(GPS) 호버링은 고급 드론에 내장된 위성항법시스템 센서를 통해 자동으로 호버링을 한다.

3.7 드론의 기술

3.7.1 드론 시스템과 4차 산업혁명 기술

드론 시스템은 일반적으로 하드웨어(Hard Ware Technology)와 소프트웨어(Soft Ware Technology)로 나누어진다. 하드웨어는 컴퓨터를 구성하는 장치들을 말하며, 비행체, 지상통제소, 통신장비, 임무장비들이 여기에 포함된다. 소프트웨어는 FW(OS, Operation System; 운용체계)와 Application programme(응용프로그램)이 있다. 여기서 FW(Firmware)는 하드웨어와 소프트웨어의 중간 개념(하드웨어 제어 부분에 논리회로의 기능을 하는 프로그램) 이다. 드론은 초소형 센서 및 자세제어장치 등 첨단장비 하드웨어로 구성되며, 센서 융합에 의해 유기적인 비행제어가 가능한 내장 소프트웨어와 사용 목적에 따른 어플리케이션 프로그램으로 구성되는 융복합 시스템이다. 드론 시스템은 여러 가지 4차 산업혁명 기술들과 근본적으로 밀접한 연계성을 가지는 첨단 시스템이다.

(1) 하드웨어 기술

비행체는 자동비행을 위한 비행제어기, GPS와 같은 항법장치 및 추진 동력을 공급하는 전원장치로 구성된다. 지상통제장비는 제어용 컴퓨터와 비상시 사용하는 수동 조종기, 영상수신과 모니터링을 하는 영상장비, 데이터 송수신을 위한 통신장비 등이 있다. 통신장비는 드론을 원격 제어 하는 모든 장비들로, 광대역 송수신장비, 자동 이착륙장비 등이 있다. 임무장비는 감시 및 관측을 위한 장비인데, 가시광선을 촬영하는 장비, 야간 촬영이 가능한 적외선 카메라, 전파의 회신 신호를 이용하는 영상화 장비 등이 있다.

하드웨어(HW)

비행체	기체, 비행제어기, 항법장치, 전원장치, 센서
지상통제소	제어용 컴퓨터, 수동조종 장비, 영상장비, 통신장비
통신장비	추적안테나, 광대역 송수신장비, 자동 이착륙 유도장비
임무장비	영상카메라, 적외선카메라, 열화상카메라, 3D 영상획득 장비, 환경측정 장비

(2) 소프트웨어 기술

펌웨어 소프트웨어(Firmware SW)는 드론의 비행제어와 각종 센서의 데이터 처리, 드론과 드론장치간의 송수신, 드론 내 여러 장치간의 센서융합을 통해 안전적인 자동비행을 담당한다. 응용프로그램(Application programme)은 획득한 데이터를 가공하는 프로그램으로, 3차원 지도제작을 위한 Pix4D 프로그램, 지도상 좌표를 따라 드론이 비행하게 하는 GCS(Ground Control System) 프로그램 등이 있다.

소프트웨어(SW)

Firmware (운용체계)	비행제어, 센서 처리, 통신, 충돌회피, 자동 이착륙
Application (응용프로그램)	3D 지도제작, 조종 시뮬레이션 SW, 자율비행(GCS 등), 지상통제소 운영 SW

(3) 4차 산업혁명 기술과의 연계

비행 중인 드론은 사물인터넷(IoT)과 5G 이동통신망을 기반으로 관련 정보가 클라우드 시스템(Cloud System)으로 실시간 통합 및 공유되고 있다. 기상 및 지형 정보를 연계한 빅데이터(Big Data)를 통한 안전 비행경로를 분석하여, 충동을 회피하는 인공지능(AI, Artificial Intelligence) 기반의 첨단 자동 관제시스템(Control System) 등의 연계도 드론 시스템분야에 포함된다.

4차 산업혁명 기술	드론과의 연계 내용
사물인터넷(IoT), 5G 이동통신망, 클라우드 시스템(Cloud System)	실시간 정보의 통합 및 공유
빅데이터(Big Data)	안전 비행경로 분석
인공지능(AI, Artificial Intelligence), 관제시스템(Control System)	충동 회피

인공지능
(Artificial Intelligence)

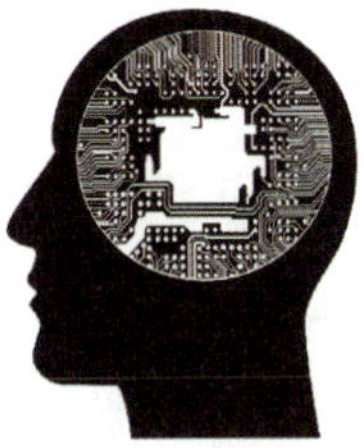

인간이 가진 지적능력을 컴퓨터를 통해 구현하는 4차 산업혁명의 핵심 기술
알파고와 왓슨이 인공지능 기술을 활용한 대표적인 사례

머신러닝(Machine Learning) : 인공지능의 한 분야
컴퓨터가 스스로 데이터를 학습하여 판단할 수 있도록 하는 알고리즘과 기술

딥러닝(Deep Learning) : 인공신경망에 기반을 둔 머신러닝 기술의 한 종류
이미지 인식, 음성 인식, 번역 등의 작업을 기계가 자동적으로 수행할 수 있음

사물인터넷
(IoT: Internet of Things)

인간 · 사물 · 공간 등 우리 주변의 모든 것에 센서와 통신 기능을 내장하여
실시간으로 취합하고, 이러한 정보를 연결된 사물끼리 공유하는 기술

소비자가 기존에 사용하던 가전 제품에 IoT 운영체제만 추가하면, 이를 통해
수집된 빅데이터를 기반으로 소비자의 행동 패턴을 예측하여 개인화된 서비스
제공

빅데이터
(Big Data)

디지털 환경에서 생성되는 데이트를 통칭. 규모가 방대하고, 생성 주기가
짧으며 수치뿐 아니라 문자와 영상 데이터를 포함하는 대규모 데이터

최근 빅데이터 분석기술은 짧은 시간 안에 대규모 데이터를 처리할 수 있을
정도로 비약적으로 향상됨.
이를 통해 기업은 인터넷 댓글과 검색어 등을 실시간으로 분석하여 다양한
서비스 및 제품 개발

무인 운송수단

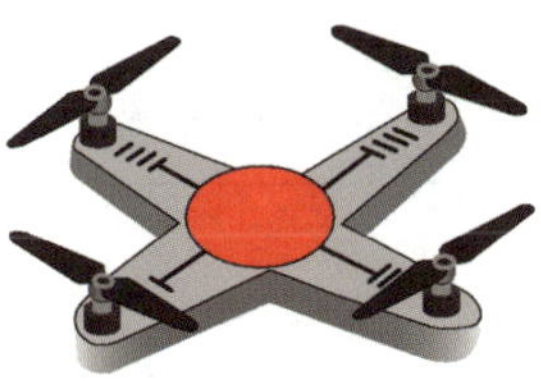

★ 센서와 인공지능의 발달로 자율 체계화된 모든 기계의 능력이 빠른 속도로 발전함에 따라 드론, 트 럭, 항공기, 보트 등의 무인 운송 수단 등장

★ 현재 드론은 주변 환경의 변화를 감지하고 이에 반응하는 기술을 탑재하여 충돌 회피를 위한 자율 항로변경 등이 가능

4차 산업혁명 기술과 드론과의 연계

3.8 드론의 활용 방안

3.8.1 유망분야

드론활용 유망분야

공공분야 드론 활용 모델

분야	활용모델	기대효과
공공건설	토지보상 단계 현지조사	비용 50% 절감(연간 약 10억 원), 해상도 10배 증가
하천관리	하천측량 및 하상변동조사	비용 70% 절감 및 작업시간 90% 단축
산림보호	소나무 재선충 피해조사 (국토의 64%가 산림)	인력 대비 90% 기간단축 및 1인당 조사 면적 10배 증가
수색·정찰	적외선 카메라 탑재 드론 활용 실종자 수색	인력 접근이 어려운 지역 효과적 수색·탐지
에너지	송전선 철탑 안전점검 (철탑 4만 2372 개)	점검시간 최대 90% 단축 1일 점검량 10배 이상 증가
국가통계	농업면적 등 통계조사 (3만 2천개 표본조사구)	인력 접근이 어려운 지역 효과적 조사

출처: 드론산업발전 기본계획

3.8.2 한국형 K-DRON 시스템구축

한국형 K-DRON 시스템 구상

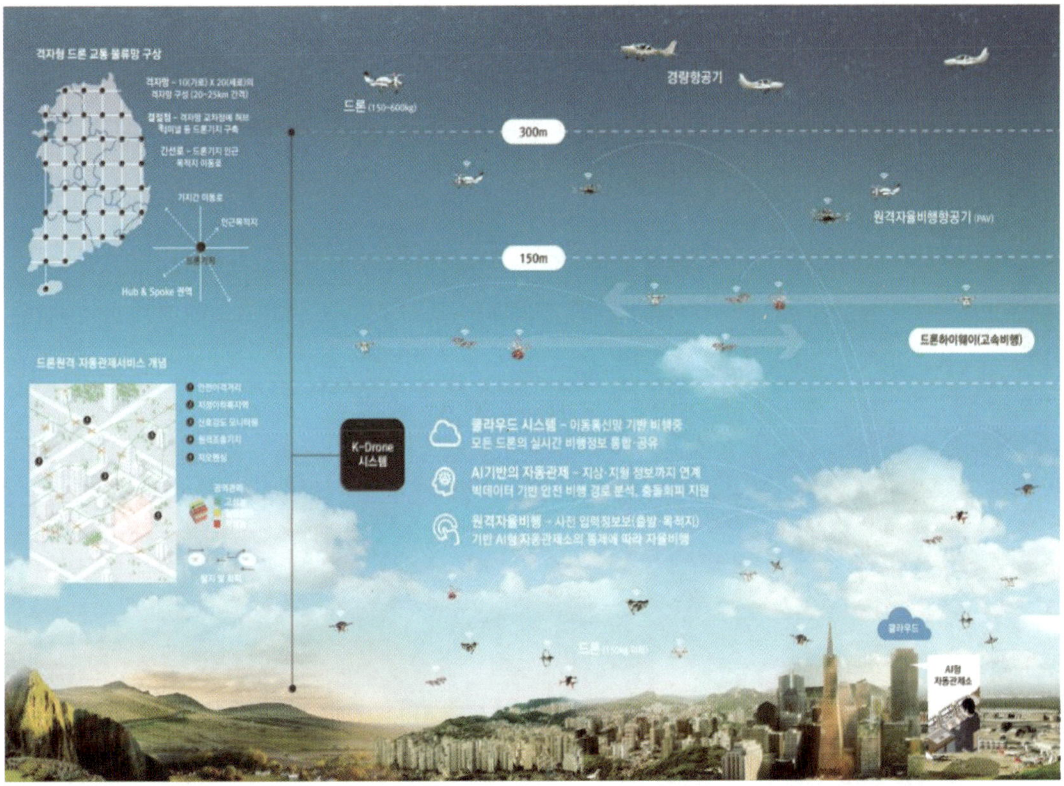

▶ 핵심 구성 요소

- 클라우드 시스템: 이동통신망 기반 비행 중 모든 드론의 실시간 비행 정보 통합·공유
- AI기반의 자동관제: 기상·지형 정보까지 연계 빅데이터 기반 안전 비행경로 분석·충돌회피 지원
- 원격자율비행: 사전 입력정보(출발목적지) 기반 AI형 자동관제소의 통제에 따라 자율비행

출처: 드론산업발전 기본계획

4

항공기상

4.1 방위

항법(Navigation)은 항공기, 선박, 차량 등의 이동을 한 곳에서 다른 곳으로 모니터링하고 제어하는 과정에 초점을 맞춘 연구 분야이다. 항법 분야에는 지상 항법, 해양 항법, 항공 항법 및 우주 항법의 네 가지 일반 범주가 포함된다. 항공기 항법에서 지도상의 방향은 일반적으로 진북(true north) 이다. 즉 지구의 자전축이 지나는 북쪽으로 지리적 북극(북극성)을 향하는 방향이다. 지구의 자기장에 의한 방위각을 자북(magnetic north)이라 한다. 나침반이 지시하는 방위는 자북을 기준으로 지시한다. 나침반이 지구 표면에 있는 위치에 따라 진북과 자북 사이의 각도(magnetic declination, 자기 편각)는 지리적 위치에 따라 크게 달라질 수 있다. 지역 자기 편각은 대부분의 지도에 제공되어 지도가 진북과 평행하게 나침반을 향하도록 한다. 지구의 자극의 위치는 시간이 지남에 따라 서서히 변하는데, 이를 지자기 경년 변화라고 한다. 이 효과는 최신 편각 정보가 있는 지도를 사용해야 함을 의미한다. 일부 자기 나침반에는 자기 편각을 수동으로 보정하는 수단이 포함되어 나침반이 실제 방향을 표시한다.

- 진북(眞北, true north): 언제나 변하지 않는 북쪽(북극성 방향), 별표(★)로 표시
- 자북(磁北, magnetic north): 나침반의 N극이 가리키는 북쪽(S극 쪽이 실제 북쪽)
- 도북(圖北, grid north): 지도상의 북쪽(지도의 세로선 위쪽), 화살표(↑)로 표시
- 항법 분야 4가지: 지상 항법, 해양 항법, 항공 항법 , 우주 항법
- 항공(기) 항법: 지도상의 방향은 일반적으로 진북

4.2 대기

4.2.1 대기의 구성 성분

지구의 대기는 질소(약 78%), 산소(약 21%), 아르곤(약 0.93%), 이산화탄소(0.03%) 및 기타 미량의 가스로 구성되어 있다. 산소는 대부분의 유기체가 호흡을 하는데 사용된다. 질소는 박테리아에 의해 고정되어 뉴클레오타이드(nucleotides)와 아미노산(amino acids)의 구성에 사용되는 암모니아를 생성한다. 이산화탄소는 식물, 조류 및 남조류의 광합성에 사용된다. 대기는 태양 자외선, 태양풍 및 우주선에 의한 유전적 손상으로부터 살아있는 유기체를 보호하는 데 도움이 된다. 지구 대기의 현재 구성은 수십억 년 동안 살아있는 유기체에 의한 고대기의 생화학적 변형의 산물이다. 질소는 대기 중에 가장 많은 양으로 존재하며, 식물의 성장에 필수적인 에너지원이다. 산소는 대기 중에 두 번째로 많은 양으로 존재하며, 생명체를 상징하고 있으며 생물권에 의해 유지되고 있다. 수증기, 이산화탄소, 오존 등의 대기 중 온실가스들은 대기 전체 질량에 비하면 매우 작은 양에 불과하지만 현재 기후의 유지 및 변화에 있어서 매우 중요한 역할을 한다. 수증기는 양은 매우 적지만 기후 시스템에서 중요한 온실가스일 뿐만 아니라 대기의 운동과 함께 열의 재분배에 기여한다. 오존은 성층권 영역(15~50 km)에 많이 분포하고 있고, 자외선을 흡수하여 그곳의 대기를 가열함과 동시에 생물에 유해한 자외선이 지표면에 도달하는 양을 감소시킨다.

구성 성분	분자량	체적 구성비(%)
질소(N_2)	28.01	78
산소(O_2)	32.00	21
아르곤(Ar)	39.94	0.93
이산화탄소(CO_2)	44.01	0.03
수증기(H_2O)	18.02	-
오존(O_3)	47.99	-
아산화질소(N_2O)	44.01	0.5×10^{-4}
메탄(CH_4)	16.04	2×10^{-4}
일산화탄소(CO)	28.01	-

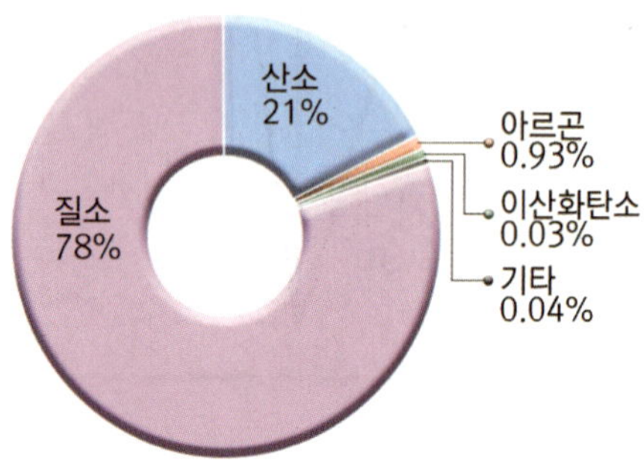

대기의 조성성분과 구성비

4.2.2 대기의 높이와 구조

(1) 기압의 변화

기압이란 상공에 분포하는 공기의 무게이다. 해면에서의 평균기압(표준기압)은 1013.25 hPa (헥타파스칼) 이다. 이것은 1 ㎠당 공기가 1 kg을 약간 넘는 무게를 가짐을 의미한다. 고도가 높아질수록 기압은 감소한다. 고도 5.6 km 이하의 대기가 총 무게의 절반을 차지하고, 약 16 km까지가 90%를 넘어서며, 100 km 이상에서는 대기를 구성하는 모든 기체들이 0.00003%에 불과하다. 그 이상의 높이에도 극미량의 대기가 존재하지만 차츰 진공상태인 우주 공간으로 바뀌어 간다.

(2) 기온의 변화

기온은 고도가 상승할수록 낮아진다. 일반적으로 기온 변화에 근거로 하여 대기를 4개의 층으로 구분한다. 여기에는 대류권, 성층권, 중간권, 열권이 있다. 지구의 대기는 구성, 온도 및 압력과 같은 특성이 다른 여러 가지 층으로 구성된다.

① 대류권

가장 낮은 층은 대류권(troposphere)으로 표면에서 성층권의 바닥까지 뻗어 있다. 대기 질량의 4분의 3은 대류권 내에 있으며, 지구의 지상 날씨가 발생하는 층이다. 즉, 공기가 뒤섞이는 영역으로 최하층에서 활발한 날씨 현상이 있음을 의미한다. 이 층의 고도는 적도에서 1 7 km에서 극에서 7 km까지 다양하다. 대류권 내에서의 기온이 감소하는 정도를 기온감률이라 한다. 평균적으로 6.5℃/km[2℃/1000 ft] 이지만, 시간과 장소에 따라 변화가 심하다.

② 성층권

대류권의 꼭대기에서 중간권의 바닥까지 이어지는 성층권(stratosphere)에는 오존층(ozone layer)이 포함되어 있다. 오존층은 고도가 15~35 km이며 태양에서 나오는 자외선의 대부분이 흡수되는 곳이다. 성층권에서는 기온이 약 20 km 높이까지는 일정하다가 약 50 km 높이에 있는 성층권계(stratopause)면까지 점차적으로 상승한다. 성층권에서 기온이 증가하는 이유는 오존이 집중적으로 존재하여 가열(오존이 자외선을 흡수한다)되기 때문이다.

③ 중간권

중간권(mesosphere)은 약 85 km에 위치하는 중간권계면(mesopause)까지 다시 기온이 하강하는 영역이다. 기온이 약 -90℃까지 하강한다. 대부분의 유성(meteor)이 타는 층이며, 야광운이 나타난다.

④ 열권

열권(thermosphere)은 85 km에서 400 km의 외권 기저까지 확장되며 대기에 들어오는 태양복사에 의해 이온화되는 영역인 전리층(ionosphere)을 포함한다. 열권의 하부에서 태양의 자외선과 X-선에 의해서 대기가 강하게 전리된다. 전리층은 두께가 증가하고 낮에는 지구에 더 가깝게 이동하고 밤에는 상승하여 더 넓은 범위에 걸쳐 특정 주파수의 무선 통신을 허용한다. 전리층(D, E, F층)은 전파를 반사시키는 특성이 있기 때문에 원거리 통신에 활용되는 층이다. E층은 고도가 약 90~130 km로 AM을 반사시키고, F층은 고도가 약 150~300 km의 공간으로 FM을 반사한다. 고도 100 km의 열권 내에 위치한 Kármán 선은 일반적으로 지구 대기와 우주 공간 사이의 경계를 정의하는 데 사용된다.

⑤ 외기권

열권에 접해있는 외기권(exosphere, 극외권)은 표면에서 약 690 km에서 1,000 km까지 다양하게 시작하여 행성의 자기권과 상호 작용을 하며, 인공위성이나 극광(aurora)이 나타난다. 각 층은 높이에 따른 온도의 변화율(lapse rate)가지고 있다.

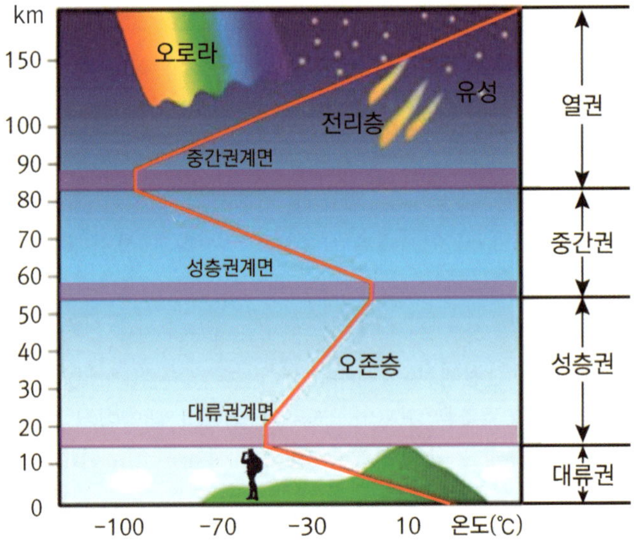

대기의 구조

- 대류권: 활발한 날씨 현상, 기온감률 6.5℃/km[2℃/1000 ft]
- 성층권: 오존층(15~35 km), 오존이 자외선 흡수(기온이 가열)
- 중간권: 유성이 타는 층
- 열권: 야광운, 전리층, 장거리 통신 이용
- 외기권: 야광운, 인공위성, 행성의 자기권과 상호 작용

4.2.3 지구

지구(Earth)는 태양에서 세 번째 행성이며 생명체를 품고 있는 것으로 알려진 유일한 천체이다. 지구 표면의 약 29%는 대륙과 섬으로 구성된 땅이다. 나머지 71%는 대부분 바다뿐만 아니라 함께 수권을 구성하는 호수, 강 및 기타 담수로 덮여 있다. 지구의 극지방의 대부분은 얼음으로 덮여 있다. 지구의 외층은 수백만 년에 걸쳐 표면을 가로 질러 이동한 여러 개의 단단한 지각판으로 나누어져 있다. 지구의 내부는 지구의 자기장을 일으키는 코어(core)가 있고(코어의 내부는 단단한 철로, 코어의 외부는 액체로 구성), 그리고 판 구조론(plate tectonics)을 구동하는 대류 맨틀(convecting mantle)로 활성 상태를 유지한다.

지구의 축 기울기(경사)는 궤도면의 축과 함께 약 23.5° 이며 항상 천체 극을 향하고 있다. 지구의 자전으로 낮과 밤이 형성되고, 지구의 공전으로 사계절이 형성된다. 지구의 축 방향 기울기로 인해 표면의 특정 지점에 도달하는 햇빛의 양은 일년 내내 변한다. 즉, 여름에는 낮이 더 오래 지속되고 태양은 하늘에서 더 높이 올라간다. 겨울에는 기후가 시원해지고 낮이 짧아진다. 그러나 북극권 위와 남극권 아래에는 일 년 중 일부 동안 일광(daylight)이 전혀 없어 극지방의 밤이 되며, 이 밤은 극지방에서 몇 달 동안 계속된다. 이 같은 위도에서는 또한 태양이 하루 종일 보이는 한밤중의 태양을 경험한다.

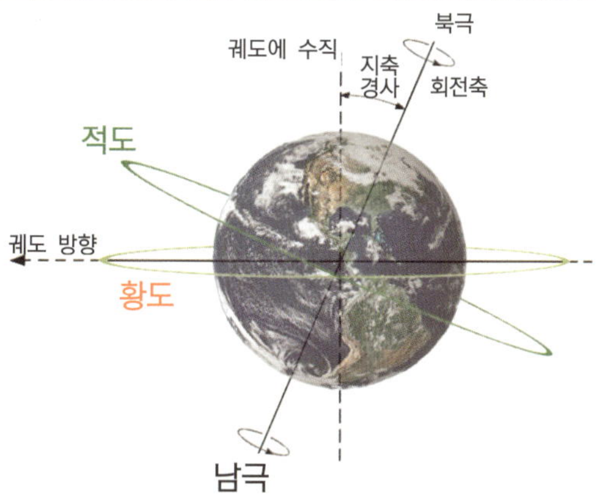

지축경사 및 자전

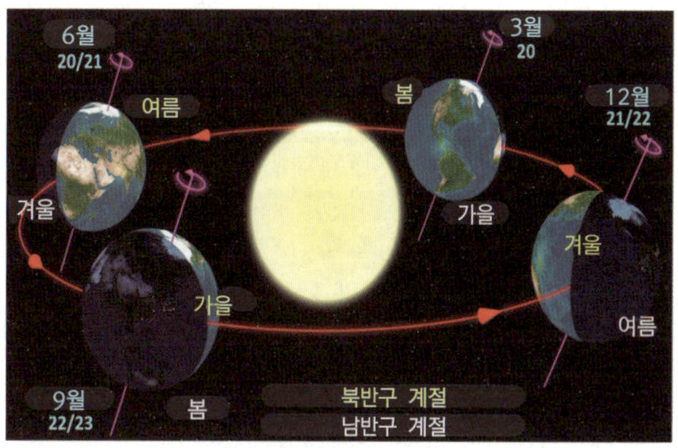

지구의 공전

- 지구 표면: 71% 물로 덮힌 수구(水球)
- 지축경사: 약 23.5°
- 자전현상: 낮(day)과 밤(night)을 형성
- 공전현상: 계절(season)을 형성

4.2.4 대기의 열전달

열(heat)은 어떤 경계를 가로지르는 열에너지의 전달로 정의된다. 열전달은 물리적 시스템 간의 열에너지 생성, 사용, 변환 및 교환과 관련된다. 열전달은 열전도(thermal conduction), 열대류(thermal convection), 열복사(thermal radiation), 상변화(phase changes)에 의한 에너지 전달(이류, advection)과 같은 다양한 메커니즘으로 분류된다.

(1) 전도

전도(conduction)는 물리적 접촉에 있는 물체 사이의 에너지 전달(물체의 직접적인 접촉에 의해서 발생)이다. 물질의 이동 없이 물체의 고온부에서 저온부로 이동하는 현상이다. 열전도율(thermal conductivity)은 열을 전도하는 재료의 특성이며, 주로 열전도에 대한 푸리에의 법칙(Fourier's Law)으로 평가된다. 열전도는 입자의 미세한 충돌과 물체 내 전자의 이동에 의한 내부 에너지의 전달이다. 충돌 입자(분자, 원자 및 전자)는 내부 에너지로 알려진 미세한 운동에너지 및 위치에너지를 전달한다. 전도는 고체, 액체 및 기체의 모든 단계에서 발생한다.

(2) 대류

대류(convection)는 유체 운동으로 인해 물체와 환경 간의 에너지 전달(수직 방향의 유체 운동)을 의미한다. 평균 온도는 대류 열전달과 관련된 특성을 평가하기 위한 기준이 된다. 즉, 대류는 유체의 이동에 의해 한 곳에서 다른 곳으로 열이 전달되는 것이다. 대류는 일반적으로 액체와 기체에서의 열전달의 지배적인 형태이다. 데워진 것이 위로 올라가고 차가운 것은 아래로 내려오면서 전체적으로 데워지는 현상이다.

(3) 이류

이류(advection)는 한 위치에서 다른 위치로의 유체 이동 메커니즘(수평 방향의 유체 운동)이며, 해당 유체의 운동과 운동량에 따라 달라진다. 기상학에서 이류는 종종 열, 습도, 염분 등과 같은 대기의 일부 속성의 이동을 의미한다. 즉, 기단과 같은 매우 큰 공기덩어리가 수증기나 열을 운반하는 과정이다. 이류는 수문 순환의 일부로서 지형 구름의 형성(orographic clouds)과 구름으로부터의 강수의 형성에 중요하다.

(4) 복사

복사(radiation)는 우주 공간으로부터 나오는 전자기파(electromagnetic wave)의 복사 방출에 의한 에너지 전달(태양의 복사 에너지)로, 전도, 대류, 이류 등과는 달리 에너지가 이동하는데 매체가 필요하지 않는다. 일반적으로 물체로부터 방출되는 전자기파를 복사라고도 한다.

<table>
<tr><th colspan="2">대기의 열전달</th></tr>
<tr><td>
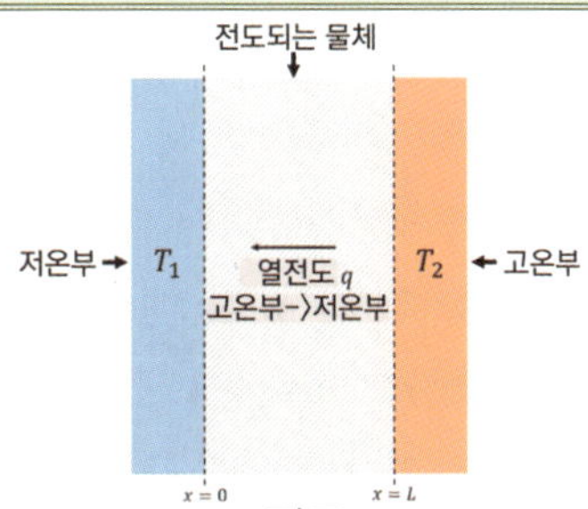

전도
(온도차에 따른 열 이동)
</td><td>
• 입자의 미세한 충돌과 물체 내 전자의 이동에 의한 내부 에너지의 전달
• 물체의 직접적인 접촉에 의해서 발생
</td></tr>
<tr><td>

대류
(비등점 실험)
</td><td>
• 유체 운동으로 인해 물체와 환경 간의 에너지 전달
• 수직 방향의 유체 운동
</td></tr>
<tr><td>
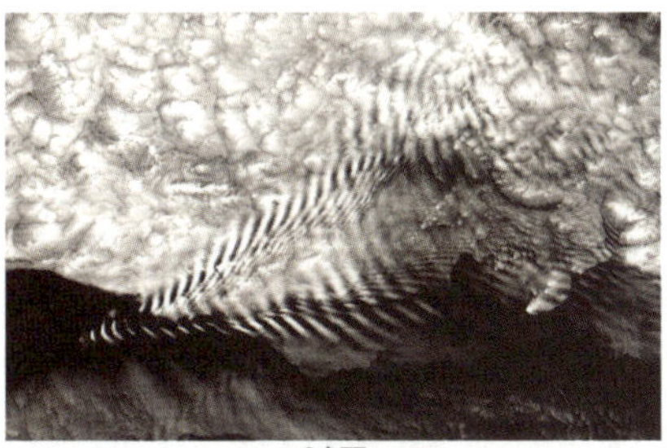
이류
(지형 구름의 형성)
</td><td>
• 한 위치에서 다른 위치로의 유체 이동 메커니즘
• 수평 방향의 유체 운동
</td></tr>
<tr><td>
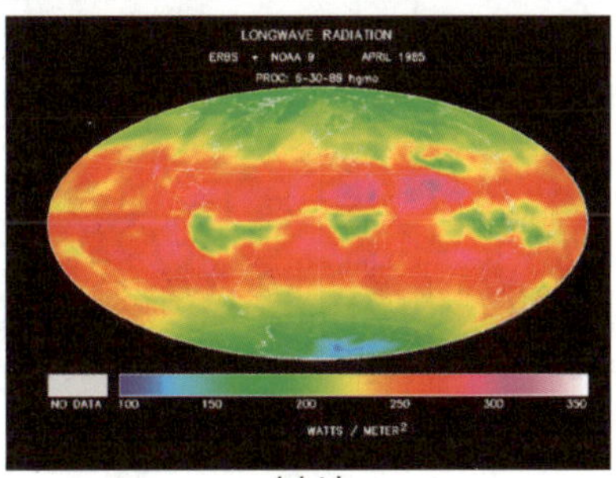

복사
(지구 지표면의 태양 복사에너지 분포)
</td><td>
• 우주 공간으로부터 나오는 전자기파의 복사 방출
• 전도, 대류, 이류 등과는 달리 에너지가 이동하는데 매체가 필요 없음
</td></tr>
</table>

4.3 기온

4.3.1 온도

온도는 더위와 추위를 표현하는 물리량이며, 모든 물질에 존재하는 열에너지의 표현이다. 온도계로 온도를 측정한다. 온도계는 역사적으로 정의를 위해 다양한 기준점과 온도계 물질을 사용했던 다양한 온도 척도로 교정된다. 국제단위계 (SI)의 규칙에 따라, 가장 일반적인 척도는 섭씨척도(Celsius: ℃로 표시됨), 화씨척도(Fahrenheit: °F로 표시됨) 및 켈빈척도(Kelvin: K로 표시됨)가 있다. 대기는 태양으로부터 방출되는 에너지를 흡수하면 온도가 상승하며 반대로 태양에너지를 흡수하지 않으면 온도가 내려간다. 이러한 현상은 첫째, 낮에 기온이 높고 밤에 기온이 낮아지는 것과 밀접한 관계가 있다. 둘째, 온도 변화의 또 다른 중요한 요인으로는 찬 공기 또는 따뜻한 공기의 유입을 들 수 있다. 셋째, 상승 또는 하강 운동에 따라 공기 중의 온도가 감소 또는 증가하기도 한다. 그 외에도 부가적으로 여러 가지 온도의 변화 요인으로는 낮(day)과 밤(night)의 변화에 따른 온도차, 계절(season) 변화에 따른 온도 변화, 위도(latitude)에 의한 온도 변화, 지형(topography)에 따른 온도 변화, 고도(altitude) 차이에 따른 온도 변화가 있다(대류권 내의 평균 기온감률은 약 6.5℃/km 이다).

기온변화의 원인

4.3.2 기온

기온이란 지상으로부터 약 1.5 m 높이의 대기 온도를 말한다. 기온의 변화는 공기의 밀도와 기압의 변화를 가져오고 대기의 운동을 유발시키는 원인이 된다. 기온은 태양 에너지나 공기의 이동인 바람 등에 의하여 변화한다. 해상의 기온은 해면상 약 10 m 높이의 대기 온도를 말한다. 기온의 단위에서, 섭씨온도는 1기압에서 물의 어는점을 0℃로 끓는점을 100℃로 하여 그 사이를 100등분한 온도이며, 화씨온도는 1기압에서 물의 어는점을 32℉로 끓는점을 212℉로 정하고 두 점 사이를 180등분한 온도며, 그리고 켈빈온도(절대온도)는 1기압에서 물의 어는점을 273 K로 끓는점을 373 K로 정하고 두 점 사이를 100등분한 온도이다. 막대 모양의 수은 온도계가 온도를 측정하는데 가장 많이 쓰이고 있는데, 유리와 수은과의 팽창 계수 차를 이용(온도가 올라가거나 내려가면 부피가 증가하거나 감소하는 원리를 이용)한다. 대기의 상태를 나타내기 위해서는 가장 기본적인 요소인 기온을 비롯한 여러 가지 기상 요소가 사용되는데, 기상의 7대 요소는 기온, 습도, 기압, 바람, 강수, 시정, 구름이다.

빙점과 비등점

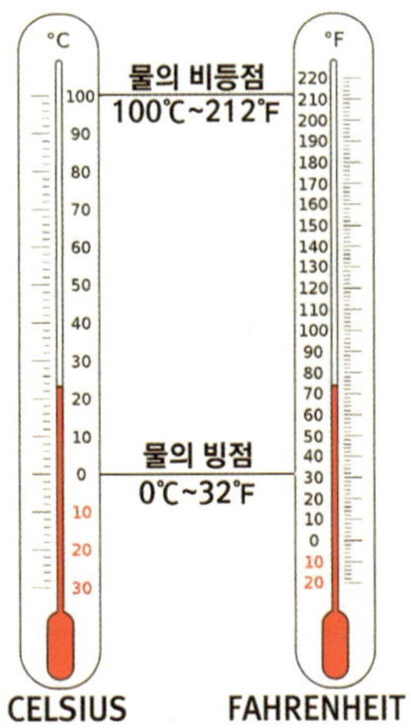

※ 기온: 지상으로부터 약 1.5 m 높이의 대기 온도
※ 비등점: 물이 끓기 시작하는 온도
※ 빙점: 물이 얼기 시작하거나 얼음이 녹기 시작할 때의 온도

섭씨, 화씨, 켈빈온도 간의 변환

- ℃ =(℉-32) x (5/9)
- ℉ = ℃ x (9/5) + 32
- K = 273 + ℃

온도의 단위

단위	빙점	비등점	절대온도
섭씨	0	100	-273
화씨	32	212	-402
켈빈	273	373	0

기상의 7대 요소

요소	기온	습도	기압	바람	강수	시정	구름
단위	℃, ℉	%	hPa, mbar	m/sec	mm	m, km	-

4.3.3 온도와 열

열량(Heat quantity)은 열을 양적으로 표시한 것으로써 물질의 온도가 상승함에 따라 열에너지를 흡수할 수 있는 양이다. 비열(Specific heat)은 어떤 물질 1 g의 온도를 1℃만큼 올리는데 필요한 열량이다. 즉, 질량 g(혹은 mg)인 물질이 Q(cal)만큼 열량 공급을 받을 때 T(℃)만큼 온도가 발생한다. 현열(Sensible heat)은 물질의 온도변화를 일으키는데 필요한 열량이다. 잠열(latent heat, 증발열)은 수증기(기체 상태)가 응축(응결)되어 물방울(액체 상태)로 변하거나 또는 승화에 의해서 얼음(고체 상태)으로 상태가 변할 때 방출하는 열에너지이다. 비등점(Boiling point)은 물이 끓기 시작하는 온도로 1기압의 순수한 물은 100℃이다. 빙점(Freezing point)은 물이 얼기 시작하거나 얼음이 녹기 시작할 때의 온도로 0℃이다.

4.4 습도

습도(humidity)는 공기 중에 존재하는 수증기의 농도이다. 수증기(물의 기체상태)는 일반적으로 사람의 눈에는 보이지 않는다. 습도는 강수량, 이슬 또는 안개가 존재할 가능성을 나타낸다. 습도는 온도와 압력에 따라 달라진다. 같은 양의 수증기는 따뜻한 공기보다 시원한 공기에서 더 높은 습도를 초래한다. 관련 매개 변수는 이슬점(dew point)이다. 이슬점(노점, 露点)이란 공기가 포화되어 수증기가 응결할 때의 온도를 말한다. 포화(saturation)를 달성하는데 필요한 수증기의 양은 온도가 증가함에 따라 증가한다. 공기의 온도가 감소함에 따라 물량(water mass)을 추가하거나 잃지 않고 결국 포화점에 도달한다. 공기 내에 포함 된 수증기의 양은 크게 다를 수 있다.

(1) 물의 상태변화

물은 온도와 압력에 따라 기체(수증기), 액체(물), 고체(얼음)의 상태로 변한다: 1) 고체→액체→기체로 변할 때는 주위의 열을 흡수한다. 2) 기체→액체→고체로 변할 때는 주위의 열을 방출한다. 그리고 1) 고체→액체로 변하는 것을 융해, 2) 액체→기체로 변하는 것을 증발, 3) 고체→기체로 변하는 것을 승화, 4) 기체→액체로 변하는 것을 응결, 5) 액체→고체로 변하는 것을 응고, 6) 기체→고체로 변하는 것을 승화라고 한다.

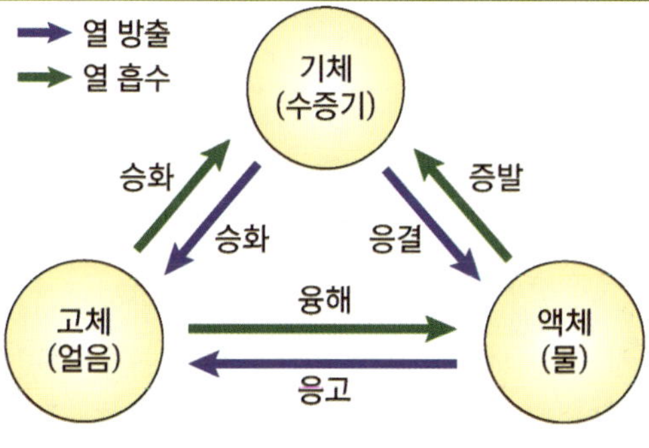

물의 상태 변화

- 고체→액체→기체로 상태 변화
  : 주위의 열을 흡수
- 기체→액체→고체로 상태 변화
  : 주위의 열을 방출
- 열량: 열을 양적으로 표시한 것
- 비열: 어떤 물질 1g의 온도를 1℃만큼 올리는데 필요한 열량
- 현열: 물질의 온도변화를 일으키는데 필요한 열량
- 잠열(증발열): 수증기가 증발할 때 방출하는 열에너지

(2) 수증기

수증기는 온도에 따라 물방울로 응축된다. 물방울이 형성되는 온도를 이슬점이라고 한다. 표면 온도가 떨어지고 결국 이슬점에 도달하면 대기의 수증기가 응축되어 표면에 작은 물방울이 형성된다. 이 과정은 안개나 구름과 같이 이슬점(일반적으로 응축 핵 주위)까지 냉각된 공기에서 직접 형성하는 현상과는 구별된다. 그러나 열역학적 형성 원리는 동일하다.

(3) 수증기량

수증기량은 공기 중에 포함된 수증기의 절대량으로 표현하며, 건조공기 1 kg에 대응하는 수증기의 양 g(g/kg)이다.

(4) 수증기압

대기 중에 포함되어 있는 수증기가가 나타내는 압력을 말한다. 즉, 수증기의 부분 압력이다. 수증기압의 기호는 e(Evaporation)로 표시한다.

(5) 포화 수증기압

공기가 어떤 온도에서 가질 수 있는 최대의 수증기량을 포함하고 있을 때를 포화상태라고 하며, 이때의 수증기압을 포화 수증기압이라고 한다.

(6) 절대습도

절대습도(absolute humidity)는 공기의 수분 함량을 나타낸다. 즉, 단위 부피의 공기 속에 포함되어 있는 수증기량(g/㎥)이다.

(7) 상대습도

상대습도(relative humidity)는 백분율로 표시되는데, 대기 중에 포함된 수증기량과 그때의 온도에서 대기가 포함할 수 있는 최대 수증기량과의 비를 백분율(%)로 나타낸 것이다. 포화 수증기압은 온도에 따라서 증가하는 특성을 가지고 있다. 공기 중의 수증기량이 변화하지 않는다 하더라도 대기의 온도가 내려가면 상대습도가 증가한다. 상대습도가 100%가 되는 온도를 이슬점이라고 한다. 이슬점 온도(노점 온도)란 수증기량을 변화시키지 않고 공기를 냉각시킬 때에 포화에 이르는 온도를 말한다. 즉 현재의 수증기압을 포화 수증기압으로 하는 온도이다.

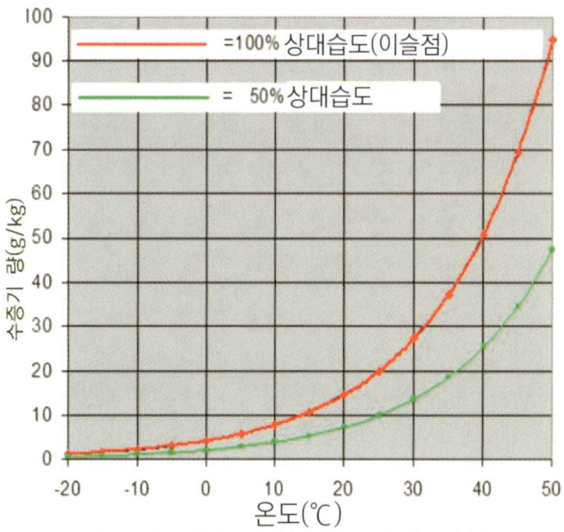

온도에 따른 포화 수증기량 변화

- 상대습도 = $\dfrac{\text{현재 수증기압}}{\text{포화 수증기압}} \times 100\%$
- 이슬점온도(露点溫度, 노점온도)
  : 일정한 압력 하에서 온도를 내려서 공기가 포화되는 순간의 온도
- 절대습도: 단위 부피의 공기 속에 포함되어 있는 수증기량(g/㎥)

참고

※ **항공일기예보(METAR)**

차갑고 습한 공기는 얼음 형성을 촉진 할 수 있으며, 이는 날개 프로파일에 영향을 미치고 무게를 증가시키기 때문에 항공기에 위험하다. 기화기 엔진은 기화기 내부에 얼음이 형성 될 위험이 더 높다. 따라서 항공일기예보에는 일반적으로 이슬점 형태의 상대습도 표시가 포함된다.

(8) 이슬

이슬(dew)은 결로(結露)로 인해 아침이나 저녁에 얇고 노출된 물체에 나타나는 물방울 형태의 물이다. 노출된 표면이 열을 방출하여 냉각됨에 따라 대기 수분이 증발 할 수 있는 속도보다 더 빠른 속도로 응축되어 물방울이 형성된다. 기온이 충분히 낮으면 이슬이 얼음의 형태를 띤다. 이 형태를 서리(frost)라고 하며, 이렇게 결빙된 이슬은 맑고 단단하다. 이슬은 표면의 온도와 관련이 있기 때문에 늦여름에 풀, 나뭇잎, 난간, 자동차 지붕 및 다리와 같이 깊은 땅에서 전도된 열로 인해 따뜻해지지 않는 표면에서 가장 쉽게 형성된다. 이슬은 보통 밤에 형성된다.

(9) 서리

서리는 고체 표면의 얇은 얼음 층으로, 온도가 빙점 이하인 고체 표면과 접촉하여 얼어붙은 대기의 수증기에서 형성되어 물에서 상의 변화를 일으킨다. 수증기가 빙점에 도달하면 증기(가스)가 얼음(고체)으로 바뀐다. 온대 기후에서 가장 흔하게 지상 근처 표면에 깨지기 쉬운 흰색 결정으로 나타난다. 추운 기후에서는 더욱 다양한 형태로 발생한다. 결정의 형성은 핵 생성 과정에 의해 발생한다. 일반적으로 서리는 하얗고 표면이 거칠고 항공기나 드론의 비행에 위험 요인으로 작용한다.

이슬 (물방울 형태)	이슬이 결빙된 서리 (맑고 단단함)	서리 (하얗고 거침)

- 이슬: 물방울 형태의 물
- 서리: 얇은 얼음 층(하얗고 표면이 거침), 항공기나 드론의 비행에 위험 요인으로 작용

(10) 착빙

착빙(着氷, icing; 결빙)은 물방울이 접촉하는 물체에 얼어서 대기에서 발생한다. 즉, 과냉각된 물방울이 표면에 얼면 얼음이 형성되어, 항공기의 날개나 프로펠러 등에 얼음이 부착하는 현상이다. 착빙 상태는 항공기에 특히 위험 할 수 있다. 쌓인 얼음이 비행 표면의 공기역학을 변화시켜 실속(stall, 항공기의 속도 상실)의 위험을 증가시킬 수 있기 때문이다. 그리고 착빙 발생 시 일어나는 현상으로는 날개의 표면이 울퉁불퉁해져 날개 주변의 기류를 흩트리고(공기 흐름을 방해), 양력을 감소시키고, 항력을 증가 시키고, 무게를 증가 시키고, 추력을 감소시킨다(비행에 위험). 이러한 이유로 얼음 보호시스템을 통해서 항공기는 얼음 환경에서 이륙하기 전에 종종 제빙된다. 착빙의 종류에는 거친 착빙, 맑은 착빙, 서리 착빙이 있다. 이 세 가지 착빙 유형은 항공기 표면, 특히 선단 및 제어 표면에 얼음이 형성 될 때도 발생하며, 이는 과냉각된 물방울로 만든 구름을 통해 날아갈 때 발생한다. 모든 형태의 착빙은 양력을 망칠 수 있으며 항공기에 치명적인 영향을 미칠 수 있다.

① 맑은 착빙

맑은 착빙(Clear ice)은 깨끗하고 부드러우며, 과냉각된 물방울 또는 얼어붙은 비가 표면에 부딪히지 만 즉시 얼지는 않는다. 돌출부가 형성되어 공기 흐름으로 돌출된다. 이러한 형태의 얼음을 유약(glaze, 도자기에 바르는 유약)이라 한다. 맑은 착빙은 일반적으로 0℃~-3℃ 사이에서 형성된다.

② 거친 착빙

거친 착빙(Rime ice)은 거칠고 불투명하며, 충격을 받으면 급속히 얼어붙는 과냉각 방울로 형성된다. 주로 에어포일을 따라 형성되며 일반적으로 에어포일의 모양과 일치한다. 거친 착빙은 일반적으로 -2℃~-8℃ 사이에서 형성된다.

③ 서리 착빙

서리 착빙(Frost ice)은 기체가 고정되어있는 동안 보호되지 않은 표면에서 물이 얼기 때문에 발생한다. 이것은 비행을 시도 할 때 위험 할 수 있다. 즉, 에어포일의 경계층 기류를 방해하여 초기 공기역학적 실속을 유발하고 경우에 따라서는 극적으로 증가하는 항력으로 인해 이륙이 불가능하거나 위험하다. 서리 착빙은 일반적으로 0℃~-11.5℃ 사이에서 형성된다.

착빙

- 착빙
  : 항공기의 날개나 프로펠러 등에 얼음이 부착하는 현상
  - 맑은 착빙(Clear ice)
  - 거친 착빙(Rime ice)
  - 서리 착빙(Frost ice)

- 착빙 발생 시 나타나는 현상
  - 날개 주변의 기류가 흐트러짐
  - 양력 감소
  - 항력 증가
  - 무게 증가
  - 추력 감소

4.5 기압

4.5.1 기압

압력(P, pressure)은 힘이 분산되는 단위 면적당 물체의 표면에 수직으로 적용되는 힘이다. 대기압(Atmospheric pressure)은 표면(1 ㎠) 위에 대기 가스가 가지는 공기기둥의 무게이다. 즉, 공기의 무게 때문에 나타나는 압력이다. 지구 대기의 평균적 기압을 1기압이라고 한다. 이것은 행성의 회전과 풍속, 온도로 인한 밀도 변화, 대기 구성의 변화와 같은 국부적 효과에 의해 변한다. 표준 중력 하에서 0℃에서의 1기압(1 atm)은 토리첼리(Torricelli)의 수은 기압계의 수은 기둥 높이로 측정하는데, 수은 기둥의 760 mm(76 cm)에 해당한다. 즉, 기압이 증가하면 수은 기압계의 수은 기둥 높이가 올라가며, 반대로 기압이 감소하면 수은 기둥의 높이가 내려간다. 수은 기압계(Mercury barometers) 이외에도 기압을 측정하는 기압계로는 아네로이드 기압계(Aneroid barometers)가 있는데, 이 기압계는 민감한 진공 금속관을 사용하여 압력의 증감에 따른 수축 및 팽창의 단계를 거쳐 숫자판의 지침으로 나타낸다. 아네로이드 기압계는 매우 간편하기 때문에 널리 사용되나, 수은 기압계 보다는 정확성이 떨어진다. 자기 기압계는 기압의 변화를 기록지에 연속적으로 남길 수 있는 장점이 있다. 면적 1 ㎡에 1 N(뉴톤)의 힘이 가해지는 경우를 1 Pa(파스칼)로 정의하며, 100 Pa를 hPa(헥토파스칼)이라 한다. 대기는 평균해수면에 1 ㎡ 당 101,325 N의 힘을 가하므로, 1기압은 1013.25 hPa에 해당된다. mb(밀리바)는 면적 1 ㎡에 100 N의 힘이 가해지므로, 이는 100 Pa에 해당한다. 즉, 1기압은 1013.25 mb가 된다.

(1) 표준 대기

국제민간항공기구(ICAO, International Civil Aviation Organization)는 대기의 표준을 정하여 공시하고, 항공기의 운항에 필요한 성능과 고도 측정 기준으로 활용하고 있다. 국제민간항공기구의 표준대기의 가정 사항은 다음과 같다: 1) 대기는 수증기가 없는 건조한 공기이다. 2) 대기의 온도는 온대지방 해면상의 온도인 15℃이다. 3) 해면상의 대기 압력은 수은주의 높이인 760 mm 이다. 4) 해면상의 대기 밀도는 12,250 kg/m^3 이다. 5) 고도에 따른 온도강하(기온 감률)는 −56.5℃가 될 때까지는 -0.0065℃/m(-6.5℃/km, -2℃/1000 ft) 이고, 그 이상의 고도에서는 −56.5℃로 변함없이 일정하다.

(2) 고도의 정의

항공기 운항과 관련하여 일반적으로 사용하는 고도의 정의는 3가지로 나눈다. 진고도(眞高度, True Altitude)는 해수면부터 항공기까지의 높이를, 절대고도(絶對高度, Absolute Altitude)는 지표면으로부터 항공기까지의 높이를, 기압고도(氣壓高度, Pressure Altitude)는 표준대기(해수면 표준기압) 상태에서 측정된 고도를 각각 의미한다.

(3) 지표면

항공, 대기과학 및 방송에서 사용하는 지표면(지면 위의 높이)은 기본 지표면을 기준으로 측정된 높이다. AGL(above ground level) 또는 HAGL(height above ground level)로 사용한다.

(4) 우리나라의 수준원점

표고 또는 고도는 평균 해수면을 기준으로 삼는데, 수위 측정소에서 얻은 값을 육지로 옮겨와 고정점을 정하는 것을 수준원점이라 한다. 우리나라는 1916년에 인천만의 평균 해수면 기준으로 인하대학교 교내에 수준원점(원점 진고도: 26.6871 m)을 정하였다.

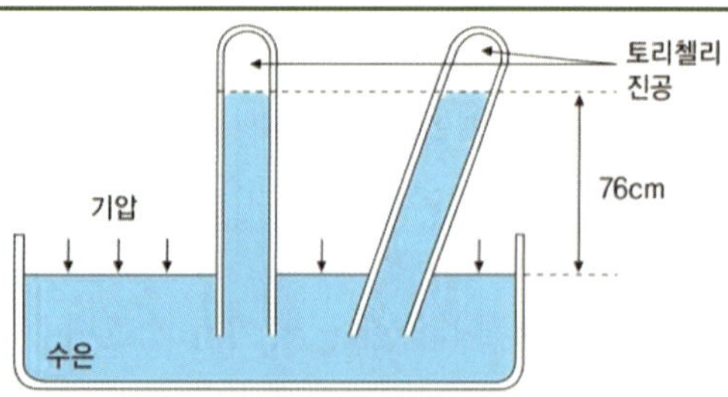

수은 기압계
(유리관을 기울여도 높이가 변하지 않음)

- 1 atm = 1기압
  - = 760 mmHg = 76 cmHg
  - = 760 Torr(토르)
  - = 1013.25 mbar = 1.01325 bar
  - = 101,325 Pa(파스칼, N/m^2)
  - = 1013.25 hPa(헥토파스칼)
  - = 29.92126 inchHg
  - = 14.7 lb/in^2 (Psi)
  - = 1.033 kg/cm^2

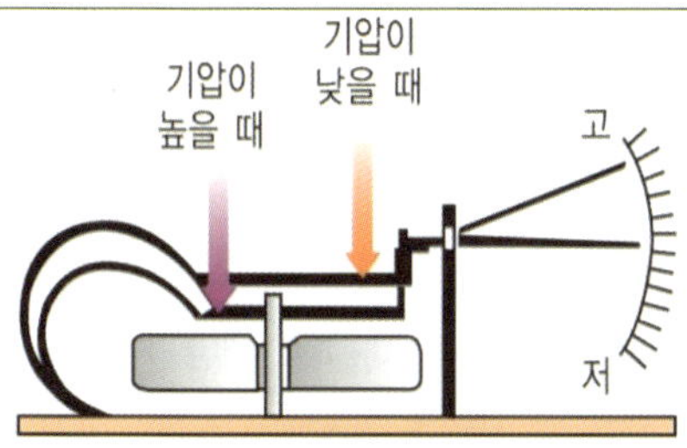

아네로이드 기압계

- 표준대기(국제민간항공기구 공시)
  - 해수면 표준기압: 29.92126 inchHg (1013.25 mbar)
  - 해수면 표준온도: 15℃(59℉)
  - 음속: 340 m/sec(1,116ft/sec)
  - 기온 감률: −6.5℃/km(−2℃/1000 ft)

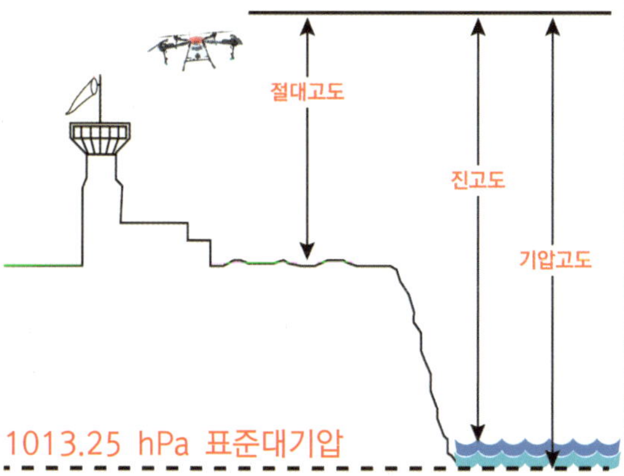

- 진고도(眞高度, True Altitude)
  : 해수면(평균 해수면)부터 항공기까지의 높이
- 절대고도(絶對高度, Absolute Altitude)
  : 지표면으로부터 항공기(드론)까지의 높이
- 기압고도(氣壓高度, Pressure Altitude)
  : 표준대기(해수면 표준기압) 상태에서 측정된 고도

※우리나라 평균 해수면 기준의 수준원점
  : 인하대 교내에 설치(인천 앞바다 평균 해수면 기준)

※지표면: AGL(above ground level)

4.5.2 고기압과 저기압

지구의 주위의 대기권은 약 12~14 km의 두께로 공기에 둘러싸여 있다. 이들 공기 덩어리가 누르는 압력을 대기압이라 하며, 보통 1기압은 1013.25 hPa에 해당한다. 대기는 더운 곳에서는 가열되어 상승하고 추운 곳에서는 냉각되어 하강한다. 이러한 과정에서 주변보다 상대적으로 기압이 높게 나타나는 곳을 고기압, 주변보다 상대적으로 기압이 낮게 나타나는 곳을 저기압이라 한다. 고기압과 저기압은 매일의 날씨에 직접적인 영향을 미친다. 일기도 상에서 기압이 같은 지점을 연결한 선을 등압선(isobar, 等壓線)이라 하며, H(High pressure, 고기압)와 L(Low pressure, 저기압)은 등압선 형식으로 표시한 기압의 중심을 나타낸다. 기압골은 기압을 등압선으로 그렸을 때, 골짜기(trough)에 해당하는 부분이며 주로 저기압의 가늘고 긴축을 말한다. 기압의 마루(ridge)는 고기압이 길게 연장된 부분이다. 등압선이 조밀하면 기압경도가 큰 지역으로 강풍이 존재한다. 기압 경도는 주어진 단위거리 사이의 기압차를 말한다. 바람은 기압경도에 직각으로 불고 속도는 경도에 비례하고, 기압 경도는 고기압에서 저기압으로 이동한다.

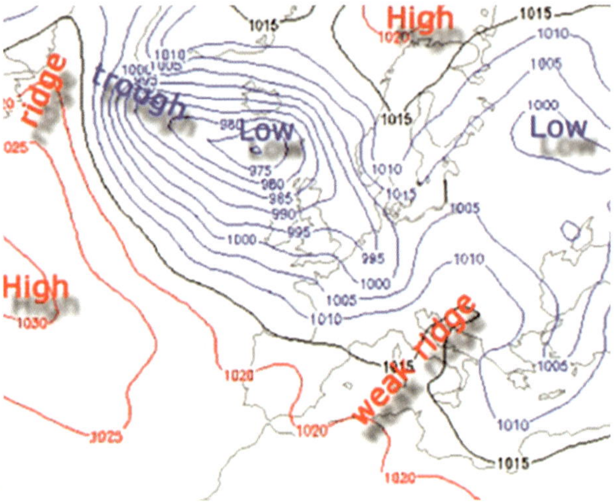

등압선에서의 골(trough)과 마루(ridge)

- 고기압(H)
  : 기압을 등압선으로 그렸을 때 마루(ridge)에 해당
- 저기압(L)
  : 기압을 등압선으로 그렸을 때 골짜기(trough)에 해당
- 등압선(isobar, 等壓線)
  : 일기도 상에 기압이 같은 지점을 연결한 선

※ 등압선이 조밀하면 기압경도가 큰 지역으로 강풍이 존재
(그림 상단의 왼쪽 trough 지역)

(1) 고기압의 특성

고기압은 주위보다 기압이 높다. 바람은 기압이 높은 곳에서 낮은 곳으로 불기 때문에 고기압 중심에서 바깥쪽으로 바람이 불어 나간다. 지구자전으로 인한 전향력의 영향을 받아 북반구에서는 시계방향(남반구에서는 반시계방향)으로 바람이 불게 된다. 지상의 고기압 중심에서 기류가 발산(divergence)하고, 이를 보완하기 위해 상공에서 공기가 하강한다. 하강기류는 단열적으로 온도를 상승시키므로 수증기 응결이 어려워 고기압 내부는 구름이 적고 맑은 날씨가 된다. 고기압 중심은 저기압만큼 뚜렷하지 않고 중심으로 갈수록 기압경도가 약하므로 바람도 약하다.

(2) 저기압의 특성

저기압은 주위보다 기압이 낮다. 중심 기압이 낮으므로 저기압 중심 쪽으로 바람이 불어 들어간다. 바람 방향은 전향력의 영향을 받아 북반구에서는 반시계방향(남반구에서는 시계방향)이다. 지상의 저기압 중심에서 공기가 수렴(Convergence)하여 상승하게 되므로 상승 기류는 점차 온도가 낮아져 구름을 만들고 비가 내리므로 날씨가 나빠진다. 중심으로 갈수록 기압경도가 커져 바람이 강해진다.

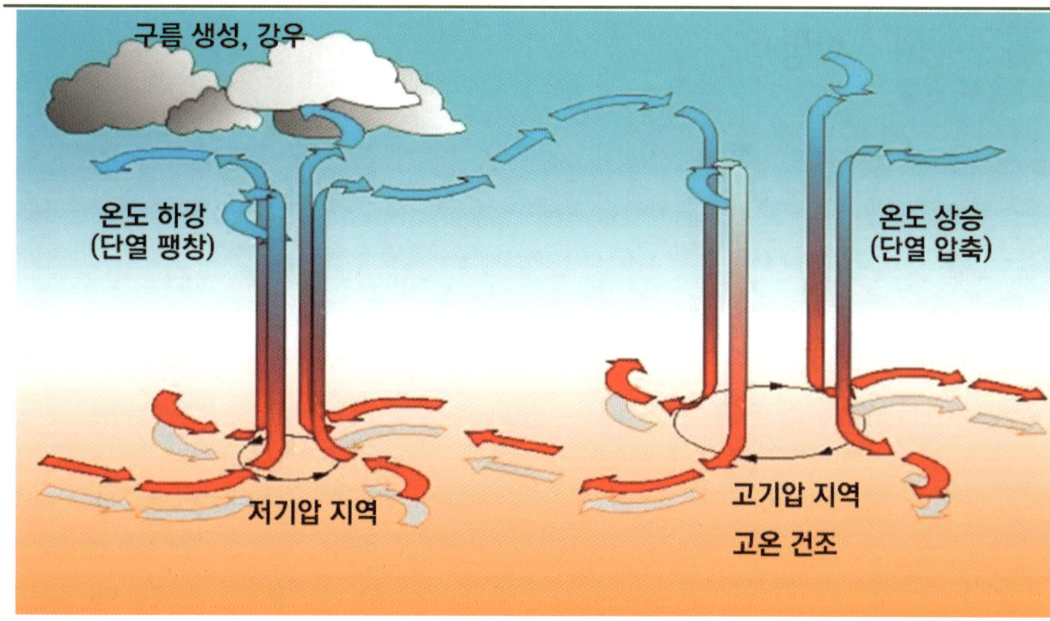

구분	저기압	고기압
모식도 (북반구)	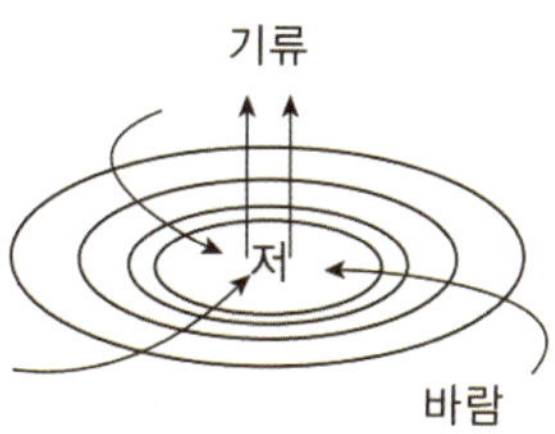 	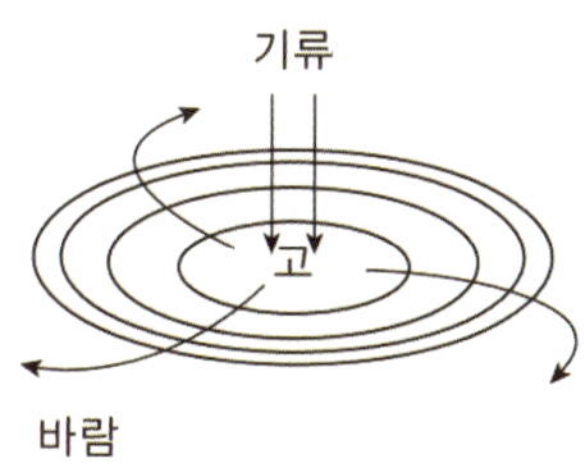
성질	• 주변보다 기압이 낮다 • 바람: 반시계방향으로 불어 들어옴 • 상층: 발산 기류 • 중층: 상승 기류 • 하층: 수렴 기류 • 날씨: 상승 기류에 의해서 온도 하강(단열 팽창) → 구름생성, 강우 • 기압경도: 중심으로 갈수록 강함 → 바람이 강함	• 주변보다 기압이 높다 • 바람: 시계방향으로 불어 나감 • 상층: 수렴 기류 • 중층: 하강 기류 • 하층: 발산 기류 • 날씨: 하강 기류에 의해서 온도 상승(단열 압축), 습도 하강 → 고온건조 • 기압경도: 중심으로 갈수록 약함 → 바람이 약함

4.6 바람

바람은 대기압의 차이로 인해 발생한다. 대기압의 차이가 존재하면 공기가 높은 곳에서 낮은 곳으로 이동하여 다양한 속도의 바람이 발생한다. 즉, 공기의 수평방향의 운동을 바람이라 한다.

4.6.1 풍향과 풍속

바람은 방향과 세기로 나타내는데, 이를 풍향과 풍속이라 한다. 바람은 항상 변화하므로 풍향과 풍속은 10분 동안의 관측 값을 평균한 것으로 나타낸다. 순간 풍속은 순간적으로 변화하는 어떤 순간의 풍속이며, 순간 최대 풍속은 어느 기간 내의 최대의 풍속이다. 풍향은 바람이 불러오는 방향으로 정의를 하고 보통 16방위로 나타낸다(반대로 해류의 유향은 흘러가는 방향을 의미한다). 풍속은 바람의 세기를 나타내는데 단위는 m/sec 이다. 해상에서는 kt(knot, 노트)를 단위로 사용한다: 1 kt = 0.51 m/sec, 1 m/sec = 1.9438 kt. 여기서 1 kt = 1,852 m(Notical Mile)이고, 1 mile = 0.869해리이다. 풍향과 풍속은 각각 풍속계(anemometer)와 풍향계(wind direction indication)로 측정을 하는데, 두 가지 기능이 하나로 결합된 에어로빈(aerovane) 풍향풍속계를 많이 사용한다. 관측 기준은 장애물이 없는 평지의 10 m 고도에 설치하여 관측을 하며, 선상에서는 선체 구조물의 영향을 피하기 위하여 마스트 등의 높은 곳에 설치한다. 그 외에도 육안으로 풍속을 측정하는 방법으로 부퍼트(Beufort) 풍력계급(12단계)이 사용되기도 한다. 즉, 사물의 움직임(육상)이나 파도의 높이(해상)나 바람자루(공항)를 이용하여 풍향과 풍속을 짐작한다. 본서에서는 그림에서 보퍼트 풍력계급의 0~4단계까지만 표시하였다.

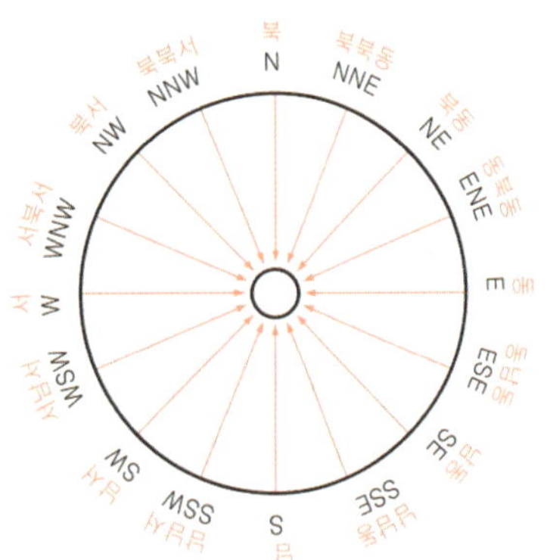

풍향의 표시

에어로빈 풍향풍속계

삼배 풍속계

- 풍향: 바람이 불러오는 방향(16방위)
- 풍속: 바람의 세기(m/sec)
- 풍향과 풍속: 10분 동안의 관측 값을 평균
- 바람의 관측 기준: 평지의 10 m 고도

보퍼트 풍력계급(바람의 세기)

계급	명칭	해상상태	육상상태	풍속(m/s)
0	고요 (calm)	거울같이 매끈함	연기가 수직으로 올라감	0.0~0.2
1	실바람 (light air)	잔물결이 인다.	연기가 가볍게 휘날리나 풍향계는 감지 안됨	0.3~1.5
2	남실바람 (light breeze)	잔물결이 뚜렷해진다.	바람이 얼굴에 느껴짐 풍향계도 감지됨	1.6~3.3
3	산들바람 (gentle breeze)	물결이 약간 일고, 흰물결이 생김	나뭇잎과 작은 가지가 흔들거림	3.4~5.4
4	건들바람 (moderate breeze)	파장이 길어지고, 흰물결이 많아진다.	먼지가 일고 작은 조각들이 날리고, 작은 가지가 움직임	5.5~7.9

4.6.2 바람에 작용하는 힘

바람에는 여러 가지 힘이 작용하며, 힘의 종류에 따라 다양한 형태로 구분할 수 있다. 대규모의 기압 분포는 대규모의 바람을 형성하게 되며, 기압 분포의 계절적인 변화는 계절풍을 유발 시킨다. 바람에 작용하는 힘은 기압경도력, 전향력, 마찰력 등이 있다. 기압경도력은 바람을 일으키는 가장 근본적인 힘이다. 전향력과 마찰력은 바람의 방향을 바꾸거나 세기를 약화시키는 힘이다. 원심력은 원운동을 하는 바람에 작용하는데 중심에서 멀어지는 방향으로 향한다.

(1) 기압경도력

기압경도력(pressure gradient)은 대기가 균형을 이루기 위해서 기압이 높 곳에서 낮은 곳으로 이동하는 힘이다. 기압경도력의 원인은 지표면의 불균일한 가열에 의한 지역적 온도차가 원인이다. 저위도는 태양고도가 높아 가열되어 대기가 상승(온난공기)하고 고위도는 태양고도가 낮아 대기가 하강(한랭공기)하여 온도차에 의한 대류현상이 발생하기 때문이다. 기압경도력은 수평방향의 기압차를 말하는데, 고기압 쪽에서 저기압 쪽으로 등압선에 직각 방향으로 작용한다. 등압선이 조밀한 지역에서는 기압경도력이 강해 강풍이 발생한다. 두 지점간의 기압경도력의 크기는 다음과 같이 수식으로 표현 할 수 있다. 즉, 기압의 차이(δp)가 같을 경우 거리(Δx)가 작을수록 기압경도력은 커지며 바람은 강하게 분다. 단위 질량의 공기에 작용하는 기압 경도력(P_H)에서 전향력(f)의 크기는 운동속도에 비례하며 위도 증가할수록 강해진다. 여기서 δp는 두 지점의 기압차, Δx는 거리, ρ는 공기의 밀도 이다.

$$P_H = \frac{1}{\rho}\frac{\delta p}{\Delta x}$$

(2) 전향력

전향력(Coriolis force, 코리올리힘)은 지구의 자전으로 인하여 발생하는 겉보기의 힘으로, 바람이 부는 방향에 대하여 오른쪽 직각 방향(90°)으로 작용하고, 바람의 속력에 비례한다. 지구는 매일 밤낮으로 한 번 회전하므로 일상적인 물체의 움직임에 대해 코리올리 힘은 일반적으로 다른 힘에 비해 매우 작다. 코리올리힘은 일반적으로 대기 중 공기의 대규모 이동이나 바다의 물과 같이 먼 거리와 장기간에 걸쳐 발생하는 움직임에 대해서만 두드러진다. 지구 표변의 움직이는 물체는 전향력에 의해서 북반구에서는 오른쪽으로, 남반구에서는 왼쪽으로 각각 편향된다. 북반구의 고기압은 시계방향으로 불어나가며, 저기압은 반시계방향으로 불어 들어간다. 풍향에서 나타나는 겉보기 편향은 전향력 때문이다. 이 편향은 1) 항상 기류 방향에 직각 방향으로 향하고, 2) 풍속이 아니라 풍향에만 영향을 주고, 3) 풍속에 의해 영향을 받으며(바람이 강할수록 편향이 커짐), 4) 극에서 가장 강하고 적도 쪽으로 갈수록 약해지며 적도에서는 존재하지 않게 된다. 전향력을 아래와 같이 수식으로 표현 할 수 있다. 즉, 전향력(f)의 크기는 운동속도에 비례하며 위도가 증가할수록 강해진다. 여기서 $\omega = 7.29 \times 10^{-5}$는 지구자전각속도, ϕ는 위도, v는 입자 속도이다.

$$f = 2\omega \sin\phi v$$

(3) 원심력

원심력(Centrifugal force)은 바람이 원운동을 하는 경우, 중심에서 멀어지게 하는 힘이다. 같은 속도로 운동하는 경우에 중심에 가까울수록 원심력은 커지고, 멀어질수록 작아진다. 단위질량당 작용하는 원심력(C_F)은 아래와 같이 수식으로 표현할 수 있다. 여기서 V는 운동 속도, r은 중심거리, $\omega = 7.29 \times 10^{-5}$는 지구자전각속도 이다.

$$C_F = \frac{V^2}{r} = r\omega^2$$

(4) 마찰력

마찰력(Frictional force)은 이동하는 공기가 지표면에 의해 반대 방향으로 받게 되는 힘이며 크기는 지표면의 성질에 따른다. 즉, 풍속을 감속 시키는 역할을 한다. 마찰력은 지표면이 거칠수록, 지표면에 가까울수록, 풍속이 클수록 커진다. 힘의 크기는 고도가 높아질수록 적어지고 지표면에 가까울수록 강하게 작용한다. 방향은 바람의 반대 방향이다. 지표마찰의 영향을 받는 지상 약 1 km이하의 층(마찰층 또는 대기 경계층)까지는 마찰력이 작용하지만 그 이상에서는 거의 무시된다. 지표면에서의 마찰속도(u_*)와 거칠기 길이(z)의 관계로부터 지표면 풍속(u_f)을 아래와 같이 수식으로 표현할 수 있다. 여기서 k = 0.4는 폰카르만 상수(von Kármán' constant)이며, 거칠기 길이 z_0는 초지(grassy field)에서는 일반적으로 1~4 cm 정도의 크기를 가진다.

$$u_f = (\frac{u_*}{k})\ln(\frac{z}{z_0})$$

바람에 작용하는 힘	
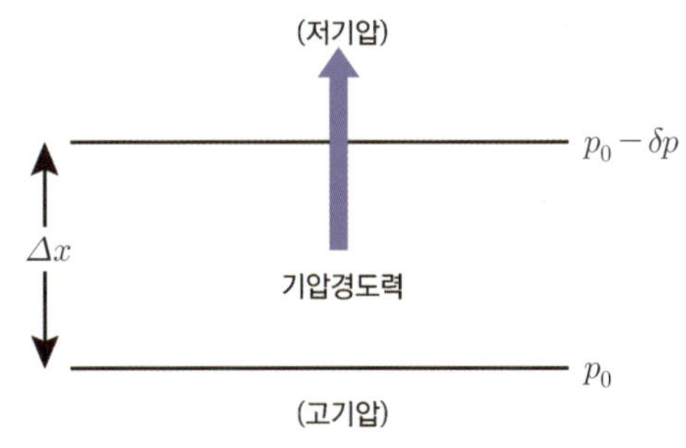 기압경도력	• 수평방향의 기압차 • 고기압 쪽에서 저기압 쪽으로 등압선에 직각 방향으로 작용 • 등압선이 조밀한 지역에서는 기압경도력이 강해 강풍이 발생
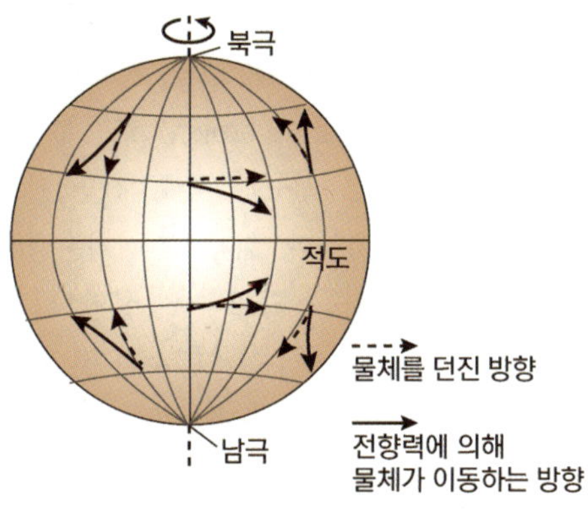 전향력	• 지구의 자전으로 인하여 발생하는 겉보기의 힘 • 바람이 부는 방향에 대하여 오른쪽 직각 방향(90°)으로 작용 • 움직이는 물체는 전향력에 의해서 오른쪽 편향(북반구)

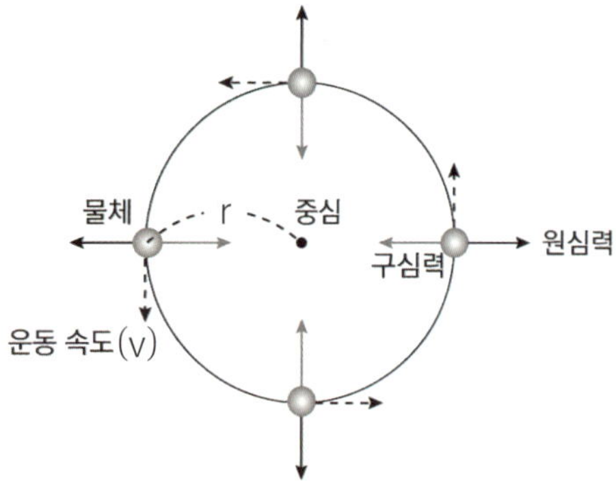 원심력	• 바람이 원운동을 하는 경우, 중심에서 멀어지게 하는 힘 • 중심에 가까울수록 커지고, 멀어질수록 작아짐 • 반대로 작용하는 힘: 구심력(Centripetal force)
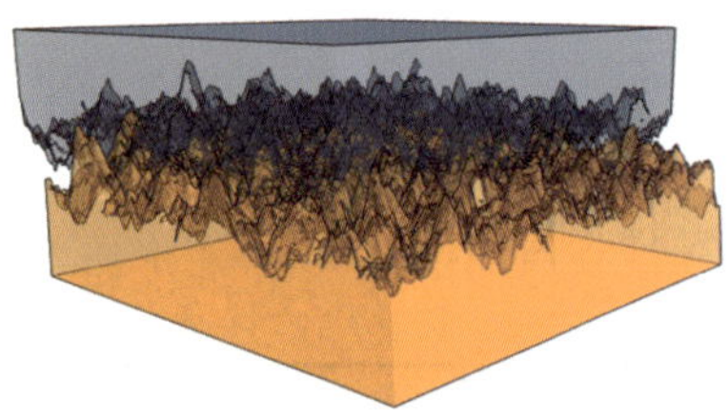 지표면의 거칠기에 따른 마찰력	• 이동하는 공기가 지표면에 의해 반대 방향으로 받게 되는 힘 • 풍속을 감속 시키는 역할 • 지표면이 거칠수록, 지표면에 가까울수록, 풍속이 클수록 커짐 ※ 마찰층: 지표마찰의 영향을 받는 층 (지상 약 1 km 이하의 층)

4.6.3 바람의 종류

바람은 대규모 공기의 흐름이다. 지구 표면에서 바람은 공기의 대량 이동으로 구성된다. 바람은 일반적으로 공간 규모, 속도, 바람을 일으키는 힘의 유형, 바람이 발생하는 지역 및 영향에 따라 분류된다. 바람에는 다양한 측면이 있다. 기상학에서 바람은 종종 강도와 바람이 부는 방향에 따라 나누어진다. 짧은 고속 바람을 돌풍(gusts)이라고 하고, 중간 지속 시간(약 1분)의 강한 바람을 스콜(squalls)이라고 한다. 장기간의 바람은 산들바람(breeze), 강풍(gale), 폭풍(storm) 및 허리케인(hurricane, 우리나라는 태풍(typhoon)이라 부름)과 같은 평균 강도와 관련된 다양한 이름을 가지고 있다. 바람은 수십 분 동안 지속되는 뇌우(thunderstorm) 흐름부터 육지 표면을 가열하여 몇 시간 동안 지속되는 지역 바람(local breezes), 지구 기후대 간의 태양 에너지 흡수 차이로 인한 지구바람에 이르기까지 다양한 규모로 발생한다. 대규모 대기순환(atmospheric circulation)의 두 가지 주요 원인은 적도와 극 사이의 차등 가열과 행성의 회전이다(코리올리스 효과, Coriolis effect). 열대지방에서의 지형과 고지대의 낮은 열 순환이 몬순순환(monsoon circulations)을 유발한다. 해안지역에서의 해풍과 육풍(sea breeze/land breeze)은 지역바람을 지배한다. 다양한 지형이 있는 지역에서는 산바람과 계곡바람(mountain/valley breezes)이 지역바람을 지배 한다.

(1) 지균풍

지균풍(geostrophic wind)은 마찰력이 약한 상층에서 기압경도력과 전향력이 균형을 이루는 바람이다. 기압경도력에 의하여 바람이 저기압 쪽으로 불기 시작하는데, 전향력에 의하여 서서히 오른쪽으로 휘게 된다. 결과적으로 바람의 방향이 등압선과 나란해지는데, 이를 지균풍이라 한다. 풍향은 북반구의 경우, 기압 경도력의 오른쪽 직각 방향으로 분다. 풍속은 기압 경도력이 클수록 빠르며, 기압 경도력이 같은 경우에는 공기의 밀도가 작을수록, 저위도 지방으로 갈수록 빠르다.

$$\frac{1}{\rho}\frac{\delta p}{\Delta x} = 2\omega \sin\phi v \quad , \quad v = \frac{1}{2\rho\omega\sin\phi}\frac{\delta p}{\Delta x}$$

(2) 경도풍

경도풍(gradient wind)은 등압선이 원형으로 되어있고 중심이 저기압인 경우에는, 기압경도력에 의하여 바람이 중심 쪽으로 불어 들어간다. 이 과정에서 전향력에 의하여 오른쪽으로 휘게 되면서 원주 방향의 바람을 형성한다. 이때 중심에서 멀어지는 방향으로 원심력이 작용하게 되는데, 원심력과 전향력의 합이 기압경도력과 같게 되면 평형을 이루게 된다. 이를 경도풍이라고 하는데, 태풍과 같은 강한 원형의 운동에서 잘 나타난다. 북반구에서 풍향은 중심부가 저기압일 때는 반시계 방향으로, 고기압일 때는 시계방향으로 등압선과 나란하게 분다. 남반구에서는 그 반대이다. 풍속은 기압 경도력이 같은 경우, 중심부가 고기압일 때는 저기압일 때보다 전향력이 크므로 풍속이 더 빠르다.

(3) 지상풍

지상풍(surface wind)은 지상근처에서 기압경도력에 의하여 바람이 불기 시작하면, 전향력과 마찰력이 동시에 작용하게 된다. 그 결과 바람의 방향은 등압선과 어느 정도 각도를 이룬 상태에서 평형을 이루게 되는데, 이를 지상풍이라고 한다. 전향력과 마찰력의 합은 기압경도력과 균형(합력)을 이루게 된다. 등압선과 이루는 각도는 20° ~30° 정도가 된다. 풍향은 마찰력 때문에 등압선과 비스듬하게 고기압 쪽에서 저기압 쪽으로 분다. 지상풍은 북반구(남반구)에서 기압경도력에 대하여 오른쪽(왼쪽)으로 비스듬하게 분다. 풍속은 등압선의 간격이 좁을수록, 마찰력이 작을수록 빠르다.

<table>
<tr><th colspan="2">바람의 종류</th></tr>
<tr><td>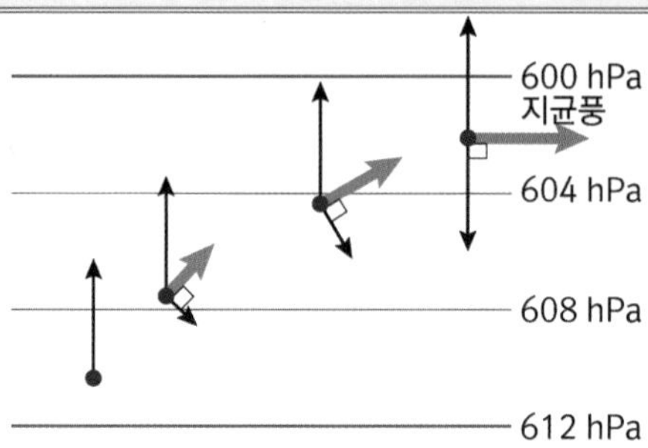

지균풍(북반구)</td><td>• 마찰력이 약한 상층에서 기압경도력과 전향력이 균형을 이루는 바람
• 풍향: 기압 경도력의 오른쪽 직각 방향
• 풍속: 기압경도력이 클수록, 공기밀도가 작을수록, 저위도로 갈수록 빠름</td></tr>
<tr><td>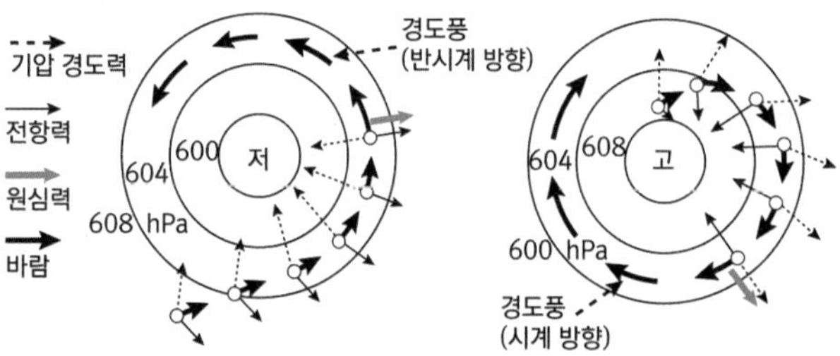

경도풍(북반구)</td><td>• 전향력에 의하여 원주 방향의 바람을 형성(원형 운동: 태풍)
• 풍향: 반시계 방향(저기압), 시계방향(고기압)
• 풍속: 고기압 〉 저기압
- 중심부가 고압일 때
: 전향력 = 기압 경도력 + 원심력
- 중심부가 저압일 때
: 전향력 = 기압 경도력 - 원심력</td></tr>
<tr><td>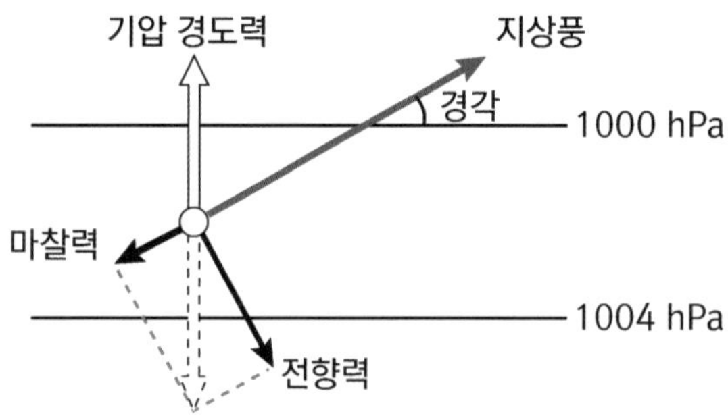

지상풍(북반구)</td><td>• 기압경도력에 전향력과 마찰력이 균형을 이루는 바람
• 풍향: 마찰력으로 등압선에 비스듬(경각 20°~30°)하게 저기압 쪽 방향
• 풍속: 등압선의 간격이 좁을수록, 마찰력이 작을수록 빠름</td></tr>
</table>

(4) 국지풍

국지풍은 열적 국지풍이라고도 하는데, 복사 가열 또는 복사 냉각에 의해 발생하며 해륙풍(sea/land breezes), 산곡풍(mountain/valley breezes) 등이 있다. 주로 지형적 특이성에 의한 부등가열로 발생한다.

① 해육풍

- **해풍**

해풍은 육지 쪽으로 불어오는 바람이다. 이것은 물과 육지의 열용량이 다르기 때문에 기압의 차이로 인해 발생한다. 따라서 해풍은 국지적인 바람이다. 육지는 바다보다 태양 복사를 훨씬 더 빨리 흡수하기 때문에 일출 후 해안을 따라 해풍이 흔히 발생한다. 즉, 낮 동안에 온도가 낮은 바다 쪽에서 온도가 높은 육지 쪽으로 부는 바람이다.

- **육풍**

육풍은 해풍의 반대이다. 육지는 바다보다 더 빨리 냉각되고 일몰 후에는 해풍이 사라지고 대신 바람이 육지에서 바다로 분다. 즉, 밤 동안에 온도가 낮은 육지 쪽에서 온도가 높은 바다 쪽으로 부는 바람이다. 해풍과 육풍은 모두 해안 지역의 우세한 바람으로 중요한 인자들이다.

② 산곡풍

- **골바람**

산바람 및 골바람(계곡바람)은 해풍 및 육풍과 유사한 과정을 통해 형성된다. 낮에는 태양이 산의 공기를 빠르게 가열하고 계곡은 상대적으로 시원하다. 낮에는 태양이 산 경사면을 따라 공기를 따뜻하게 한다. 대류는 그것을 상승시켜 골바람을 일으킨다. 즉, 낮 동안에 골바람은 산 아래에서 산 정상으로 불어오는 바람으로 적운이 발생한다. 밤에는 이 과정이 반대가 된다.

- **산바람**

밤에는 경사면이 식고 산풍이 불어오는 짙은 공기가 계곡으로 내려간다. 즉, 밤 동안에 산바람은 산 정상에서 산 아래로 불어오는 바람으로 주로 조용하고 맑은 날씨에 발생한다. 해질 무렵에는 산 경사면을 따라 공기가 식는다. 이 시원한 공기는 경사면을 따라 계곡으로 이동하여 산바람을 일으킨다. 산간 지역의 캠핑객들은 따뜻한 오후에 해가지면 곧바로 추운 밤으로 빠르게 바뀌는 것을 느낄 수 있다. 산바람과 골바람은 지리적 영향으로 인해 발생하는 지역 바람의 또 다른 예이다.

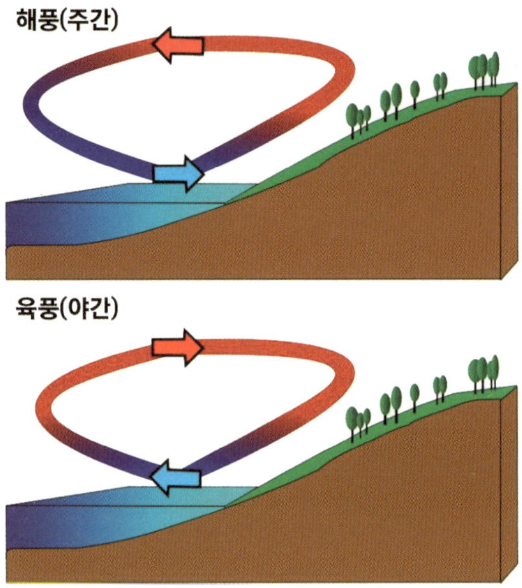

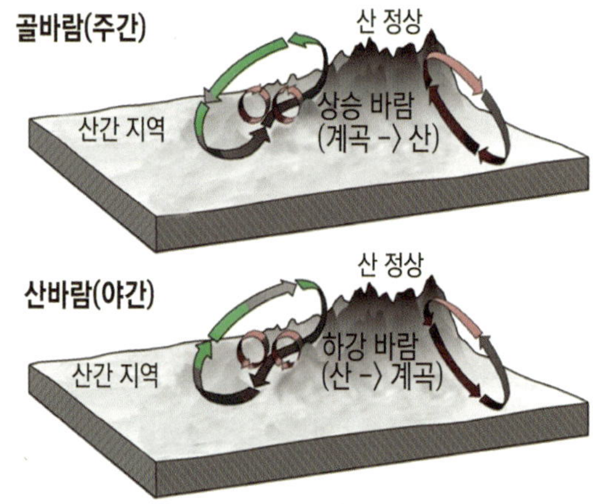

• 해풍: 낮에 육지 쪽으로 불어오는 바람 • 육풍: 밤에 바다 쪽으로 부는 바람이	• 골바람: 낮에 산 아래에서 산 정상으로 불어오는 바람 • 산바람: 밤에 산 정상에서 산 아래로 불어오는 바람

(5) 편서풍

편서풍(Westerlies)은 아열대 지역(35° ~65° 사이의 중위도)의 상층(고도 약 13 km 상공)에 부는 매우 강한 바람으로, 이를 제트기류(Subtropical Jet stream)라 한다. 이 우세한 바람은 서쪽에서 동쪽으로 불며, 저위도 지방의 무역풍(Trade wind)과는 반대 방향의 바람이다. 편서풍은 일반적으로 온대 저기압을 조절하는데, 북쪽의 찬 공기를 남쪽으로 수송하여 지구 대기의 열적 균형에 기여한다. 바람은 주로 북반구의 남서쪽에서, 남반구의 북서쪽에서 발생한다. 편서풍은 겨울에는 그 세력이 강하고, 여름에는 그 세력이 약하다. 극 제트기류(Polar Jet stream)는 고도 약 10 km 상공에서 전향력의 가속에 의해서 상층 바람이 변형되어서 발생하는데, 아열대 제트기류 보다 강도가 더 강하다.

- 제트기류(Subtropical Jet stream)
  - 편서풍
  - 중위도 상층에서 부는 강한 바람
  - 온대 저기압을 조절
  - 지구 대기의 열적 균형에 기여
  - 바람은 남서쪽에서 발생(북반구)
  - 고도 13 km, 길이 2,000~3,000 km, 폭 수백km, 두께 수km의 바람
  - 극 제트기류에 비해 강도가 더 약함

(6) 계절풍

계절풍이란 계절적 변화에 따라 육지와 바다의 비대칭 가열과 관련된 대기 순환(지표면 기압 분포의 계절적 변화)에 기인하여 생기는 바람이다. 이와 같이 풍향의 계절 변화를 몬순(monsoon)이라고 한다. 겨울철과 여름철의 우리나라 주변의 기압 배치와 바람의 방향을 보면, 겨울철에는 대륙 쪽의 기압이 높고 해양 쪽의 기압이 낮아 북서 계절풍이 분다. 즉, 겨울은 대륙이 현저하게 냉각되어 한랭하고 무거운 공기가 퇴적되어 고기압으로 상대적으로 기압이 낮은 해양을 향해 바람이 분다. 반대로 여름에는 해양 쪽의 기압이 높고 대륙 쪽의 기압이 낮아 남동 계절풍이 분다. 즉, 여름은 대륙이 가열되어 저압부가 되고 상대적으로 찬 해양의 고기압에서 대륙을 향해서 바람이 분다. 겨울철의 북서 계절풍은 기온이 낮고 건조하여 삼한사온 현상과 관계한다. 반면, 여름철의 남동 계절풍은 기온이 높고 습윤하여 불쾌지수를 높인다.

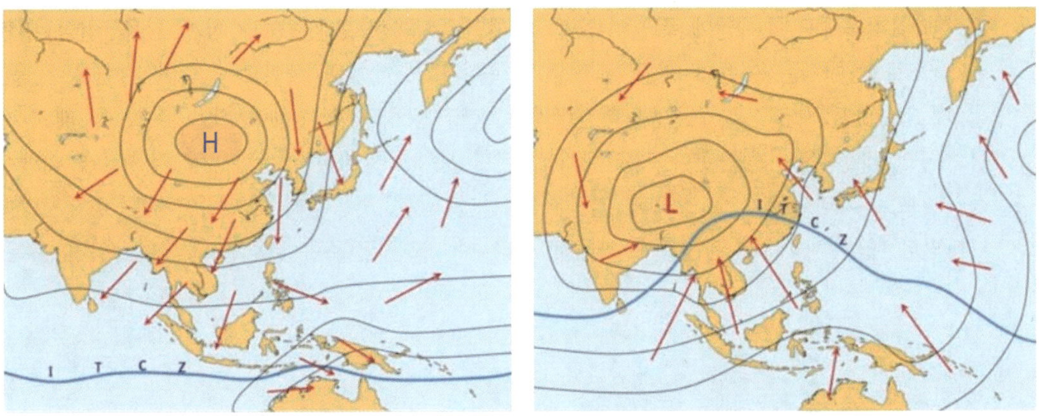

겨울철 여름철
우리나라 주변의 계절풍

- 겨울철
  - 바람 방향: 대륙 쪽(고기압)→해양 쪽(저기압), 북서 계절풍
  - 기온이 낮고 건조, 삼한사온 현상
- 여름철
  - 바람 방향: 해양 쪽(고기압)→대륙 쪽(저기압), 남동 계절풍
  - 기온이 높고 습윤, 불쾌지수 높음

(7) 높새바람

① 푄현상

푄(Föhn)현상이란 수증기를 포함한 공기 덩어리가 바람받이 사면을 타고 올라가면서 비를 뿌린 후, 산을 넘어 다시 사면으로 내려 올 때, 고온건조해진 공기의 상태가 지역적으로 가뭄을 일으키는 현상(뜨거운 날씨를 동반)이다. 즉, 수평 방향으로 이동하는 공기가 산을 만나면 상승하면서 산을 넘게 된다. 이때 상승하는 공기는 단열 팽창이 일어나서 상승 응결 고도 이상에서 구름을 만들어 비를 내리고, 산 정상을 넘어 하강할 때는 단열 압축이 일어나서 산을 넘기 전에 비하여 고온 건조한 상태가 되는 현상이다. 독일 지역에서 알프스 산맥을 넘어 부는 건조한 열풍을 뜻하던 말인 'Föhn'에서 유래했다.

② 높새바람

우리나라에서는 푄현상을 태백산맥의 영동과 영서 지방에서 부는 동풍인 높새바람(북동쪽에서 불어오는 봄바람)의 예로 들 수 있다. 이로 인해 봄에 서쪽 평야지방에 가뭄이 생기기도 한다. 겨울에도 동해안에 폭설이 오면 서해안에는 이상고온현상과 함께 가뭄, 산불 위험성이 극도로 높아지는 이유가 바로 푄현상 때문이다. 동해에서 불어오는 습한 바람은 산을 오를 때 100 m당 0.5℃ 씩 기온이 하강하지만, 건조한 공기로 변하여 산을 내려 올 때 100 m당 0.5℃ 씩 기온이 상승한다. 우리나라의 푄현상은 북서계절풍이 탁월한 겨울철에 태백산맥 동사면으로 나타나고, 오호츠크해 기단의 영향을 받는 늦봄부터 초여름까지는 영서지방에서 나타난다. 영서지방에서 푄현상에 의해서 나타나는 고온 건조한 바람을 높새바람이라 부른다.

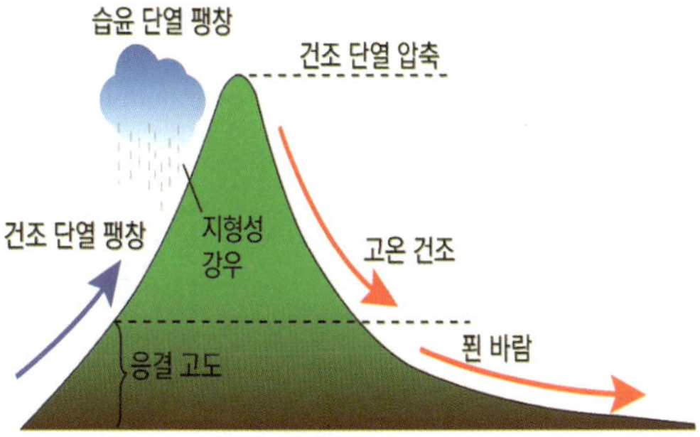

푄현상

높새바람

- 푄바람: 고온 건조한 바람
  - 형성 과정: 건조 단열 팽창→습윤 단열 팽창(지형성 강우)→건조 단열 압축→고온 건조 →푄바람
- 높새바람: 우리나라에서의 푄현상
  - 겨울철: 태백산맥 동사면에서 나타남(북서계절풍 영향)
  - 늦봄·초여름: 영서지방에서 나타남(오호츠크해 기단 영향)

(8) 뇌우

전기폭풍 또는 번개폭풍이라고도 하는 뇌우(雷雨, thunderstorm)는 번개와 천둥을 동반하는 특징을 가지는 폭풍이다. 뇌우는 적란운(cumulonimbus)으로 알려진 구름 유형에서 발생한다. 보통 강한 바람을 동반하고 종종 폭우와 때때로는 눈, 진눈깨비 또는 우박을 내 보낸다. 그러나 일부 뇌우에서는 강수량이 거의 없거나 전혀 비가 내리지 않는다. 강하거나 심한 뇌우에는 큰 우박, 강풍, 토네이도 등 가장 위험한 기상 현상이 포함된다. 뇌우는 따뜻하고 습한 공기가 앞쪽으로 빠르게 위로 이동하여 발생한다. 따뜻하고 습한 공기가 위로 올라감에 따라 냉각되고 응축되어 20 km 이상의 높이에 도달 할 수 있는 적란운을 형성한다. 상승하는 공기가 이슬점 온도에 도달하면 수증기가 물방울이나 얼음으로 응축되어 뇌우 셀 내부의 압력이 국부적으로 감소한다. 모든 강수량은 구름을 통해 지구 표면으로 먼 거리로 떨어진다. 물방울이 떨어지면 다른 물방울과 충돌하여 커진다. 떨어지는 물방울은 차가운 공기를 끌어당기면서 하강 기류를 만들고, 이 차가운 공기는 표면으로 퍼져 나가고 뇌우와 관련된 강한 바람을 일으킨다. 뇌우의 일생은 다음과 같이 3단계로 설명된다.

① 적운 단계(발전 단계)

뇌우의 첫 번째 단계는 적운 단계(발전 단계)이다. 이 단계에서 대량의 수분이 대기 위로 올라간다. 기본적으로 수분을 위로 올리는 힘은 태양에너지이다. 지면의 가열로 열이 발생하거나, 두 개의 바람이 수렴하여 공기가 위로 올라가거나, 바람이 고도가 증가하는 지형 위로 불어오는 곳이다. 위로 운반되는 수분은 높은 고도에서 낮은 온도로 인해 액체 방울로 냉각되어 적운 구름으로 나타난다. 수증기가 액체로 응축됨에 따라 잠열(증발열)이 방출되어 공기가 따뜻해져 주변의 건조한 공기보다 밀도가 낮아진다. 공기는 대류 과정을 통해 상승 기류로 상승(대류 강수)하는 경향이 있다. 이 과정은 뇌우가 형성되는 내부와 그 아래에 저압 구역을 만든다. 전형적인 뇌우에서는 약 5억kg의 수증기를 지구 대기로 들어 올린다.

② 성숙 단계

뇌우의 성숙한 단계에서 따뜻한 공기는 따뜻한 공기 영역(대류권)에 도달 할 때까지 계속 상승하여 더 이상 상승 할 수 없다. 대신 공기가 강제로 퍼져서 폭풍에 특징적인 모루(anvil) 모양(□)이 생긴다. 그 결과 구름을 적란운이 된다. 물방울은 더 크고 무거운 물방울로 합쳐져 얼어서 얼음 입자가된다. 가을철에는 녹아서 비가 된다. 상승 기류가 충분히 강하면 물방울이 너무 커져서 완전히 녹지는 않고 우박처럼 떨어질 정도는 되지만 충분히 오랫동안 떠 있을 수 있다. 상승 기류가 여전히 존재하는 동안 내리는 비는 주변 공기를 끌어당기고 하향 기류도 생성한다. 상승 기류와 하강 기류가 동시 존재는 폭풍의 성숙 단계를 표시하고 적란운을 생성한다. 이 단계에서 강한 바람, 심한 번개, 심지어 토네이도가 나타나는 강한 내부 난류가 발생한다. 일반적으로 윈드 시어(wind shear: 짧은 거리 내에서 순간적으로 풍향과 풍속이 급변하는 현상)가 거의 없으면 폭풍이 빠르게 소산 단계로 들어가 비가 내린다. 그러나 풍속이나 풍향에 충분한 변화가 있으면 하강 기류가 상승 기류에서 분리된다. 폭풍은 슈퍼 셀(supercell, 강한 회전 상승 기류를 동반한 뇌우)이 되어 성숙 단계가 몇 시간 동안 지속될 수 있다.

③ 소멸 단계

소멸 단계에서 뇌우는 하강 기류에 의해 지배된다. 대기 조건이 상승 기류 발달을 지원하지 않는 경우, 이 단계는 뇌우 발생 후 약 20~30분 동안 다소 빠르게 발생한다. 하강 기류는 뇌우에서 아래로 밀려 땅에 부딪혀 퍼진다. 이 현상을 다운 버스트(downburst, 하방향 돌풍)라 한다. 하강 기류에 의해 지상으로 운반된 시원한 공기는 뇌우의 유입을 차단하고 상승 기류는 사라지고 뇌우는 소멸된다. 수직 바람 전단력이 거의 없는 대기에서 뇌우는 즉시 약화되어 비교적 따뜻하고 습한 공기의 유입을 빠르게 차단하고 뇌우의 추가 성장을 죽인다. 땅에 닿는 하강 기류는 풍속과 풍향에 상당한 변화를 발생시킨다. 즉, 항공기가 날아갈 수 있는 잠재적인 위험 조건인 다운 버스트가 발생하여 항공기의 속도와 양력을 감소시킨다.

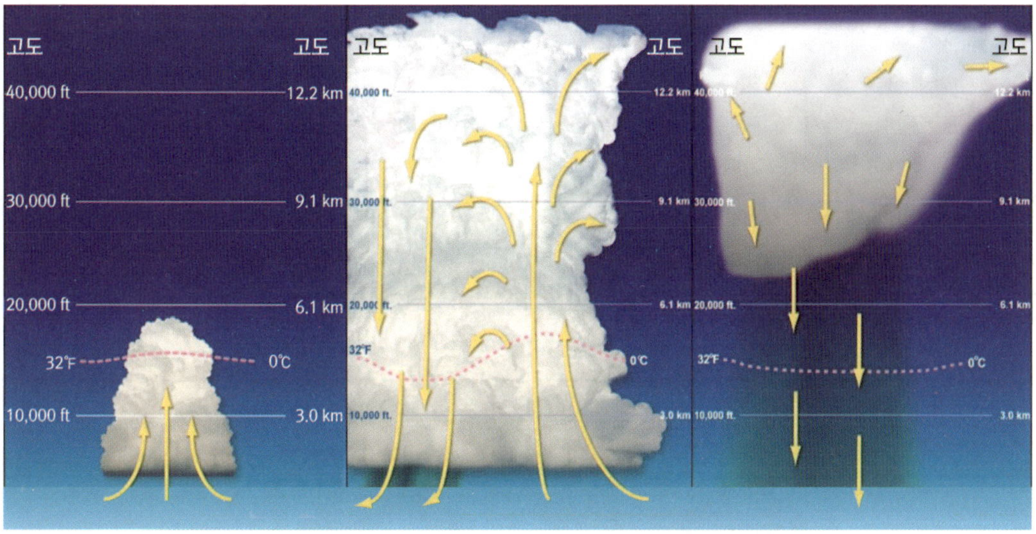

• 적운 단계(발전 단계)	• 성숙 단계	• 소멸 단계
- 습한 공기가 상승할 때 발달(지면 가열) - 뇌우는 오후와 이른 저녁에 발생 - 적운을 생성	- 뇌우의 가장 활동적인 단계 - 돌풍, 번개, 폭우, 우박 등 발생 - 상승 기류와 하강 기류가 동시에 존재 - 지표면에 강한 비	- 상승 기류가 없어짐 - 하강 기류만 존재 (윈드 시어 작용) - 약한 연직 운동 - 찬공기의 유출 감소 - 지표면에 약한 비 ※ 윈드 시어(wind shear) : 짧은 거리 내에서 순간적으로 풍향과 풍속이 급변하는 현상

(9) 태풍

태풍(颱風, Typhoon)은 열대성 저기압(tropical cyclone)으로 북태평양 남서부 열대 해역에서 발생하여 북상을 하는데, 중심기압이 매우 낮다. 태풍은 중위도 지방에 많은 비를 내려 물 부족 현상을 막아주고, 저위도 지방에서 축적한 대기의 열을 고위도 지방으로 수송하여 지구 전체의 열평형에 기여한다.

① 태풍의 발생 조건

태풍이 발생하려면 다음과 같은 조건이 갖추어져야 한다: 1) 전향력이 적절히 큰 위도 5°~6° 에서, 2) 대기에 충분한 습기를 제공 할 수 있도록 해수면 온도가 약 27℃ 이상이어야 하며, 3) 저기압 중심 부근 최대 풍속이 17 m/sec 이상이고, 4) 대기가 불안정하거나 지면은 저기압이고 상층대기는 고기압 상태 등을 유지해야 하며, 5) 풍속이 상층으로 갈수록 크게 변동하여서도 안 된다. 열대 해양의 한 지점에 요란(turbulence)이 발생하면 요란의 중심으로 고온다습한 공기가 모여들어 상승하게 된다. 그러면 적운이 형성되고 대류성 강수가 발생해 상승운동이 더욱 가속된다. 더 빠른 속도로 주변 공기가 수렴하면서 태풍으로 변한다. 태풍은 발생 해역에 따라 각기 다른 이름으로 불린다. 한국을 포함한 동남아시아의 서태평양에서는 태풍(typhoon), 대서양과 멕시코연안에서는 허리케인(hurricane), 오스트레일리아 연안에서는 윌리윌리(willy-willy), 인도양에서는 사이클론(cyclone)이라 한다.

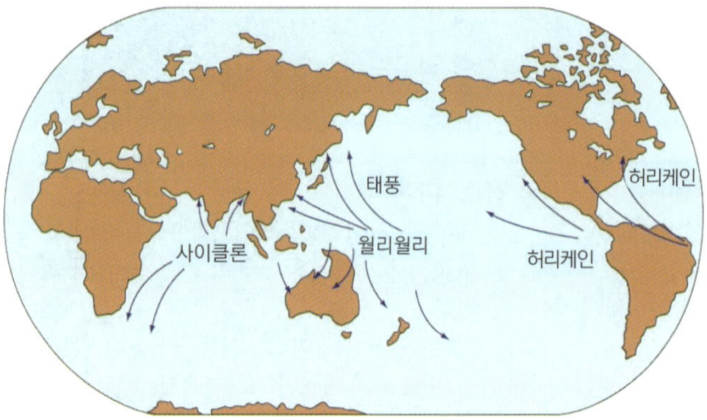

열대 저기압의 발생지별 명칭

- 열대성 저기압의 발생 해역에 따른 이름
  - 서태평양: 태풍(typhoon)
  - 대서양, 멕시코연안: 허리케인(hurricane)
  - 인도양: 사이클론(cyclone)
  - 오스트레일리아 연안: 윌리윌리(willy-willy)
- 열대성 저기압의 역할: 지구의 남북 간 에너지 불균형 조절

② 태풍의 일생

발생에서 소멸까지 태풍의 일생은 네 단계인 발생기, 발달기, 최성기, 쇠퇴기(쇠약기)로 나눈다. 각 단계에 따라 태풍의 규모와 성질이 달라진다. 1) 발생기: 저기압성 소용돌이가 태풍 강도에 도달하기 전의 발달 단계로, 중심 부근의 기압이 1000 hPa 정도로 점차 바람이 강해진다. 구름이 밀집하고 해상에서 너울이 생기며, 이 단계가 며칠간 지속된다. 2) 발달기: 중심 기압이 최저가 되기 전 그리고 풍속이 최대가 되기 전까지의 단계로, 태풍으로 성장하거나 혹은 소멸하는 단계이다. 태풍으로 성장하면 등압선이 거의 원형으로 변하고 기압이 급격

히 낮아진다. 중심 근처에 매우 두꺼운 구름 띠가 형성되고 태풍의 눈이 생긴다. 대략 시속 17~24 km의 속도로 통상적으로 서~북서쪽으로 이동한다. 3) 최성기: 태풍이 가장 발달한 단계로, 중심기압이 최저로 떨어져 더 이상 하강하지 않고 그리고 풍속도 더 이상 증가하지 않는다. 폭풍 영역은 수평으로 범위가 넓어지고 막대한 공기 덩어리가 회오리 속으로 빨려 들어온다. 태풍은 점차 북쪽으로 이동하다가 전향점을 지나 편서풍대로 진입하면서 이동 속도가 급격히 증가한다. 4) 쇠퇴기: 전향점을 지난 태풍이 북~북동쪽으로 이동하면서 수증기의 공급이 급속히 줄어든 단계로, 쇠약해져 소멸하거나 중위도 지방에 도달하여 온대 저기압으로 변하는 시기이다. 이때 태풍의 중심기압은 점차 높아지고 대칭성을 잃는다.

태풍의 단계별 경로

- 태풍의 단계별 경로: 발생기 → 발달기 → 최성기 → 쇠퇴기
  - 발생기: 중심 부근의 기압이 1000 hPa 정도, 바람이 강해지고, 구름이 밀집하고, 해상에서 너울이 생긴다.
  - 발달기: 중심 기압이 최저가 되기 전 그리고 풍속이 최대가 되기 전까지의 단계, 태풍으로 성장한다(태풍의 눈이 생긴다).
  - 최성기: 태풍이 가장 발달한 단계, 중심기압이 최저로 떨어져 더 이상 하강하지 않고 그리고 풍속도 더 이상 증가하지 않는다.
  - 쇠퇴기: 전향점을 지나 수중기의 공급이 급속히 줄어든 단계, 쇠약해져 소멸하거나 중위도 지방에 도달하여 온대 저기압으로 변한다.

※ 태풍의 세력이 약해져 소멸되기 직전 또는 소멸되면 열대 지방(중위도 지방)에서 열대성 저기압(온대성 저기압)으로 변한다.

(10) 대규모 풍계

바람의 근본 원인은 지구의 표면(바다, 육지, 호수, 사막 등)의 불균일 가열이다. 즉, 지표면의 가열은 균일하게 이루어지지 않는다. 같은 지표면의 조건을 가진다 하더라도, 적도에 가까울수록 가열율이 높고 극지방에 가까울수록 가열율이 낮다. 따라서 더운 공기는 극 쪽으로 찬 공기는 적도 쪽으로 이동하면서 균형을 유지하기 위하여 대기는 열수송계로 작용을 한다. 이러한 차이에 의하여 지표면의 기압도 불균일하게 분포하고 지구 전체적인 대규모의 풍계가 형성된다.

① 연직순환

연직 방향의 평균 순환은 해들리(Hadley) 순환, 페렐(Ferrel) 순환, 극 순환의 3가지로 구성된다. 해들리 순환은 적조지역 따뜻한 공기가 상승하여 아열대 지역으로 하강하는 순환으로 해들리 세포라고도 한다. 극 순환은 극지역의 차가운 공기가 적도 쪽에서 퍼져 나와 아한대 저압대에서 상승하는 순환으로 극 세포라고도 한다. 앞의 두 순환과는 달리 반대 방향의 순환을 하는 페렐 순환이 중간에 있다.

② 수평순환

해들리 순환이 있는 곳의 동서 방향으로 평균한 바람은 적도를 향하는 동풍을 이루는데, 이를 무역풍(편동풍)이라 한다. 펠렐 순환이 있는 중위도 지역의 지표면에서 극 쪽으로 향하는 서풍을 편서풍이라 한다. 극 순환이 있는 지표면에서의 동풍은 극동풍이라 한다. 아열대 고압대에서 극과 적도 쪽으로 향하는 바람이 편서풍과 편동풍이 되는 이유는, 지구 자전에 의한 전향력의 영향을 받기 때문이다.

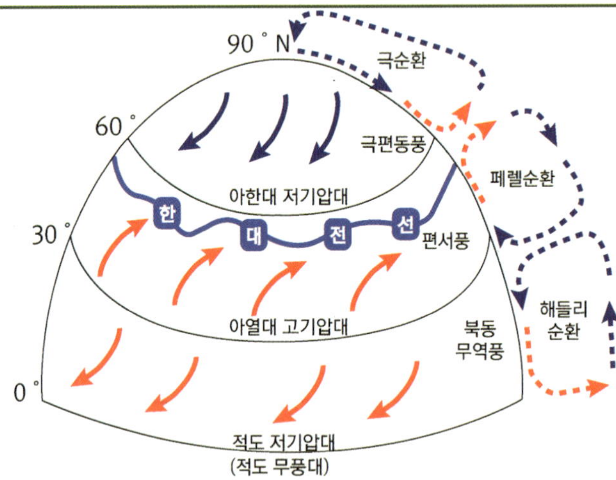

대규모 풍계(북반구)

- 무역풍
  - 아열대 고압대→적도 저압대(북동 무역풍)
  - 대기 순환 중 가장 규모가 크고 긴 순환
  - 연중 풍향, 풍속 일정(평균 풍속 약 4~6 m/sec)
- 편서풍
  - 아열대 고압대→아한대 저압대(남서풍)
  - 고기압, 저기압, 전선이 동쪽으로 이동
  - 겨울철에는 강하고 여름철에는 약함
- 극동풍
  - 극지방→아한대 저압대(북동풍)
  - 극지방의 복사냉각에 의해 고압대 형성
  - 변동이 심하고 풍속도 비교적 불규칙

(11) 기타 바람

① 돌풍

돌풍(gust)은 바람의 속도가 짧게 증가하는 것으로 보통 20초 미만이다. 돌풍은 몇 분 동안 지속되는 스콜보다 더 일시적인 성격을 띠고, 바로 풍속이 둔화되거나 느슨해진다. 일반적으로 바람은 넓은 수면에서 가장 덜 거세며, 거친 땅과 높은 건물 근처에서는 가장 거세다.

② 스콜

스콜(squall)은 몇 초 동안 계속되는 돌풍(gust)과 달리 몇 분 동안 계속되는 풍속의 갑작스럽고 급격한 증가를 뜻 한다. 즉, 스콜이란 몇 분 동안 지속되는 갑작스런 풍속 증가를 가지는 바람이다. 1962년에 세계기상기구(WMO, World Meteorological Organization)는 바람이 최소 8 m/s의 속도로 증가하고, 최소 11 m/s의 최고 속도에 도달해야하며, 최소 1분 동안 지속되어야한다고 정의했다. 일반적으로 소나기, 뇌우 또는 폭설과 같은 활동적인 날씨와 관련이 있다. 스콜은 발생 동안 더 높은 돌풍이 있을 수 있으므로, 해당 시간 간격 동안 지속되는 바람의 증가를 나타낸다. 스콜은 일반적으로 중간 대기에서 강하게 가라앉는 공기 또는 냉각 지역에서 발생한다. 스콜이라는 용어는 몇 분 동안 지속되는 갑작스런 풍속 증가를 가리키는 데 사용된다.

 스콜(뇌우 동반)	• 몇 분 동안 지속되는 갑작스런 풍속 증가를 가지는 바람 • 소나기, 뇌우, 폭설과 같은 활동적인 날씨와 관련 • 세계기상기구의 정의 : 바람이 최소 8 m/s의 속도로 증가, 최소 11 m/s의 최고 속도에 도달, 최소 1분 동안 지속
 윈드 시어(가상 모식도)	• 비교적 짧은 거리에 걸친 풍속 또는 방향의 차를 가지는, 수평 또는 수직 거리에 따른 바람의 변화 • 아주 작은 거리에서 발생하는 마이크로 스케일의 기상 현상 • 뇌우에 기인한 돌풍, 전선, 국부적인 지역에서의 초저층 바람(하층 제트기류), 산 근처(고지대 산주변), 해륙풍에서 일반적으로 관찰 • 항공기의 비행경로와 속도에 영향을 줌 (이착륙 시 재난 수준으로 영향을 미침)

③ 윈드 시어

- **윈드 시어의 특징**

바람구배(wind gradient)라고도하는 윈드 시어(wind shear)는 대기에서 비교적 짧은 거리에 걸친 풍속 또는 방향의 차이이다. 윈드 시어는 일반적으로 수직 또는 수평 윈드 시어로 나눈다. 수직 성분의 윈드 시어는 고도의 변화에 따른 풍속 또는 방향의 변화이다. 수평 성분의 윈드 시어는 주어진 고도에서 측면 위치의 변화에 따른 풍속의 변화이다. 윈드 시어는 아주 작은 거리에서 발생하는 마이크로 스케일의 기상 현상이지만 스콜 및 한랭 전선과 같은 중간 규모 또는 종관 규모의 기상 특징을 가진다. 윈드 시드는 뇌우에 기인한 돌풍, 전선, 국부적인 지역에서의 초 저층 바람(하층 제트기류), 산 근처(고지대 산주변), 해륙풍, 건물, 풍력 터빈, 요트에서 일반적으로 관찰된다. 윈드 시어는 항공기 제어에 중요한 영향을 미치며, 많은 항공기 사고의 결정적인 원인이 된다. 윈드 시어는 항공기의 비행경로와 속도에 영향을 준다. 그리고 어느 고도와 어느 방향에서도 발생할 수 있기 때문에 항공기는 급격한 상승기류나 하강기류 또는 극심한 수평 바람 분력의 변화에 직면할 수 있는 매우 위험한 요소이다. 예를 들면, 보행자가 고층건물을 향해 광장을 가로 질러 걸을 때, 갑자기 고층 바닥 주위를 흐르는 강한 바람 흐름을 만날 때 보행자가 윈드 시어를 경험하는 경우이다.

- **윈드 시어의 사고**

윈드 시어는 수평 또는 수직 거리에 따른 바람의 변화를 나타낸다. 비행기 조종사는 일반적으로 경항공기의 경우는 30 knots(15 m/s), 비행고도에 있는 여객기의 경우는 45 knots (23 m/s)의 수평 변화에 대하여서는 심각한 윈드 시어로 간주한다. 4.9 knots(2.5 m/s)를 초과하는 수직 속도 변화도 항공기에 중요한 윈드 시어으로 간주한다. 저층의 윈드 시어는 이착륙시 항공기 속도에 비참한 방식(재난 수준)으로 영향을 미칠 수 있으며, 여객기 조종사는 모든 마이크로 돌풍 윈드 시어(30 knots(15 m/s)를 초과하는 정풍(맞바람)손실[headwind loss])를 방지하도록 훈련 받는다. 이렇게 주의를 요하는 근거는 다음과 같다.

① 마이크로 돌풍 강도는 1분 이내에 두 배가 될 수 있다.

② 바람은 과도한 측풍으로 바뀔 수 있다.

③ 40~50 knots (21~26 m/s)는 저고도 작업의 일부 단계에서 생존 가능성에 대한 임계값이다.

④ 역사적인 윈드 시어의 사고 중 일부는 35~45 knots(18~23 m/s)의 마이크로 돌풍과 관련되어있다.

- **윈드 시어 시, 활공 비행**

이륙 시, 표면 바로 위의 윈드 시어(바람구배, wind gradients)는 활공 비행의 이착륙 단계에 영향을 미친다. 윈드 시어는 윈치 발사 또는 와이어 발사라고도 알려진 지상 발사에 눈에 띄는 영향을 미칠 수 있다. 윈드 시어가 큰 경우에, 조종사가 동일한 피치 자세를 유지하면 표시된 대기 속도가 증가하여 최대 지상 발사 견인 속도를 초과 할 수 있다. 조종사는 윈드 시어 효과를 처리하기 위해 속도를 조절해야한다. 착륙 시, 특히 바람이 강할 때 윈드 시어는 위험하다. 착륙에 대한 최종 접근에서 기체가 윈드 시어를 통해 하강함에 따라 공기 속도는 감소하고 침하율은 증가하며 지상에 닿기 전에 가속 할 시간이 충분하지 않다. 조종사는 윈드 시어를 예상하고 이를 보상하기 위해 더 높은 접근 속도를 사용해야한다.

- **윈드 시어 시, 착륙 비행**

윈드 시어는 항공기가 지상 근처에서 가파른 회전을 하는 경우에도 위험하다. 이것은 날개(wingspan) 길이가 상대적으로 긴 글라이더(gliders)의 경우 특히 문제가 되며, 이는 주어진 뱅크 각도(bank angle)에서 더 큰 풍속 차이에 노출된다. 각 윙 팁(wing tip)이 경험하는 서로 다른 속도로 인해 한 윙에서 공기역학적 실속(aerodynamic stall)이 발생하여 제어 사고가 발생할 수 있다. 뇌우로 인한 강한 흐름은 지상 바로 위의 3차원 풍속을 급격하게 변화시킨다. 처음에 이 흐름은 공기 속도를 증가시키는 맞바람을 일으켜 일반적으로 조종사가 윈드 시어를 인식하지 못하는 경우 엔진 출력을 감소시킨다. 항공기가 하강 기류 영역을 통과하면 국부적인 맞바람이 감소하여 항공기의 공기 속도가 감소하고 침하율이 증가한다. 그런 다음 항공기가 하강 기류의 다른 쪽을 통과 할 때 맞바람(정풍, headwind)이 뒷바람(배풍, tailwind)

이 되어 날개에 의해 생성되는 양력을 줄이고 항공기를 저전력 저속 하강 상태로 둔다. 항공기가 너무 낮아 지상에 닿기 전에 회복 할 수없는 경우 사고로 이어질 수 있다.

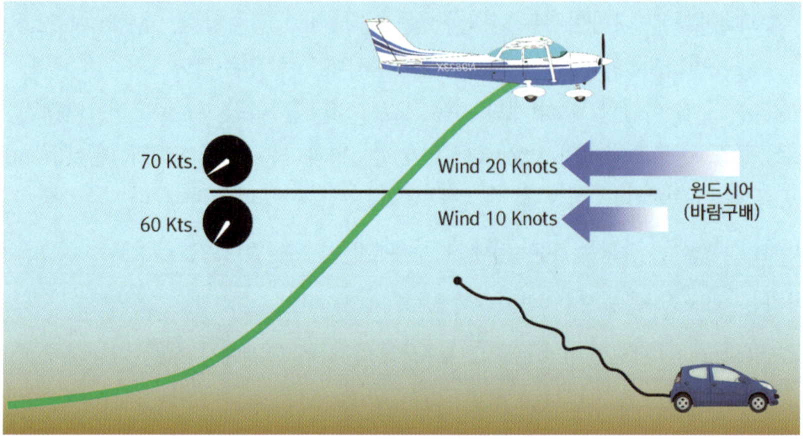

윈드 시어 시, 활공 비행

- 이륙 시: 동일한 피치 자세를 유지하면 표시된 대기 속도가 증가
  (윈드 시어 효과를 처리하기 위해 속도 조절이 필요)
- 착륙 시: 바람이 강할 때, 보상하기 위해 더 높은 접근 속도 필요

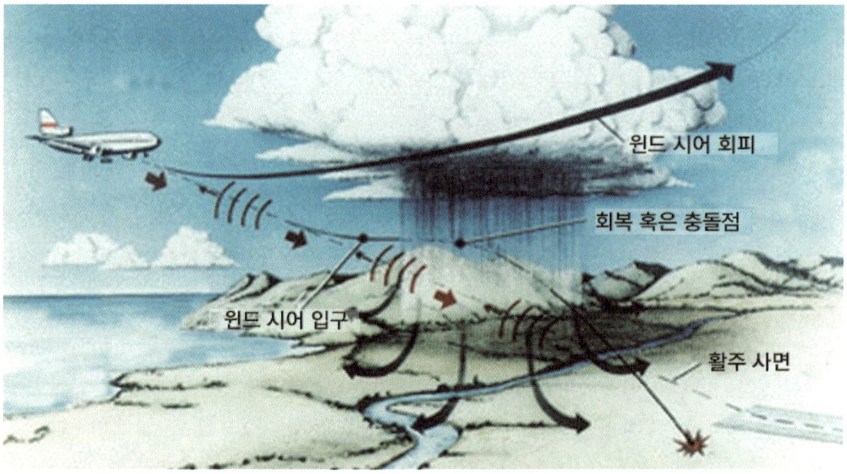

윈드 시어 시, 착륙 비행

- 하강기류 영역 통과 시(wind shear entry)
  : 국부적인 맞바람 감소→항공기의 공기속도 감소→침하율 증가
- 이어서 하강 기류의 다른 쪽 통과 시(recover or crash point)
  : 맞바람(정풍, headwind)이 뒷바람(배풍, tailwind)이 되어 날개에 의해 생성되는 양력을 줄이고 항공기는 저전력 저속 하강 상태가 됨
- 항공기가 너무 낮아 지상에 닿기 전에 회복 할 수없는 경우 사고로 이어짐

참고

※ 난류(turbulent)

- 난류는 기단(air masses)의 운동으로, 매우 다른 속도로 움직이는 공기가 만나면 발생한다.
- 난류에 가장 취약한 대기지역은 대류권 내 약 7~12 Km(23,000~39,000 ft)의 고도에서 이다. 여기서 난류는 제트 기류 영역에서 가장 자주 발생한다.
- 낮은 고도에서는 산맥 근처에서도 발생할 수 있고, 또한 얇은 권운(thin cirrus clouds)에서도 난류가 발생할 확률이 높다.
- 난류는 항공 여행객의 편안함과 때로는 안전에 위험 할 수 있다.
- 난류의 강도는 아래와 같이 항공기 조종에 영향을 미친다.

1) 약한 난류(LGT, light): 항공기 조종에 크게 영향을 미치지 않으며, 비행방향과 고도유지에 지장이 없다.
2) 보통 난류(MOD, moderate): 상당한 동요를 느끼고 몸이 들썩할 정도이나 조종이 가능하다.
3) 심한 난류(SVR, severe): 항공기 고도 및 속도가 급속히 변화되고 순간적으로 조종불능 상태가 된다.
4) 극심한 난류(XTRM, extreme): 항공기가 심하게 튀거나 조종 불가능한 상태로 항공기 손상을 초래할 수 있다.

4.7 강수

대기 중의 수증기가 변화하여 지상으로 떨어지는 액체상태의 물방울 또는 고체상태의 얼음조각으로 비(rain), 눈(snow), 우박(hail), 진눈깨비(sleet), 비얼음(glaze), 싸락눈(graupel) 등을 총칭해서 강수(precipitation)라고 한다. 강수가 발생하면 대기 중의 수증기량은 줄어든다. 강수는 고체 또는 액체의 상태로 떨어지므로 시정을 악화시키는 요인이 된다. 강수는 이들 입자가 공기의 상승 작용에 의해서 크기와 무게가 증가하여 더 이상 대기 중에 떠 있을 수 없을 때 지상으로 떨어진다. 강수량(降水量)이란 강우량(降雨量)과 눈 또는 다른 강수 형태를 모두 녹였을 때의 물의 양을 총칭하는 말이다. 내리는 눈의 특성에 따라, 적설량의 10 cm는 0.3 cm~2.5 cm의 강우량에 해당한다.

(1) 비

비(rain)는 0.5 mm 이상의 물방울이 구름에서 떨어지는 것으로 정의된다. 물방울의 크기가 작은 이슬비(drizzle)와 안개비(drizzle fog)는 비에서 제외된다. 대기 중의 수증기가 이슬점에 도달하여 응결하면, 눈에 보이지 않는 정도의 미세한 구름방울이 된다. 빗방울은 이러한 것이 수백만 개 이상 병합된 것이다. 빗방울은 지상으로 낙하도중에 서로 병합되어 커지는데, 대체로 5 mm 이상 커지면 공기 마찰에 의하여 부서져서 작게 된다.

(2) 눈

눈(snow)은 얼음결정 또는 이들의 집합체로 이루어진 강수의 한 형태이다. 눈송이의 크기, 모양은 눈송이가 형성되는 기상학적인 조건에 따라 달라진다. 눈은 영하의 기온 조건에서 만들어 진다. 온도가 비교적 높을수록 수분의 함량이 많고 무거운 눈송이가 만들어 진다. 눈은 지상으로 떨어지는 과정에서 녹아서 빗방울이 되기도 한다.

(3) 우박

우박(hail)은 단단하고 둥글거나 불규칙한 얼음덩어리로서 투명한 것과 불투명한 것이 있다. 주로 강한 대류성 구름에서 형성이 된다. 형성되는 시간이 길면 투명하고 짧은 경우에는 불투명하다. 우박의 크기는 보통 1 cm~5 cm 정도인데, 큰 경우에는 10 cm가 넘으며 무게도 500 g이 넘는 경우도 있다.

(4) 진눈깨비

진눈깨비(sleet)는 비가 지상으로 떨어지는 도중에 영하의 공기층을 통과할 때 얼어서 형성된다. 겨울철에 흔히 발생한다. 진눈깨비는 눈이 녹아서 빗방울이 된 경우에 형성되는 경우가 많다. 진눈깨비의 얼음 입자는 비교적 작기 때문에 피해는 우박에 비해서 상대적으로 적다고 볼 수 있다.

비

눈

우박

진눈깨비

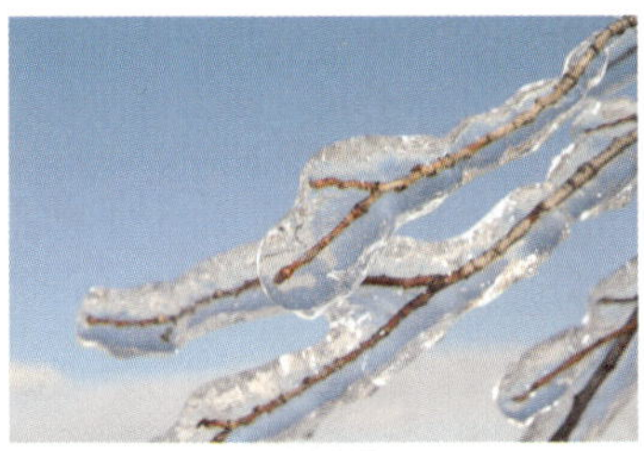
비얼음

싸락눈

- 이슬비, 안개비: 물방울이 0.5 mm 이하(비에서 제외)
- 비: 물방울이 0.5 mm 이상
- 눈: 적설량의 10 cm는 0.3 ~ 2.5 cm의 강우량에 해당
- 우박: 크기는 보통 1 cm ~ 5 cm 정도

4.8 시정

시정(visibility)은 물체나 빛을 명확하게 식별 할 수 있는 거리의 척도를 말한다. 시정은 주변 공기의 투명성(transparency)에 만 달려 있다. 따라서 주변 조명 수준이나 어떤 특정 시간 때하고는 관계가 없다. 시정은 도로, 항해, 항공 등 모든 형태의 교통에 영향을 미친다. 시정은 비, 눈, 우박, 진눈깨비 등의 강수현상과 안개가 발생하거나, 황사와 같은 에어로졸의 농도가 높은 경우에 악화된다. 안개의 경우 농도에 따라 시정의 범위가 크게 변한다. 짙은 안개의 경우는 수 m 정도에 불과한 경우도 있으며, 일반적으로 1 km 이하인 경우가 많다. 육상에서는 거리를 알 수 있는 목표물이 많아서 시정의 관측이 비교적 용이하나, 목표물이 없는 해상 혹은 공중에서는 육안으로 보이는 해안, 산, 섬, 선박 등의 거리를 레이더로 측정하여 시정을 알아낸다.

(1) 안개, 박무, 연무

안개(fog)의 국제적 정의는 1 km(3,280 ft) 미만의 시정이며, 박무(mist, 옅은 안개)는 1 km에서 2 km 사이의 시정이며, 연무(haze, 매우 옅은 안개)는 2 km에서 5 km 사이의 시정이다. 안개와 박무는 일반적으로 주로 물방울로 구성되어 있고, 연무는 입자 크기가 물방울 보다 더 작다. 연무는 먼지와 연기 입자가 비교적 건조한 공기에 축적 될 때 자주 발생한다. 기상 조건이 연기 및 기타 오염 물질의 분산을 차단할 때, 연무는 집중되어 가시성을 저해하고 호흡기 건강에 위협이 된다. 연무는 일반적으로 낮게 매달려있는 덮개를 형성한다. 산업 오염으로 알려진 스모그(smog: smoke + fog)는 짙은 연무의 결과이다.

안개	박무	연무
• 시정 거리: 1 km 미만 • 구성: 물방울 • 상대습도: 거의 100%	• 시정 거리: 1~2 km • 구성: 물방울 • 상대습도: 100% 이하	• 시정 거리: 2~5 km • 구성: 더 작은 물방울

4.9 구름과 안개

구름과 안개는 작은 물방울로 이루어지는데, 공기 중의 수증기가 포화상태가 될 때 형성된다. 포화상태에 도달하는 데는 다양한 과정이 존재한다. 구름과 안개는 각각 고도와 형성과정에 의하여 다양한 형태로 분류된다. 구름이 지상 근처에 존재하면 안개라 부른다. 일반적으로 구름과 안개를 구별하는 고도는 지표면(AGL) 50 ft(15.24 m)를 기준 고도로 하고 있다.

4.9.1 구름

(1) 구름의 발생

구름은 대기 중에 떠 있는 극히 작은 물방울 또는 얼음결정의 집합체이다. 구름을 구성하는 작은 물방울은 대기 중의 수증기가 포화 수증기압에 도달하여 응결함으로써 발생한다. 대기 중의 수증기가 포화 수증기에 도달하는 과정은 다음과 같다.

① 상승 운동에 따른 냉각

이 과정은 구름이 발생하는 가장 기본적인 과정이다. 공기가 상승하면 기압이 낮아지므로 팽창(단열 팽창)하여 온도가 낮아진다. 온도가 낮아지면 상대습도가 증가하는데, 100%가 되면 수증기가 응결하기 시작한다. 상승 운동의 형태를 보면, 1) 국지적 지표면 가열에 의한 상승, 2) 저기압에서의 공기의 수렴, 3) 전선면을 따른 공기의 이동, 4) 지형에 의한 강제적 상승 등을 들 수 있다.

② 복사 냉각

상승 운동을 하지 않는 경우에도 대기가 열에너지를 방출하면 온도가 낮아짐으로써 포화 수증기압에 도달할 수 있다. 이러한 과정은 상층에서 발생하는 구름에서 흔히 볼 수 있다.

③ 수증기의 유입 및 냉각

겨울철 시베리아 기단이 남쪽으로 내려 올 때, 우리나라 주변의 해상에 많은 구름이 발생한다. 이는 공기에 비해 따뜻한 바다에서 대기로 수증기가 공급되고, 찬 공기와 닿아 냉각되어서 포화 수증기압에 도달하여 응결하기 때문이다. 이때는 고도가 매우 낮은 구름이 형성된다.

<table>
<tr><th>상승 운동에 따른 구름 생성</th><th>생성 원인</th></tr>
<tr><td>
</td><td>• 국지적으로 가열된 공기가 주위 공기보다 가벼워서 상승할 때(지표면이 불균등하게 가열될 때)</td></tr>
<tr><td>
</td><td>• 저기압 중심부로 수렴한 공기가 상승 기류에 의해 상승할 때(저기압 중심에 공기가 모여들 때)</td></tr>
<tr><td>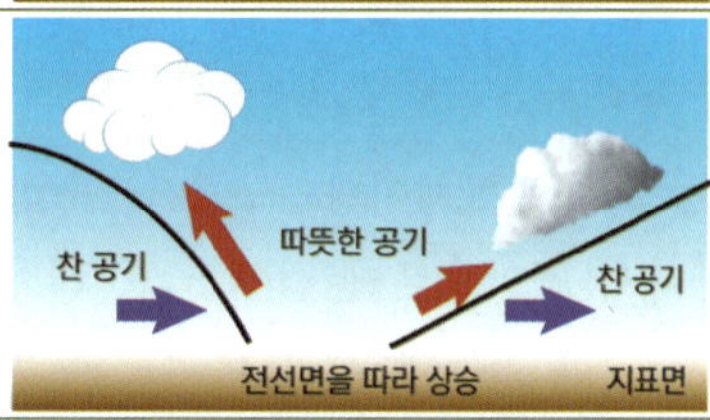
</td><td>• 전선 부근에서 상대적으로 따뜻한 공기가 찬 공기 위로 상승할 때(전선 부근에서의 상승)</td></tr>
<tr><td></td><td>• 바람이 산사면을 타고 올라갈 때(공기가 산사면을 타고 올라갈 때)</td></tr>
</table>

(2) 구름의 분류

구름은 발생하는 고도에 따라 크게 하층운(지면부근~2 km), 중층운(2~6 km), 고층운(6 km 이상)으로 나누고, 발달하는 구조에 따라 수직으로 발달(적운, 적란운)하는 것과 수평으로 넓게 발달하는 것으로 분류할 수 있다. 초경량비행장치의 운용은 주로 지면부근에서 이루어지므로, 2 km 이하의 하층운(층운, 층적운, 난층운)에 대해서 만 알아본다.

① 층운

층운(St, Stratus)은 상승하는 열에 의해 형성되는 대류 또는 적운(cumuliform)과는 대조적으로, 균일하게 수평층을 이루는 저층 구름이다. 층운이라는 용어는 어두운 회색에서 거의 흰색까지 색상이 다양한 낮은 고도에서 평평하고 흐릿하며 특징이 없는 구름을 뜻한다. 층운은 약간의 이슬비 또는 적은 양의 눈을 생성 할 수 있다. 이 구름은 아침 안개 또는 한 지역에서 낮은 고도에서 이동하는 차가운 공기를 통해 형성된 지상 안개이다. 즉, 이 구름을 안개와 같은 형태로 "높은 안개"라고 부른다. 약간의 비가 내릴 수 있지만, 이 구름은 많은 강수량을 나타내지 않는다.

② 층적운

층적운(Sc, Stratocumulus)은 대부분의 경우 강수를 일으키지 않으며, 강우가 발생하면 일반적으로 비나 눈이 약간 내리는 경우가 많다. 이 구름은 악천후의 앞쪽이나 뒤쪽 끝에서 자주 볼 수 있으므로 폭풍이 올 것임을 나타내는 뇌우 또는 돌풍의 형태로 나타날 수 있다. 이 구름은 태양의 열을 감소시켜, 즉 대류를 감소시켜 적운(cumulus)이 층적운으로 퍼지 도록하기 때문에 따뜻한 전선에 선행하는 권층운(cirrostratus) 아래에서도 자주 볼 수 있다.

③ 난층운

난층운(Ns, Nimbostratus)은 일반적으로 연속적인 비, 눈 또는 진눈깨비를 생성하지만 번개나 천둥은 발생하지 않는다. 다층이며 회색 혹은 어두운 무정형의 거의 균질한 구름이다. 일반적으로 저층의 구름이지만 실제로는 대류권의 중간층에서 가장 일반적으로 형성되고, 수직적으로 저층에서 고층까지 퍼져있다. 난층운은 일반적으로 넓은 지역에 걸쳐서 강수량을 생성한다.

 층운	 층적운	 난층운
• 약간의 이슬비, 눈을 생성	• 대부분의 경우 강수를 일으키지 않음	• 연속적인 비, 눈, 진눈깨비를 생성

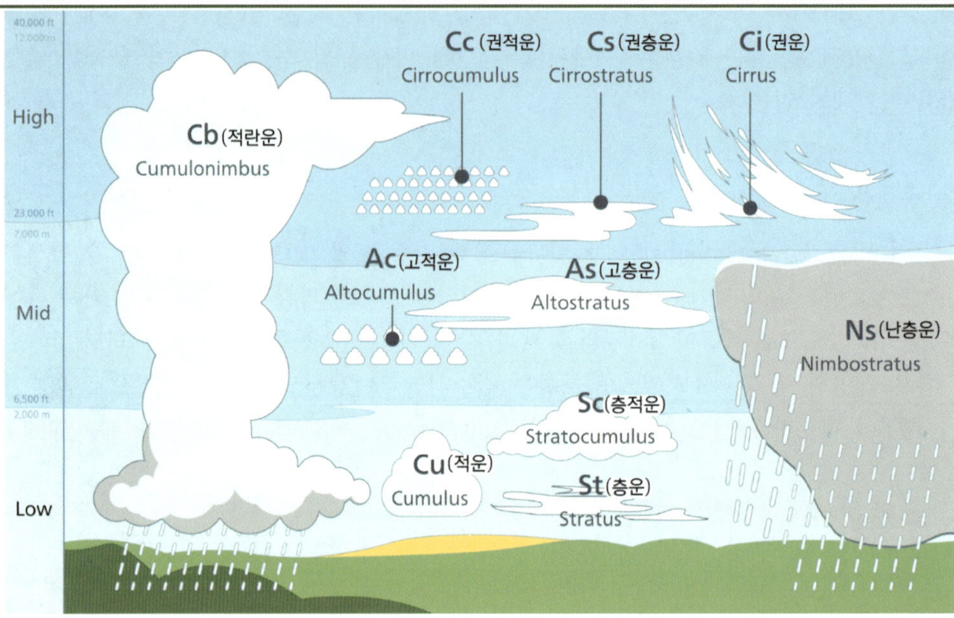

Cb(적란운): 연직 발달운
소나기, 뇌우

Ns(난층운): 하층운
강수

- 권적운(Cc): 흰색 또는 회색 반점이나 띠 모양을 한 구름
- 고층운(As): 하늘을 완전히 덮고 있으나 후광 현상 없이 태양을 볼 수 있는 회색 구름
- 층운(St): 안개와 비슷하게 연속적인 막을 만드는 회색 구름
- 적란운(Cb): 세찬 강수를 일으킬 수 있는 매우 웅장한 구름
- 난층운(Ns): 지속적인 강수를 일으킬 수 있는 어두운 층 구름 (태양을 완전히 가림)

구름의 분류

층별	구름 높이	기본 운형	
		명칭	부호
상층운	6 km 이상	권운	Ci
		권적운	Cc
		권층운	Cs
중층운	2 ~ 6 km	고적운	Ac
		고층운	As
하층운	지면부근 ~ 2 km	난층운	Ns
		층적운	Sc
		층운	St
연직 발달운		적운	Cu
		적란운	Cb

4.9.2 안개

(1) 안개의 발생

안개는 지표면 가까운 대기 중에 떠 있는 극히 작은 물방울의 집합체를 말한다. 지상에 존재하기 때문에 시정에 큰 영향을 미친다. 결국 안개는 해운, 여행, 전쟁과 같은 많은 인간 활동에 영향을 미친다. 즉, 안개는 지구 표면 근처의 공기 중에 떠다니는 작은 물방울이나 얼음 결정으로 구성된 눈에 보이는 에어로졸이다. 안개는 일반적으로 지층과 유사한 저층 구름의 한 유형으로 간주 될 수 있으며 인근 수역, 지형 및 바람 조건의 영향을 많이 받는다.

안개는 기온과 이슬점의 차이가 2.5℃ 미만일 때 형성되는데, 수증기가 공기 중에 떠다니는 작은 물방울로 응축 될 때 안개가 형성되기 시작한다.

안개는 일반적으로 100%에 가까운 상대 습도에서 발생한다. 이것은 공기 중에 추가된 수분이나 주변 공기 온도의 저하로 인해 발생한다. 그러나 안개는 낮은 습도에서 형성 될 수 있으며, 때로는 100%의 상대 습도에서 형성되지 않을 수도 있다. 100% 상대 습도에서 공기는 추가 수분을 보유 할 수 없으므로, 추가 수분이 추가되면 공기가 과포화가 된다.

(2) 안개의 분류

안개는 발생하는 과정에 따라 여러 가지로 분류할 수 있다. 공기의 냉각으로 생기는 안개로는 복사안개(radiation fog), 활승안개(up-slope fog), 이류안개(advection fog)가 있고, 수증기의 증발로 생기는 안개로는 증발안개(evaporation fog)와 전선안개(frontal fog)가 있다.

복사안개(radiation fog)는 지표면의 냉각으로 여기에 접한 공기가 냉각되어 발생한다. 복사안개는 맑은 하늘과 고요한 조건에서 적외선 열복사에 의해 일몰 후 땅이 냉각되어 형성된다. 그런 다음 냉각되는 지면은 전도(conduction)에 의해 인접한 공기를 냉각시켜 공기 온도가 떨어지고 이슬점에 도달하여 안개를 형성한다. 완벽하게 차분한 상태에서 안개 층의 두께는 1m 미만일 수 있지만 난류(turbulence)는 더 두꺼운 층을 촉진 할 수 있다. 복사안개는 밤에 발생하며 일반적으로 일출 후 오래 지속되지 않지만 겨울철, 특히 고지대에 둘러싸인 지역에서 하루 종일 지속될 수 있다. 복사안개는 가을과 초겨울에 가장 흔하다.

활승안개(up-slope fog) 또는 언덕안개(hill fog)는 습윤한 공기가 완만한 경사면을 따라서 올라갈 때 발생한다. 바람이 경사면 위로 바람을 불어 넣고 상승 할 때, 단열적으로 냉각하고 습기가 응축 될 때 형성된다. 이것은 산꼭대기에 얼어붙은 안개를 유발한다.

이류안개(advection fog)는 따뜻한 공기가 찬 지표면이나 수면 위로 이동할 때, 공기가 냉각되어 포화 수증기압에 도달하여 발생한다. 이류안개는 습한 공기가 이류에 의해 시원한 표면을 통과하여 냉각 될 때 발생한다. 따뜻한 전선이 눈이 많이 쌓인 지역을 지나갈 때 일반적이다. 습한 공기가 더 시원한 물과 만나는 바다에서 가장 흔하다. 물이나 지표면에서의 강한 온도차가 이류 안개를 유발할 수도 있다.

증발안개(evaporation fog) 혹은 김안개(steam fog)는 일사량이 강한 잔잔한 해면에서 종종 발생한다. 증발 안개는 훨씬 더 차가운 공기로 덮힌 수역 위에 형성된다. 이 상황은 또한 먼지처럼 보이는 증기(김)의 형성으로 이어질 수 있다. 대류 현상(convective phenomenon)과 같이 육지에 형성된 대부분의 맹렬한 안개와 다른 경향이 있으며, 결과적으로 매우 짙고 깊고 푹신한 안개가 될 수 있다.

전선안개(frontal fog)는 따뜻한 공기가 찬 공기를 만나 상승하면서 포화되어 발생한다. 전선안개는 전선 표면 위에 빗방울이 상대적으로 따뜻한 공기에서 떨어지면, 전선 근처의 층운과 거의 같은 방식으로 형성되어 지표면에 가까운 차가운 공기로 증발하여 포화 상태가 된다. 이러한 유형의 안개는 전선이 지나간 후 상승이 없는 상태에서 매우 낮은 층운이 저층 표면으로 가라앉은 결과 일 수 있다.

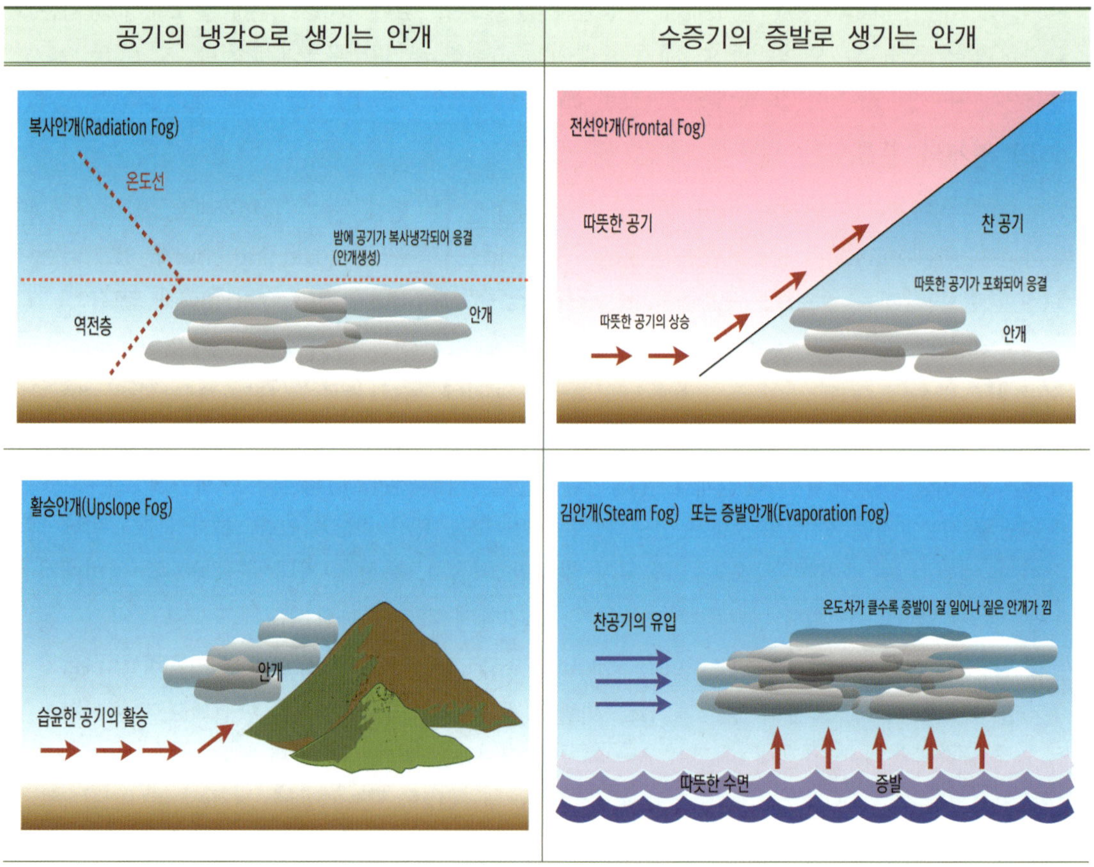

공기의 냉각으로 생기는 안개	
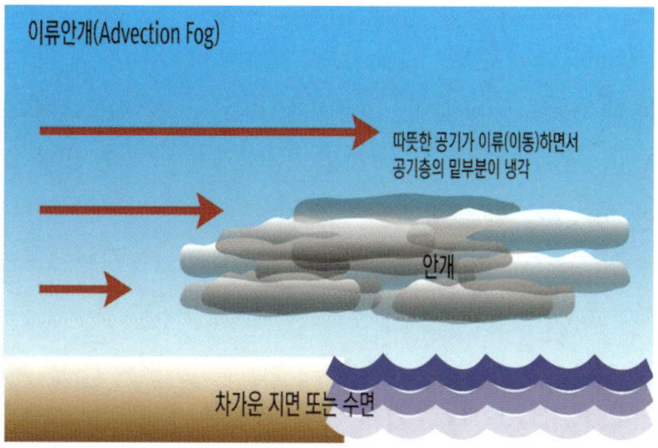	• 안개와 구름을 구별하는 기준 고도 : 지표면(AGL) 50 ft(15.24 m ≃ 0.015 km) - 안개: 50 ft 이하일 때(구름: 50 ft 이상) • 안개의 시정: 1 km 이하일 때 • 복사 안개 : 낮에 기온과 이슬점 온도 차이가 약 8℃ 이상일 때 발생

4.10 기단과 전선

기단(氣團, airmass)은 온도와 수증기 함량으로 정의되는 공기의 부피이다. 기단은 수백 또는 수천 km을 커버하며, 위도(온도에 따른 분류: 극기단, 한대기단, 열대기단, 적도기단) 및 수륙분포(습도에 따른 분류: 대륙성 기단, 해양성 기단) 등의 발원지에 따라 분류된다. 대륙 기단은 건조하고 해양 기단은 습하다. 기단은 한 지역의 날씨와 기후를 특징 짓는 매우 중요한 요소인데, 기온과 습도에 따라 다양한 종류로 나눌 수 있다. 기단과 기단이 만나서 형성되는 전선(前線, front)은 날씨에 매우 중요한 영향을 미친다. 전선은 밀도(온도 또는 습도) 특성이 다른 기단을 분리하며, 기단의 구조에 따라 여러 가지로 구분된다.

4.10.1 기단

중위도 지방에 속하는 우리나라 주변은 여름에는 고온 다습하며 겨울에는 한랭 건조한 날씨가 오랫동안 지속되는 특징을 가지고 있다. 이러한 계절변화는 기온과 습도 등의 물리적인 성질이 균일한 공기덩어리가 장기간 정체하기 때문이다. 이러한 공기덩어리를 기단이라 한다. 발원지(형성되는 장소)에 따라, 적도기단(E, Equatorial), 열대기단(T, tropical), 한대기단(P, polar), 극기단(A, Arctic 혹은 Antarctic)으로 나누고, 해양 상에서 형성된 습한 해양성기단(m, maritime air masses(moist))과 대륙에서 형성된 건조한 대륙성기단(c, continental air masses(dry))으로 나눈다. 우리나라에 영향을 미치는 기단으로는 5개의 기단이 있다.

(1) 시베리아 기단

시베리아 대륙에서 발달하는 대륙성 한대기단(cP)으로 한랭 건조하다. 우리나라의 겨울철 날씨를 지배하는 기단으로써, 고기압을 형성하기 때문에 시베리아 고기압이라고도 한다. 가을이 되면서 발달하기 시작하여 1월경에 최성기가 되며 봄이 되면 쇠퇴하기 시작한다. 겨울철에 기단이 남쪽으로 세력을 확장하게 되면 우리나라에 한파와 폭설을 몰고 온다.

(2) 북태평양 기단

북태평양에서 형성되는 해양성 열대 기단(mT)으로, 고온 다습하며 우리나라의 여름철 날씨를 지배한다. 고기압을 형성하기 때문에 북태평양 고기압이라고도 부른다. 북태평양 고기압은 태풍의 진로에도 큰 영향을 미치기 때문에 태풍의 진로 예측에 있어서도 매우 중요하다. 발달시기가 이르면 우리나라의 초여름에 무더위를 가져올 수 있으며, 기단의 세력이 약할 때는 시원한 여름이 되기도 한다.

(3) 오호츠크해 기단

오호츠크해에서 형성되는 한랭 습윤한 해양성 한대기단(mP) 이다. 고기압을 형성하기 때문에 오호츠크 고기압이라고도 한다. 시베리아 기단의 세력이 약할 때, 우리나라에 영향을 미치기 시작하는데, 그 영향은 여름에 가장 크다. 이때 북태평양 기단과 접하게 되면 장마전선이 형성되기도 한다.

(4) 양쯔강 기단

양쯔강 유역에서 형성되는 온난 건조한으로 대륙성 열대기단(cT) 이다. 봄과 가을에 이동성 고기압의 형태로 우리나라를 통과하며 영향을 미친다.

(5) 적도 기단

적도 부근에서 형성되는 고온 다습한 해양성 열대 기단(mT) 이다. 우리나라에는 초여름에 영향을 준다.

우리나라 주변의 기단

- 시베리아 기단
  : 겨울 계절풍, 대륙성 한대기단(cP), 한랭 건조, 한파와 폭설
- 북태평양 기단
  : 여름 계절풍, 해양성 열대 기단(mT), 고온 다습, 무더위
- 오호츠크해 기단
  : 늦봄·초여름 높새바람, 해양성 한대기단(mP), 한랭 습윤, 북태평양 기단과 함께 장마전선 형성
- 양쯔강 기단
  : 봄·가을, 대륙성 열대기단(cT), 온난 건조
- 적도 기단
  : 여름 태풍, 해양성 열대 기단(mT), 고온 다습

구분		기단	성질	발달 시기	날씨 특징
한대 기단	대륙성	시베리아 기단	한랭 건조	겨울	북서 계절풍, 한파
	해양성	오호츠크 해 기단	한랭 다습	초여름	장마 전선 형성
열대 기단	대륙성	양쯔 강 기단	온난 건조	봄, 가을	날씨 변화 심함(봄, 가을), 황사(봄)
	해양성	북태평양 기단	고온 다습	여름	남동 계절풍, 무더위, 장마 전선 형성
		적도 기단	고온 다습	주로 여름	태풍, 호우

4.10.2 전선

전선은 성질이 다른 두 기단이 만나는 면으로 두 기단의 경계면에 해당한다. 전선을 형성하는 두 기단 중에 한 기단은 다른 기단에 비해 온도가 높고 더 많은 수증기를 포함한다. 따라서 전선지역에서는 기상요소의 변화가 대단히 크다. 즉, 바람, 온도, 습도는 물론 날씨도 시간과 공간적으로 급변한다. 오랜 시간이 경과하면 전선면을 중심으로 서로 섞이게 되어 전선이 약화되거나 소멸하게 된다. 전선을 형성하는 기단의 운동과 구조에 따라서 온난 전선(Warm front), 한랭 전선(Cold front), 폐색 전선(Occluded front), 정체 전선(Stationary front)으로 구분한다.

(1) 온난 전선( )

따뜻한 공기가 찬 공기의 경계면을 따라서 올라가면서, 찬 공기가 있는 쪽으로 이동해 가는 형태를 온난 전선이라고 한다(이동하는 왼쪽의 경계면은 경사가 완만하다). 온난 전선의 접근 시, 구름, 비, 습도가 일반적으로 증가하고 기온이 상승한다. 온난 전선이 통과한 후, 구름이 감소하고 기온과 습도기 올라가고 때때로 맑은 날씨를 보인다.

(2) 한랭 전선( )

차가운 공기가 따뜻한 공기 쪽으로 이동하면서, 그 밑으로 쐐기처럼 파고들면서 따뜻한 공기를 강제적으로 상승시킬 때 만들어지는 전선을 한랭 전선이라고 한다. 온난 전선에 비해 전선면이 훨씬 가파르고 이동속도도 더 빠르다(오른쪽 아래의 경계면은 경사가 급하다). 한랭 전선은 격렬한 대류운동을 동반하는 적란운(수직운)을 발생시키기 때문에 강한 바람과 소나기성의 비를 내리며, 돌풍과 뇌우를 동반하는 경우도 있다. 한랭 전선이 통과한 뒤에는 기온이 내려가고 맑은 날씨로 이어진다.

(3) 폐색 전선( )

한랭 전선과 온난 전선이 서로 겹쳐진 전선이다. 한랭 전선은 저기압의 남서쪽, 온난 전선은 저기압의 남동쪽에서 각각 형성된다. 한랭 전선의 이동 속도가 온난 전선의 이동 소도보다 빠르다. 양 전선의 거리가 가장 가까운 중심부근으로부터 한랭 전선이 온난 전선을 추월하여 점차 겹쳐진다. 폐색 전선이 형성된 지표에서는 온난 전선이나 한랭 전선 중 한 가지 특성만 나타난다. 온난 전선 특성만 나타는 경우를 온난형 폐색 전선이라고 하고, 한랭 전선 특성만 나타나는 경우를 한랭형 폐색 전선이라고 한다.

(4) 정체 전선( )

정체 전선은 온난 전선과 한랭 전선이 이동하지 않고 정체해 있는 전선이다. 북쪽의 한랭 기단(오호츠크해 기단)과 남쪽의 온난 기단(북태평양 기단)이 평행하게 대립하여 거의 움직이지 않는 전선으로, 보통 동서로 길게 놓이고 나쁜 날씨가 지속된다. 우리나라의 장마 전선이 좋은 예이다.

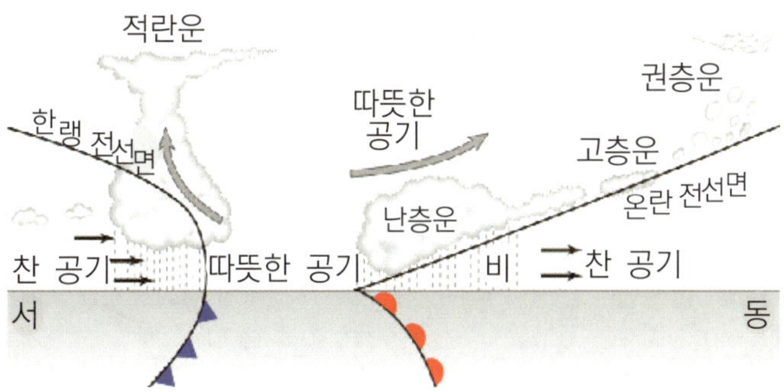

한랭 전선과 온난 전선

구분		한랭 전선	온난 전선
전선면의 기울기		급하다	완만하다
구름과 강수 형태		적운형, 소나기	층운형, 이슬비
구름과 강수 구역		전선 뒤쪽의 좁은 구역	전선 앞쪽의 넓은 구역
전선의 이동 속도		빠르다	느리다
통과 후의 변화	기온	하강	상승
	기압	상승	하강
	바람	남서풍 → 북서풍	남동풍 → 남서풍

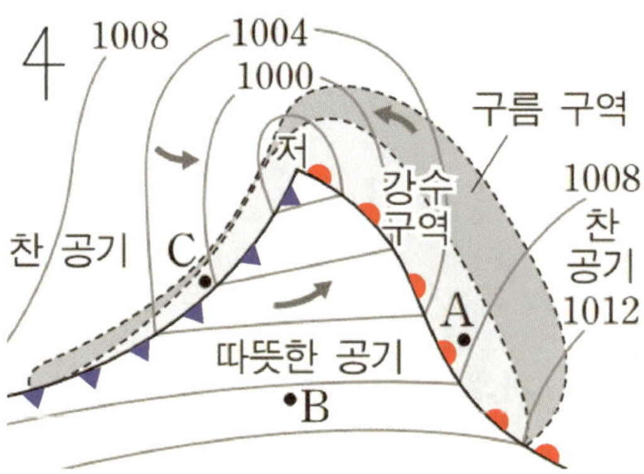

전선 저기압(온대 저기압)

- 온난 전선의 전면(A): 층운 발달, 넓은 지역에 흐리고 이슬비, 기온이 낮고 남동풍
- 온난 전선과 한랭 전선 사이(B): 날씨 맑음, 기온이 높고 남서풍
- 한랭 전선의 후면(C): 적란운 발달, 좁은 지역에 소나기, 기온이 낮고 북서풍

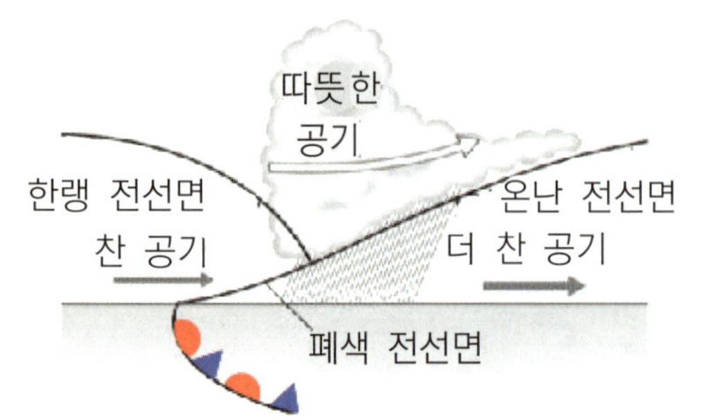

온난형 폐색 전선

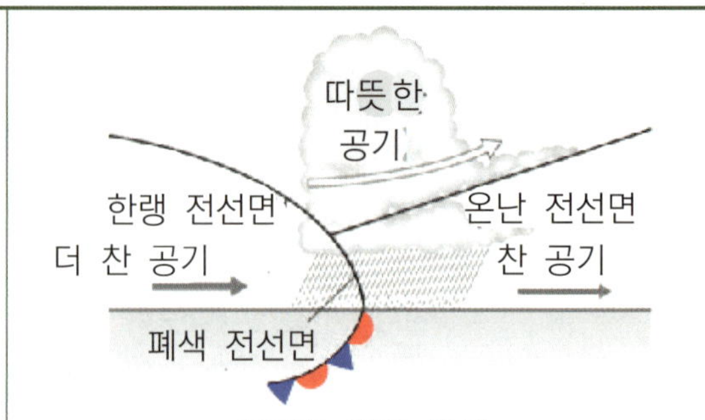

한랭형 폐색 전선

온난형 폐색 전선	한랭형 폐색 전선
한랭 전선을 형성했던 찬 공기보다 온난 전선을 형성했던 찬 공기가 더 차가울 때	온난 전선을 형성했던 찬 공기보다 한랭 전선을 형성했던 찬 공기가 더 차가울 때

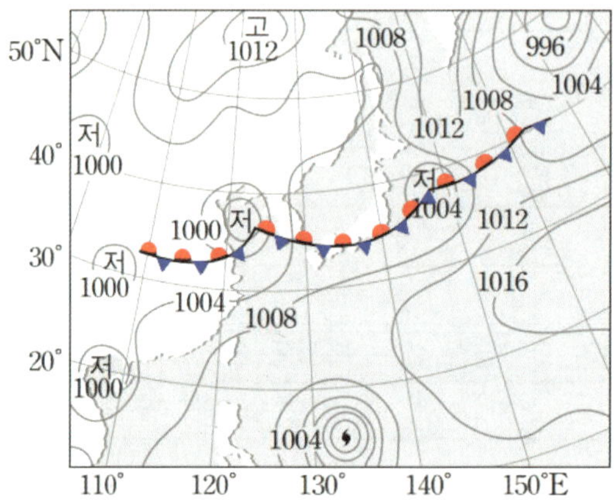

정체 전선
(우리나라의 장마 전선)

4.11 일기도

4.11.1 일기도와 일기도 기호

일기도는 일기 요소(기온, 기압, 풍향, 풍속, 강수량, 구름의 량 등)의 관측된 값과 분석결과를 여러 기호와 숫자, 선 등을 사용하여 지도의 형식으로 나타낸 것이다. 일기도에는 여러 가지 기상요소가 표시되어 있다. 일기도 기호는 풍향, 풍속, 기온, 이슬점, 현재일기, 기압, 기압 변화 경향, 운형, 운량 등의 상세한 일기정보를 담고 있다. 풍향, 풍력, 일기 등을 나타내는 기호와 기압, 기온 등의 값을 가리키는 숫자로 되어 있다. 일기도 기호는 각 관측점에 해당되는 위치에 표시된다. 기호의 중앙에는 관측지점의 총 운량을 표시하는데, 하늘이 얼마만큼 구름이 덮여 있는 가를 표시한다. 전체가 검은 것은 하늘의 전체가 구름에 덮여 있음을, 흰 것은 구름이 전혀 없음을 나타낸다. 검은 색이 차지하는 면적이 전체 하늘의 구름의 양에 해당하는데, 전체를 10 단계로 구분한다. 바람을 나타내는 선의 방향은 풍향을 의미하고, 옆으로 나타낸 작은 선은 풍속에 해당한다. 기온은 섭씨온도를 왼쪽 상단에 두 자리로 표시한다. 기상관측 자료를 수집하여 지도에 표시한 다음, 공간적인 분포를 알기 쉽게 등치선도를 그리고, 저기압과 고기압의 위치, 전선의 종류와 위치 등을 기입한다. 이를 일기도 분석이라 하며, 이러한 결과 작성된 일기도를 분석 일기도라 한다. 분석 일기도에서 같은 기압을 잇는 선을 등압선이라고 하는데, 1000 hPa을 기준으로 4 hPa 간격으로 그린다. 등압선은 교차되지 않으며, 폐곡선을 이루거나 일기도의 연변에서 끝난다. 저기압과 고기압의 중심에 각각 L과 H를 표기한다. 또 태풍이 있는 경우에는 태풍의 기호를 그려 넣는다. 전선은 성질이 다른 기단이 만나는 경계면으로서, 기상현상이 급격하게 바뀌는 곳이기 때문에 기온 및 바람의 변화와 그 밖의 기상상태를 잘 분석하여 종류와 위치를 기입해야 한다.

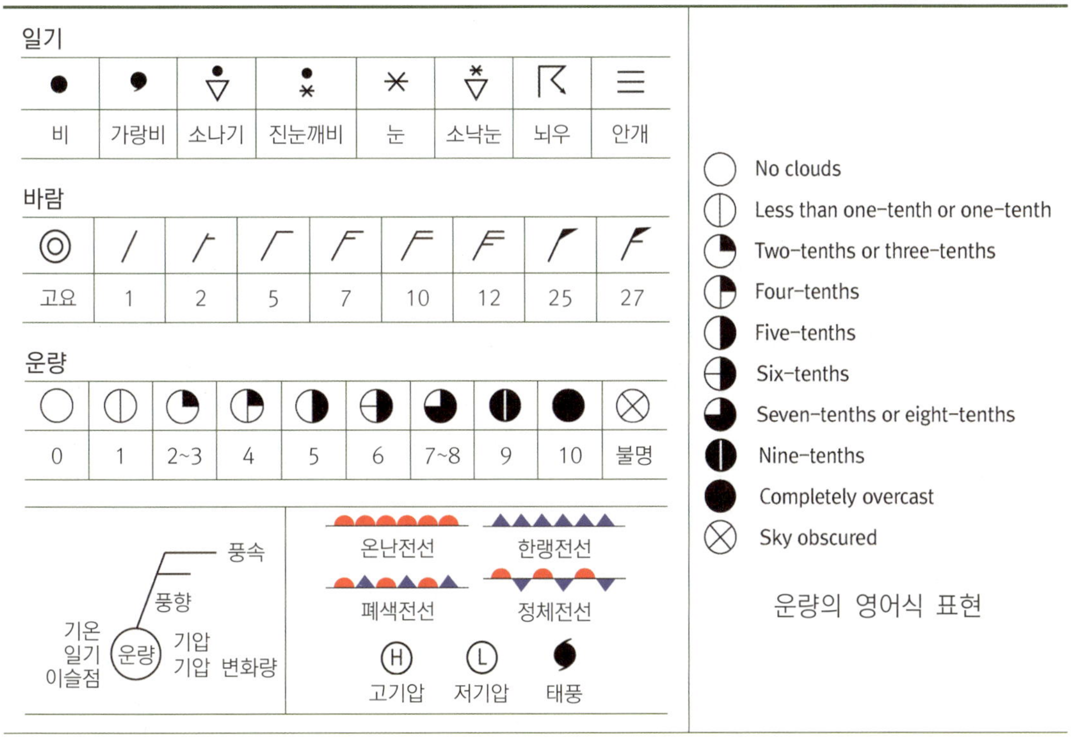

- 일기도 기호
  : 바람(풍향, 풍속), 기온, 이슬점, 일기, 기압, 기압 변화경향, 구름(운형, 운량) 등의 일기정보
- 운량(10분법)
  : 맑음(No clouds), 1(Less than one-tenth or one -tenth), ~ ,
  9(Nine-tenths), 흐림(Completely overcast), 불명(Sky obscured)

4.11.2 일기도 해석

전선과 저기압의 이동과 관련하여, 전선이 놓인 지역의 바람의 변화와 기압의 영향을 파악하는 등 기상 상태의 변화를 예상한다. 등압선의 간격의 변화를 보고 바람의 변화를 파악한다. 예를 들어, 지역에 따라서 등압선의 간격이 12시간 후 조밀해진 곳이 있다면, 이는 기압경도력이 증가하여 바람이 강해짐을 의미한다. 어떤 지역의 장기간의 일기도를 분석하면 일기도의 패턴을 알 수 있다. 일기도의 유형에 따라 기압의 분포와 날씨 등이 다르게 나타나기 때문에, 해석하고자 하는 일기도가 어느 유형에 속하는지를 파악할 수 있다. 우리나라의 일기도 패튼은 한반도 주변의 5개 기단과 깊은 관계가 있다. 즉, 우리나라 주변의 기압 분포는 계절에 따라 독특한 5가지 유형으로 크게 구분된다. 따라서 일기도를 보고 우리나라의 계절별 날씨를 분석 해보면, 1) 봄, 가을: 이동성 고기압과 저기압이 자주 통과하므로 날씨 변화가 심하다. 2) 초여름: 오호츠크해 기단과 북태평양 기단 사이에 동서로 길게 장마 전선이 형성되어 많은 비가 내린다. 3) 여름: 남고북저형의 기압 배치가 자주 나타나며, 고온 다습하고 남동 계절풍이 비교적 약하게 분다. 한편, 열대 해상에서 발생한 태풍이 통과하기도 한다. 4) 겨울: 시베리아 고기압의 확장으로 서고동저형의 기압 배치가 자주 나타나며, 등압선의 간격이 좁아져 북서 계절풍이 강하게 분다. 시베리아 고기압의 확장과 수축에 따라 삼한 사온 현상이 나타나기도 한다.

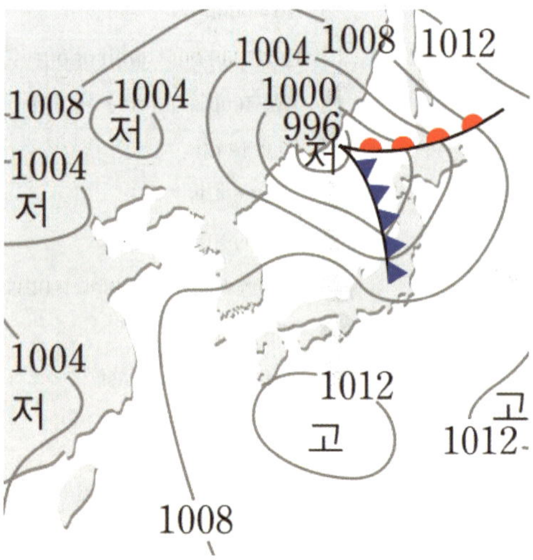

여름철
(남고북저형)

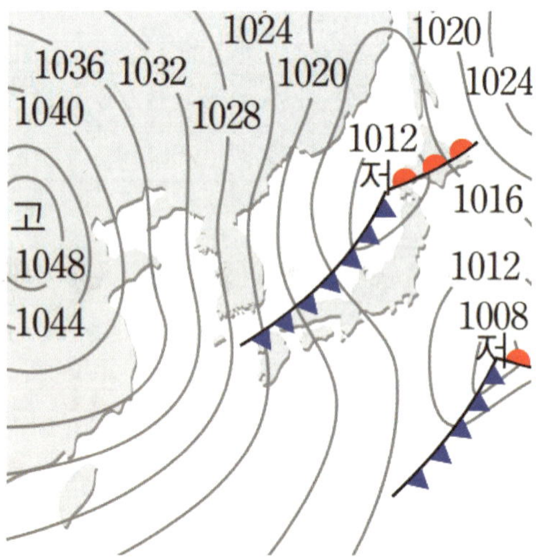

겨울철
(서고동저형)

우리나라 주변의 기압분포의 유형

분류	특징
서고동저형	겨울철의 대표적인 기압배치
남고북저형	여름철의 대표적인 기압배치
북고남저형	장마철에 잘 나타남
동고서저형	봄철에 잘 나타남
이동성 고기압형	봄과 가을에 잘 나타남, 우리나라 전체를 덮는 타원형의 고기압형태

4.12 기상보고

4.12.1 항공정기 기상보고(METAR: aviation routine weather report)

METAR는 날씨 정보를 보고하기 위한 형식이다. 주로 항공기 조종사와 기상학자들이 사용하며, 기상 예보를 지원하기 위해 집계된 METAR 정보를 사용한다. 국제 민간 항공기구(ICAO, International Civil Aviation organization)를 통해 고도로 표준화되어 있다.

일반적으로 공항 또는 영구 기상 관측소에서 제공되며, 보고서는 대부분의 관측소에서 1시간에 한 번 또는 30분 동안 생성되지만 직원이 있는 위치에서 상황이 크게 변경되면 특별 보고서(SPECI)가 발행 된다.

일반적인 METAR에는 관측소 식별 문자, 보고 일자 및 시간, 변경 수단, 온도, 이슬점, 풍향 및 속도, 비, 운량 및 높이, 가시성 및 기압, 비고(remarks)에 대한 데이터가 포함된다. METAR에는 또한 강수량, 번개 및 파일럿 보고서(실제 기상상태 보고서), 색상 상태 및 활주로 가시 범위와 같이 조종사 또는 기상학자가 관심을 가질 만한 기타 정보에 대한 정보가 포함될 수 있다.

METAR 코드는 국제 민간 항공기구 (International Civil Aviation Organization)와 함께 세계 기상기구 (World Meteorological Organization)에 의해 규제된다. METAR의 일반 형식은 글로벌 표준이지만 해당 형식 내에서 사용되는 특정 필드는 일반적인 국제 사용과 북미에서의 사용에 따라 다소 다르다.

4.12.2 터미날 공항 예보(TAF, Terminal Aerodrome Forecast)

기상 및 항공에서 TAF는 특히 항공과 관련된 기상 예보 정보를 보고하는 형식으로 METAR와 유사한 인코딩을 보완하고 사용한다.

주요 민간 비행장에 대해서 하루에 최소 4번(0000, 0600, 1200 및 1800 UTC 혹은 Z), 6시간마다 발행된다(24시간 동안의 공항의 예측된 기상 상태를 요약한 것으로, 목적지 공항에 대한 기상 정보를 얻을 수 있는 주요 기상 매체이다). 일반적으로 24시간 또는 30시간 기간에 적용되며 약 5시간 이내의 지역에 적용된다(공항 활주로 단지의 중심에서 8.0 km 거리). 단, 군용 비행장과 일부 민간 비행장에 대해서는 3시간마다 발행되며 3시간에서 30시간까지의 기간을 포함한다.

TAF는 지상을 기반으로 예보관에 의해 직접 생산된다(항공기 운항에 영향을 줄 수 있는 지상풍, 수평 시정, 일기, 구름 등의 주요한 기상 상태에 대한 예보). 이러한 이유로 METAR를 사용하는 많은 공항보다 TAF를 사용하는 공항이 수적으로 상당히 적다. TAF는 지역적으로 소규모로 지리적 효과를 고려하기 때문에 수치 일기예보보다 더 정확할 수 있다.

4.12.3 항공고시보(NOTAM, Notice To Airmen)

조종사 및 항공종사자에 대한 NOTAM은 비행경로를 따라 또는 비행의 안전에 영향을 미칠 수 있는 위치에서 잠재적 위험을 항공기 조종사에게 알리기 위해 항공 당국에 제출하는 통지이다.

항공 시설, 서비스, 절차 또는 위험의 설정, 조건 또는 변경에 관한 정보를 포함하는 통신을 통해 배포되는 분류되지 않은 통지 또는 권고이다(전문 형식으로 작성되며 기상 통신망으로 신속히 국내외 전기지에 전파되며, 유효기간은 3개월이다).

안전운항을 위한 항공정보로 항공보안을 위한 시설, 업무, 방식 등의 설치 또는 변경, 위험의 존재 등에 대해서 운항관계자에게 국가에서 실시하는 고시로 기상정보와 항공기운항에 필요한 중요한 정보이며, 조종자는 비행에 앞서 반드시 NOTAM을 체크하여 출발의 가부, 코스의 선정 등 비행계획의 자료로 활용한다.

또한 비행 운영과 관련된 인력 및 시스템에 필수적인 정보이다(일시적인 정보, 사전 통고를 요하는 정보, 항공정보간행물에 수록되어야 할 사항으로 시급한 전달을 요하는 정보).

NOTAM은 국제 민간 항공 협약(CICA)의 항공 정보 서비스에 명시된 지침에 따라 정부 기관 및 공항 운영자에 의해 생성 및 전송된다. NOTAM은 다음과 같은 여러 가지 이유로 발행(보고)이 된다.

- 에어쇼, 낙하산 점프, 연 날리기, 레이저, 로켓 발사 등과 같은 위험
- 국가 원수와 같은 중요한 사람에 의한 항공편 (일시적 비행 제한)
- 닫힌 활주로
- 작동 불가능한 무선 항법 보조 장치
- 영공 제한이 있는 군사 훈련
- 높은 장애물에 작동 할 수없는 조명
- 비행장 근처에 일시적인 장애물 설치
- 영공을 통한 새 무리의 통과
- 눈, 얼음 및 고여 있는 물과 관련된 활주로(Runway)/유도로(Taxiway)/주기장(Apron, 에이프런: 항공기가 방향을 돌리거나 짐을 싣거나 하는 구역)
- 화산재 또는 기타 먼지 오염의 운영상 중대한 변화에 대한 알림
- 특정 취약성을 줄이기 위한 관련 패치와 함께 소프트웨어 코드 위험 발표 등

기상보고	내용
항공정기 기상보고(METAR)	• 날씨 정보를 보고하기 위한 형식 • 관측소에서 1시간에 한 번 또는 30분 동안 생성 • 관측소 식별 문자, 보고 일자 및 시간, 변경 수단, 온도, 이슬점, 풍향 및 속도, 비, 운량 및 높이, 가시성 및 기압, 비고(remarks)에 대한 데이터가 포함
터미날 공항 예보(TAF)	• 기상 예보 정보를 보고하는 형식(METAR와 유사한 인코딩을 보완 사용) • 최소 4번, 6시간마다 발행 • 24시간 또는 30시간 기간에 적용 • 지상을 기반으로 예보관에 의해 직접 생산
항공고시보(NOTAM)	• 안전운항을 위한 항공정보를 항공기 조종사에 알리는 통지 또는 권고(전문 형식으로 작성) • 유효기간은 3개월 • 출발의 가부, 코스의 선정 등 비행계획의 자료로 활용 (기상정보와 항공기운항에 필요한 중요한 정보) • 항공보안을 위한 시설, 업무, 방식 등의 설치 또는 변경, 위험의 존재 등을 국가가 고시

기상보고 관련 부호

강수현상 부호	시정장애물 부호	기상현상 관련 시정장애물 부호
DZ (Drizzle) 이슬비, 가랑비	BR (Mist) 박무	PQ (Dust, Sand Whirls) 먼지, 회오리바람
RA (Rain) 비	FG (Fog) 안개	SQ (Squalls) 스콜
SN (Snow) 눈	FU (Smoke) 연기	FC (Funnel Cloud) 깔때기 구름
SG (Snow Grains) 싸락눈, 쌀알눈	VA (Volcano Ash) 화산재	+FC (Tornado, Waterspout) 토네이도, 용오름
IC (Ice Crystals) 세빙	DU (Widespread Dust) 먼지	SS (Sand Storm) 모래폭풍
PL (Ice Pellets) 진눈깨비	SA (Sand) 모래먼지	DS (Dust Storm) 먼지폭풍
GR (Hail) 우박	HZ (Haze) 연무	
GS (Small Hail, Snow Pellet) 작은 우박	PY (Spray) 물안개	
PE (Ice Pellet) 얼음싸라기		
UP (Unknown Precipitation) 알려지지 않은 강수		

※ 기상보고 상태의 예
- +RA FG : 강한 비가 내린 후에 안개가 나타난다.
- GR : 우박이 떨어진다.
- HZ : 연무가 발생한다.
- SA +SS : 모래먼지가 일고 강한 모래폭풍이 발생한다.

5

항공법규

5.1 항공안전법

[초경량비행장치조종자의 자격기준]

항공안전법 행정규칙
출처 https://www.law.go.kr/

1. 항공안전법 행정규칙 제1조(목적) 이 고시는 항공안전법(이하 "법"이라 한다) 제125조제1항, 같은 법 제126조제1항·제3항 및 같은 법 시행규칙(이하 "규칙"이라 한다) 제307조제2항제3호의 규정에 의한 초경량비행장치조종자의자격기준및전문교육기관지정에 필요한 세부사항 및 절차 등을 규정함을 목적으로 한다.
2. 항공안전법 행정규칙 제2조(용어의 사용) 이 고시에서 사용하는 용어는 법, 동법시행령 및 규칙에서 규정하는 용어를 사용함을 원칙으로 하며, 이 규정에서 사용하는 용어의 뜻은 다음과 같다.1. "전자출결시스템"이란 객관적인 출결관리를 위하여 출결정보의 수집·저장·검색 등을 처리하는데 필요한 제반 시스템을 말한다. 2. "단말기"란 근거리 무선통신기술을 기반으로 전자출결 이용자의 스마트폰과 통신하는 장치를 말한다.
3. 항공안전법 행정규칙 제4조(초경량비행장치조종자의 자격기준) 법 제125조제1항의 규정에 의한 초경량비행장치조종자 자격기준은 연령이 만 14세 이상인 자로서, 교통안전공단이사장(이하 "공단이사장"이라 한다)이 발급한 초경량비행장치조종자의 자격증명을 소지한 자를 말한다.(개정 2009. 9.10)
4. 항공안전법 행정규칙 제4조의2(초경량비행장치 비행시간 증명 등) 「항공사업법」 제48조제1항에 따라 등록된 사업체로서 같은 법 시행규칙 제6조제2항제4호의 사업을 하는 자는 교관 및 교육생의 출결관리를 위하여 단말기를 이용한 전자출결시스템을 구축하여야 한다.

[항공안전법 목적 & 정의]

항공안전법
출처 https://www.law.go.kr/

5. 항공안전법 제1조(목적) 이 법은 「국제민간항공협약」 및 같은 협약의 부속서에서 채택된 표준과 권고되는 방식에 따라 항공기, 경량항공기 또는 초경량비행장치가 안전하게 항행하기 위한 방법을 정함으로써 생명과 재산을 보호하고, 항공기술 발전에 이바지함을 목적으로 한다.
6. 항공안전법 제2조 정의 이 법에서 사용하는 용어의 뜻은 다음과 같다. 〈개정 2019. 8. 27.〉
   가. "항공기"란 공기의 반작용(지표면 또는 수면에 대한 공기의 반작용은 제외한다. 이하 같다)으로 뜰 수 있는 기기로서 최대이륙중량, 좌석 수 등 국토교통부령으로 정하는 기준에 해당하는 다음 각 목의 기기와 그밖에 대통령령으로 정하는 기기를 말한다.
      1) 비행기
      2) 헬리콥터
      3) 비행선
      4) 활공기(滑空機)
   나. "경량항공기"란 항공기 외에 공기의 반작용으로 뜰 수 있는 기기로서 최대이륙중량, 좌석 수 등 국토교통부령으로 정하는 기준에 해당하는 비행기, 헬리콥터, 자이로플레인(gyroplane) 및 동력패러 슈트(powered parachute) 등을 말한다.
   다. "초경량비행장치"란 항공기와 경량항공기 외에 공기의 반작용으로 뜰 수 있는 장치로서 자체중량, 좌석 수 등 국토교통부령으로 정하는 기준에 해당하는 동력비행장치, 행글라이더, 패러글라이더, 기구류 및 무인비행장치 등을 말한다.
   라. "국가기관등항공기"란 국가, 지방자치단체, 그 밖에 「공공기관의 운영에 관한 법률」에 따른 공공기관으로서 대통령령으로 정하는 공공기관(이하 "국가기관등"이라 한다)이 소유하거나 임차(賃借)한 항공기로서 다음 각 목의 어느 하나에 해당하는 업무를 수행하기 위하여 사용되는 항공기를 말한다. 다만, 군용 · 경찰용 · 세관용 항공기는 제외한다.
      1) 재난 · 재해 등으로 인한 수색(搜索) · 구조
      2) 산불의 진화 및 예방
      3) 응급환자의 후송 등 구조 · 구급활동
      4) 그 밖에 공공의 안녕과 질서유지를 위하여 필요한 업무
   마. "항공업무"란 다음 각 목의 어느 하나에 해당하는 업무를 말한다.
      1) 항공기의 운항(무선설비의 조작을 포함한다) 업무(제46조에 따른 항공기 조종연습은 제외한다)
      2) 항공교통관제(무선설비의 조작을 포함한다) 업무(제47조에 따른 항공교통관제연습은 제외한다)
      3) 항공기의 운항관리 업무
      4) 정비 · 수리 · 개조(이하 "정비등"이라 한다)된 항공기 · 발동기 · 프로펠러(이하 "항공기

등"이라 한다), 장비품 또는 부품에 대하여 안전하게 운용할 수 있는 성능(이하 "감항성"이라 한다)이 있는지를 확인하는 업무 및 경량항공기 또는 그 장비품·부품의 정비사항을 확인하는 업무

바. "항공기사고"란 사람이 비행을 목적으로 항공기에 탑승하였을 때부터 탑승한 모든 사람이 항공기에서 내릴 때까지[사람이 탑승하지 아니하고 원격조종 등의 방법으로 비행하는 항공기(이하 "무인항공기"라 한다)의 경우에는 비행을 목적으로 움직이는 순간부터 비행이 종료되어 발동기가 정지되는 순간까지를 말한다] 항공기의 운항과 관련하여 발생한 다음 각 목의 어느 하나에 해당하는 것으로서 국토교통부령으로 정하는 것을 말한다.

1) 사람의 사망, 중상 또는 행방불명
2) 항공기의 파손 또는 구조적 손상
3) 항공기의 위치를 확인할 수 없거나 항공기에 접근이 불가능한 경우

사. "경량항공기사고"란 비행을 목적으로 경량항공기의 발동기가 시동되는 순간부터 비행이 종료되어 발동기가 정지되는 순간까지 발생한 다음 각 목의 어느 하나에 해당하는 것으로서 국토교통부령으로 정하는 것을 말한다.

1) 경량항공기에 의한 사람의 사망, 중상 또는 행방불명
2) 경량항공기의 추락, 충돌 또는 화재 발생
3) 경량항공기의 위치를 확인할 수 없거나 경량항공기에 접근이 불가능한 경우

아. "초경량비행장치사고"란 초경량비행장치를 사용하여 비행을 목적으로 이륙[이수(離水)를 포함한다. 이하 같다]하는 순간부터 착륙[착수(着水)를 포함한다. 이하 같다]하는 순간까지 발생한 다음 각 목의 어느 하나에 해당하는 것으로서 국토교통부령으로 정하는 것을 말한다.

1) 초경량비행장치에 의한 사람의 사망, 중상 또는 행방불명
2) 초경량비행장치의 추락, 충돌 또는 화재 발생
3) 초경량비행장치의 위치를 확인할 수 없거나 초경량비행장치에 접근이 불가능한 경우

[항공종사자 자격증명 & 종류]

항공안전법
출처 https://www.law.go.kr/

7. 항공안전법 제34조(항공종사자 자격증명 등)

가. ① 항공업무에 종사하려는 사람은 국토교통부령으로 정하는 바에 따라 국토교통부장관으로부터 항공종사자 자격증명(이하 "자격증명"이라 한다)을 받아야 한다. 다만, 항공업무 중 무인항공기의 운항 업무인 경우에는 그러하지 아니하다.

나. ② 다음 각 호의 어느 하나에 해당하는 사람은 자격증명을 받을 수 없다.

1) 다음 각 목의 구분에 따른 나이 미만인 사람

가) 자가용 조종사 자격: 17세(제37조에 따라 자가용 조종사의 자격증명을 활공기에 한정하는 경우에는 16세)

나) 사업용 조종사, 부조종사, 항공사, 항공기관사, 항공교통관제사 및 항공정비사 자격: 18세

다) 운송용 조종사 및 운항관리사 자격: 21세

2) 제43조제1항에 따른 자격증명 취소처분을 받고 그 취소일부터 2년이 지나지 아니한 사람(취소된 자격증명을 다시 받는 경우에 한정한다)

다. ③ 제1항 및 제2항에도 불구하고 「군사기지 및 군사시설 보호법」을 적용받는 항공작전기지에서 항공기를 관제하는 군인은 국방부장관으로부터 자격인정을 받아 항공교통관제 업무를 수행할 수 있다.

8. 항공안전법 제35조(자격증명의 종류) 자격증명의 종류는 다음과 같이 구분한다.

가. 운송용 조종사
나. 사업용 조종사
다. 자가용 조종사
라. 부조종사
마. 항공사
바. 항공기관사
사. 항공교통관제사
아. 항공정비사
자. 운항관리사

9. 항공안전법 시행규칙 제306조(초경량비행장치의 조종자 증명 등)

가. ① 법 제125조제1항 전단에서 "동력비행장치 등 국토교통부령으로 정하는 초경량비행장치"란 다음 각 호의 어느 하나에 해당하는 초경량비행장치를 말한다. 〈개정 2020. 5. 27.〉

1) 동력비행장치

2) 행글라이더, 패러글라이더 및 낙하산류(항공레저스포츠사업에 사용되는 것만 해당한다)

3) 유인자유기구

4) 무인비행장치. 다만 다음 각 목의 어느 하나에 해당하는 것은 제외한다.

가) 제5조제5호가목에 따른 무인비행기, 무인헬리콥터 또는 무인멀티콥터 중에서 연료의 중량을 포함한 최대이륙중량이 250그램 이하인 것

나) 제5조제5호나목에 따른 무인비행선 중에서 연료의 중량을 제외한 자체중량이 12킬로그램 이하이고, 길이가 7미터 이하인 것

5) 회전익비행장치

6) 동력패러글라이더

나. ② 법 제125조제1항 전단에서 "국토교통부령으로 정하는 기관 또는 단체"란 한국교통안전공단 및 별표 44의 기준을 충족하는 기관 또는 단체 중에서 국토교통부장관이 정하여 고시하는 기관 또는 단체(이하 "초경량비행장치조종자증명기관"이라 한다)를 말한다. 〈개정 2018. 3. 23.〉

다. ③ 초경량비행장치조종자증명기관은 법 제125조제1항 후단에 따른 승인을 신청하는 경우에는 다음 각 호의 사항이 포함된 초경량비행장치 조종자 증명 규정에 제·개정 이유서 및 신·구 내용 대비표(변경승인을 신청하는 경우에 한정한다)를 첨부하여 국토교통부장관에게 제출하여야 한다. 〈개정 2020. 5. 27.〉

1) 초경량비행장치 조종자 증명 시험의 응시자격

2) 초경량비행장치 조종자 증명 시험의 과목 및 범위

3) 초경량비행장치 조종자 증명 시험의 실시 방법과 절차

4) 초경량비행장치 조종자 증명 발급에 관한 사항

5) 그 밖에 초경량비행장치 조종자 증명을 위하여 국토교통부장관이 필요하다고 인정하는 사항

라. ④ 제3항에 따른 초경량비행장치 조종자 증명 규정 중 제1항제4호가목에 따른 무인동력비행장치에 대한 자격기준, 시험실시 방법 및 절차 등은 다음 각 호의 구분에 따른 무인동력비행장치별로 구분하여 달리 정해야 한다. 〈신설 2020. 5. 27.〉

1) 1종 무인동력비행장치: 최대이륙중량이 25킬로그램을 초과하고 연료의 중량을 제외한 자체중량이 150킬로그램 이하인 무인동력비행장치

2) 2종 무인동력비행장치: 최대이륙중량이 7킬로그램을 초과하고 25킬로그램 이하인 무인동력비행장치

3) 3종 무인동력비행장치: 최대이륙중량이 2킬로그램을 초과하고 7킬로그램 이하인 무인동력비행장치

4) 4종 무인동력비행장치: 최대이륙중량이 250그램을 초과하고 2킬로그램 이하인 무인동력비행장치

마. ⑤ 법 제125조제2항에 따른 행정처분기준은 별표 44의2와 같다. 〈신설 2020. 2. 28., 2020. 5. 27.〉

바. ⑥ 지방항공청장은 법 제125조제2항에 따른 처분을 한 경우에는 그 내용을 별지 제119호의2서식의 초경량비행장치 조종자등 행정처분 대장에 작성·관리하고, 그 처분 내용을 한국교통안전공단의 이사장에 통지해야 한다. 〈신설 2020. 2. 28., 2020. 5. 27.〉

사. ⑦ 제5항에 따른 행정처분 대장은 「전자문서 및 전자거래 기본법」 제2조제1호에 따른 전자문서로 작성·관리할 수 있다. 〈신설 2020. 2. 28., 2020. 5. 27.〉

[항공기의 기준]

항공안전법 시행규칙
출처 https://www.law.go.kr/

10. 항공안전법 시행규칙 제2조(항공기의 기준) 「항공안전법」(이하 "법"이라 한다) 제2조제1호 각 목 외의 부분에서 "최대이륙중량, 좌석 수 등 국토교통부령으로 정하는 기준"이란 다음 각 호의 기준을 말한다.

가. 비행기 또는 헬리콥터
  1) 사람이 탑승하는 경우: 다음의 기준을 모두 충족할 것
    가) 최대이륙중량이 600킬로그램(수상비행에 사용하는 경우에는 650킬로그램)을 초과할 것
    나) 조종사 좌석을 포함한 탑승좌석 수가 1개 이상일 것
    다) 동력을 일으키는 기계장치(이하 "발동기"라 한다)가 1개 이상일 것
  2) 사람이 탑승하지 아니하고 원격조종 등의 방법으로 비행하는 경우: 다음의 기준을 모두 충족할 것
    가) 연료의 중량을 제외한 자체중량이 150킬로그램을 초과할 것
    나) 발동기가 1개 이상일 것

나. 비행선
  1) 사람이 탑승하는 경우 다음의 기준을 모두 충족할 것
    가) 발동기가 1개 이상일 것
    나) 조종사 좌석을 포함한 탑승좌석 수가 1개 이상일 것
  2) 사람이 탑승하지 아니하고 원격조종 등의 방법으로 비행하는 경우 다음의 기준을 모두 충족할 것
    가) 발동기가 1개 이상일 것
    나) 연료의 중량을 제외한 자체중량이 180킬로그램을 초과하거나 비행선의 길이가 20미터를 초과 할 것

다. 활공기: 자체중량이 70킬로그램을 초과할 것

[초경량비행장치의 기준]

항공안전법 시행규칙
출처 https://www.law.go.kr/

11. 항공안전법 시행규칙 제5조(초경량비행장치의 기준) 법 제2조제3호에서 "자체중량, 좌석 수 등 국토교통부령으로 정하는 기준에 해당하는 동력비행장치, 행글라이더, 패러글라이더, 기구류 및 무인비행장치 등"이란 다음 각 호의 기준을 충족하는 동력비행장치, 행글라이더, 패러글라이더, 기구류, 무인비행장치, 회전익비행장치, 동력패러글라이더 및 낙하산류 등을 말한다. 〈개정 2020. 12. 10.〉
  - 가. 동력비행장치: 동력을 이용하는 것으로서 다음 각 목의 기준을 모두 충족하는 고정익비행장치
    - 1) 탑승자, 연료 및 비상용 장비의 중량을 제외한 자체중량이 115킬로그램 이하일 것
    - 2) 좌석이 1개일 것
  - 나. 행글라이더: 탑승자 및 비상용 장비의 중량을 제외한 자체중량이 70킬로그램 이하로서 체중이동, 타면조종 등의 방법으로 조종하는 비행장치
  - 다. 패러글라이더: 탑승자 및 비상용 장비의 중량을 제외한 자체중량이 70킬로그램 이하로서 날개에 부착된 줄을 이용하여 조종하는 비행장치
  - 라. 기구류: 기체의 성질 · 온도차 등을 이용하는 다음 각 목의 비행장치
    - 1) 유인자유기구
    - 2) 무인자유기구(기구 외부에 2킬로그램 이상의 물건을 매달고 비행하는 것만 해당한다. 이하 같다)
    - 3) 계류식(繫留式)기구
  - 마. 무인비행장치: 사람이 탑승하지 아니하는 것으로서 다음 각 목의 비행장치
    - 1) 무인동력비행장치: 연료의 중량을 제외한 자체중량이 150킬로그램 이하인 무인비행기, 무인헬리콥터 또는 무인멀티콥터
    - 2) 무인비행선: 연료의 중량을 제외한 자체중량이 180킬로그램 이하이고 길이가 20미터 이하인 무인비행선
  - 바. 회전익비행장치: 제1호 각 목의 동력비행장치의 요건을 갖춘 헬리콥터 또는 자이로플레인
  - 사. 동력패러글라이더: 패러글라이더에 추진력을 얻는 장치를 부착한 다음 각 목의 어느 하나에 해당하는 비행장치
    - 1) 착륙장치가 없는 비행장치
    - 2) 착륙장치가 있는 것으로서 제1호 각 목의 동력비행장치의 요건을 갖춘 비행장치
  - 아. 낙하산류: 항력(抗力)을 발생시켜 대기(大氣) 중을 낙하하는 사람 또는 물체의 속도를 느리게 하는 비행장치
12. 그 밖에 국토교통부장관이 종류, 크기, 중량, 용도 등을 고려하여 정하여 고시하는 비행장치

13\. 항공법 시행규칙 제14조(초경량비행장치의 범위 등) 법 제2조제28호에서 "국토해양부령으로 정하는 동력비행장치(動力飛行裝置), 인력활공기(人力滑空機) · 기구류(氣球類) 및 무인비행장치 등"이란 다음 각 호의 것을 말한다.

가. 동력비행장치: 동력을 이용하는 것으로서 다음 각 목의 요건에 적합한 비행장치

1) 좌석이 1개인 비행장치로서 탑승자, 연료 및 비상용 장비의 중량을 제외한 해당 장치의 자체 중량이 115킬로그램 이하일 것

2) 프로펠러에서 추진력을 얻는 것일 것

3) 차륜(車輪) · 스키드(Skid) 또는 후로트(Float) 등 착륙장치가 장착된 고정익비행장치일 것

나. 인력활공기: 체중이동 등 인력을 이용하여 조종하는 행글라이더와 패러글라이더로서 탑승자 및 비상용 장비의 중량을 제외한 해당 장치의 자체 중량이 70킬로그램 이하인 비행장치

다. 기구류: 기체의 성질 · 온도차 등을 이용하는 다음 각 목의 비행장치

1) 유인자유기구 또는 무인자유기구

2) 계류식(繫留式)기구

라. 회전익비행장치: 제1호가목에 따른 동력비행장치의 요건을 갖춘 것으로서 1개 이상의 회전익에서 양력(揚力)을 얻는 다음 각 목의 비행장치

1) 초경량 자이로플레인

2) 초경량 헬리콥터

마. 동력패러글라이더: 낙하산류에 추진력을 얻는 장치를 부착한 다음 각 목의 어느 하나에 해당하는 비행장치

1) 착륙장치가 없는 비행장치

2) 착륙장치가 있는 것으로서 제1호가목의 요건을 충족하는 비행장치

바. 무인비행장치: 사람이 탑승하지 아니하는 것으로서 다음 각 목의 비행장치

1) 무인동력비행장치: 연료의 중량을 제외한 자체 중량이 150킬로그램 이하인 무인비행기 또는 무인회전익비행장치

2) 무인비행선: 연료의 중량을 제외한 자체 중량이 180킬로그램 이하이고 길이가 20미터 이하인 무인비행선

사. 그 밖에 국토해양부장관이 크기, 중량, 용도 등을 고려하여 정하여 고시하는 비행장치

[전문개정 2009. 9. 10.]

[초경량비행장치 신고]

항공안전법 & 항공안전법 시행규칙
출처 https://www.law.go.kr/

14. 항공안전법 제122조(초경량비행장치 신고)

가. ① 초경량비행장치를 소유하거나 사용할 수 있는 권리가 있는 자(이하 "초경량비행장치 소유자등"이라 한다)는 초경량비행장치의 종류, 용도, 소유자의 성명, 제129조제4항에 따른 개인정보 및 개인위치정보의 수집 가능 여부 등을 국토교통부령으로 정하는 바에 따라 국토교통부장관에게 신고하여야 한다. 다만, 대통령령으로 정하는 초경량비행장치는 그러하지 아니하다.

나. ② 국토교통부장관은 제1항 본문에 따른 신고를 받은 날부터 7일 이내에 신고수리 여부를 신고인에게 통지하여야 한다. 〈신설 2020. 6. 9.〉

다. ③ 국토교통부장관이 제2항에서 정한 기간 내에 신고수리 여부 또는 민원 처리 관련 법령에 따른 처리기간의 연장을 신고인에게 통지하지 아니하면 그 기간(민원 처리 관련 법령에 따라 처리기간이 연장 또는 재연장된 경우에는 해당 처리기간을 말한다)이 끝난 날의 다음 날에 신고를 수리한 것으로 본다. 〈신설 2020. 6. 9.〉

라. ④ 국토교통부장관은 제1항에 따라 초경량비행장치의 신고를 받은 경우 그 초경량비행장치소유자등에게 신고번호를 발급하여야 한다. 〈개정 2020. 6. 9.〉

마. ⑤ 제4항에 따라 신고번호를 발급받은 초경량비행장치소유자등은 그 신고번호를 해당 초경량비행장치에 표시하여야 한다. 〈개정 2020. 6. 9.〉

15. 항공안전법 시행규칙 제301조(초경량비행장치 신고)

가. ① 법 제122조제1항 본문에 따라 초경량비행장치소유자등은 법 제124조에 따른 안전성인증을 받기 전(법 제124조에 따른 안전성인증 대상이 아닌 초경량비행장치인 경우에는 초경량비행장치를 소유하거나 사용할 수 있는 권리가 있는 날부터 30일 이내를 말한다)까지 별지 제116호서식의 초경량비행장치 신고서(전자문서로 된 신고서를 포함한다)에 다음 각 호의 서류(전자문서를 포함한다)를 첨부하여 한국교통안전공단 이사장에게 제출하여야 한다. 이 경우 신고서 및 첨부서류는 팩스 또는 정보통신을 이용하여 제출할 수 있다. 〈개정 2020. 12. 10.〉

1) 초경량비행장치를 소유하거나 사용할 수 있는 권리가 있음을 증명하는 서류
2) 초경량비행장치의 제원 및 성능표
3) 초경량비행장치의 사진(가로 15센티미터, 세로 10센티미터의 측면사진)

나. ② 한국교통안전공단 이사장은 초경량비행장치의 신고를 받으면 별지 제117호서식의 초경량비행장치 신고증명서를 초경량비행장치소유자등에게 발급하여야 하며, 초경량비행장치소유자등은 비행 시 이를 휴대하여야 한다. 〈개정 2020. 12. 10.〉

다. ③ 한국교통안전공단 이사장은 제2항에 따라 초경량비행장치 신고증명서를 발급하였을 때에는 별지 제118호서식의 초경량비행장치 신고대장을 작성하여 갖추어 두어야 한다. 이 경우 초경량비행장치 신고대장은 전자적 처리가 불가능한 특별한 사유가 없으면 전자적 처리가 가능한 방법으로 작성 · 관리하여야 한다. 〈개정 2020. 12. 10.〉

라. ④ 초경량비행장치소유자등은 초경량비행장치 신고증명서의 신고번호를 해당 장치에 표시하여야 하며, 표시방법, 표시장소 및 크기 등 필요한 사항은 국토교통부장관의 승인을 받아 한국교통안전공단 이사장이 정한다. 〈개정 2020. 12. 10.〉

[초경량비행장치 변경신고]

항공안전법 & 항공안전법 시행규칙
출처 https://www.law.go.kr/

16. 항공안전법 제123조(초경량비행장치 변경신고 등)

가. ① 초경량비행장치소유자등은 제122조제1항에 따라 신고한 초경량비행장의 용도, 소유자의 성명 등 국토교통부령으로 정하는 사항을 변경하려는 경우에는 국토교통부령으로 정하는 바에 따라 국토교통부장관에게 변경신고를 하여야 한다.

나. ② 국토교통부장관은 제1항에 따른 변경신고를 받은 날부터 7일 이내에 신고수리 여부를 신고인에게 통지하여야 한다. 〈신설 2020. 6. 9.〉

다. ③ 국토교통부장관이 제2항에서 정한 기간 내에 신고수리 여부 또는 민원 처리 관련 법령에 따른 처리기간의 연장을 신고인에게 통지하지 아니하면 그 기간(민원 처리 관련 법령에 따라 처리기간이 연장 또는 재연장된 경우에는 해당 처리기간을 말한다)이 끝난 날의 다음 날에 신고를 수리한 것으로 본다. 〈신설 2020. 6. 9.〉

라. ④ 초경량비행장치소유자등은 제122조제1항에 따라 신고한 초경량비행장치가 멸실되었거나 그 초경량비행장치를 해체(정비등, 수송 또는 보관하기 위한 해체는 제외한다)한 경우에는 그 사유가 발생한 날부터 15일 이내에 국토교통부장관에게 말소신고를 하여야 한다. 〈개정 2020. 6. 9.〉

마. ⑤ 제4항에 따른 신고가 신고서의 기재사항 및 첨부서류에 흠이 없고, 법령 등에 규정된 형식상의 요건을 충족하는 경우에는 신고서가 접수기관에 도달된 때에 신고된 것으로 본다. 〈신설 2020. 6. 9.〉

바. ⑥ 초경량비행장치소유자등이 제4항에 따른 말소신고를 하지 아니하면 국토교통부장관은 30일 이상의 기간을 정하여 말소신고를 할 것을 해당 초경량비행장치소유자등에게 최고하여야 한다. 〈개정 2020. 6. 9.〉

사. ⑦ 제6항에 따른 최고를 한 후에도 해당 초경량비행장치소유자등이 말소신고를 하지 아니하면 국토교통부장관은 직권으로 그 신고번호를 말소할 수 있으며, 신고번호가 말소된 때에는 그 사실을 해당 초경량비행장치소유자등 및 그 밖의 이해관계인에게 알려야 한다. 〈개정 2020. 6. 9.〉

17. 항공안전법 시행규칙 제302조(초경량비행장치 변경신고)

가. ① 법 제123조제1항에서 "초경량비행장치의 용도, 소유자의 성명 등 국토교통부령으로 정하는 사항"이란 다음 각 호의 어느 하나를 말한다.

1) 초경량비행장치의 용도

2) 초경량비행장치 소유자등의 성명, 명칭 또는 주소

3) 초경량비행장치의 보관 장소

나. ② 초경량비행장치소유자등은 제1항 각 호의 사항을 변경하려는 경우에는 그 사유가 있는 날부터 30일 이내에 별지 제116호서식의 초경량비행장치 변경 · 이전신고서를 한국교통안전공단 이사장에게 제출하여야 한다. 〈개정 2020. 12. 10.〉

[초경량비행장치 말소신고]

항공안전법 & 항공안전법 시행규칙
출처 https://www.law.go.kr/

18. 항공안전법 시행규칙 제303조(초경량비행장치 말소신고)

가. ① 법 제123조제4항에 따른 말소신고를 하려는 초경량비행장치 소유자등은 그 사유가 발생한 날부터 15일 이내에 별지 제116호서식의 초경량비행장치 말소신고서를 한국교통안전공단 이사장에게 제출하여야 한다. 〈개정 2020. 12. 10.〉

나. ② 한국교통안전공단 이사장은 제1항에 따른 신고가 신고서 및 첨부서류에 흠이 없고 형식상 요건을 충족하는 경우 지체 없이 접수하여야 한다. 〈개정 2020. 12. 10.〉

다. ③ 한국교통안전공단 이사장은 법 제123조제6항에 따른 최고(催告)를 하는 경우 해당 초경량비행장치의 소유자등의 주소 또는 거소를 알 수 없는 경우에는 말소신고를 할 것을 관보에 고시하고, 한국교통안전공단 홈페이지에 공고하여야 한다.

[초경량비행장치 안전성인증]

항공안전법 & 항공안전법 시행규칙
출처 https://www.law.go.kr/

19. 항공안전법 제124조(초경량비행장치 안전성인증) 시험비행 등 국토교통부령으로 정하는 경우로서 국토교통부장관의 허가를 받은 경우를 제외하고는 동력비행장치 등 국토교통부령으로 정하는 초경량비행장치를 사용하여 비행하려는 사람은 국토교통부령으로 정하는 기관 또는 단체의 장으로부터 그가 정한 안정성인증의 유효기간 및 절차 · 방법 등에 따라 그 초경량비행장치가 국토교통부장관이 정하여 고시하는 비행안전을 위한 기술상의 기준에 적합하다는 안전성인증을 받지 아니하고 비행하여서는 아니 된다. 이 경우 안전성인증의 유효기간 및 절차 · 방법 등에 대해서는 국토교통부장관의 승인을 받아야 하며, 변경할 때에도 또한 같다.

20. 항공안전법 시행규칙 제305조(초경량비행장치 안전성인증 대상 등)
    라. ① 법 제124조 전단에서 "동력비행장치 등 국토교통부령으로 정하는 초경량비행장치"란 다음 각 호의 어느 하나에 해당하는 초경량비행장치를 말한다.
    1) 동력비행장치
    2) 행글라이더, 패러글라이더 및 낙하산류(항공레저스포츠사업에 사용되는 것만 해당한다)
    3) 기구류(사람이 탑승하는 것만 해당한다)
    4) 다음 각 목의 어느 하나에 해당하는 무인비행장치
        가) 제5조제5호가목에 따른 무인비행기, 무인헬리콥터 또는 무인멀티콥터 중에서 최대이륙중량이 25킬로그램을 초과하는 것
        나) 제5조제5호나목에 따른 무인비행선 중에서 연료의 중량을 제외한 자체중량이 12킬로그램을 초과하거나 길이가 7미터를 초과하는 것
    5) 회전익비행장치
    6) 동력패러글라이더
    마. ② 법 제124조 전단에서 "국토교통부령으로 정하는 기관 또는 단체"란 기술원 또는 별표 43에 따른 시설기준을 충족하는 기관 또는 단체 중에서 국토교통부장관이 정하여 고시하는 기관 또는 단체(이하 "초경량비행장치 안전성 인증기관"이라 한다)를 말한다. 〈개정 2018. 3. 23.〉

[초경량비행장치 비행승인]

항공안전법 & 항공안전법 시행규칙
출처 https://www.law.go.kr/

21. 항공안전법 제127조(초경량비행장치 비행승인)

가. ① 국토교통부장관은 초경량비행장치의 비행안전을 위하여 필요하다고 인정하는 경우에는 초경량비행장치의 비행을 제한하는 공역(이하 "초경량비행장치 비행제한공역"이라 한다)을 지정하여 고시할 수 있다.

나. ② 동력비행장치 등 국토교통부령으로 정하는 초경량비행장치를 사용하여 국토교통부장관이 고시하는 초경량비행장치 비행제한공역에서 비행하려는 사람은 국토교통부령으로 정하는 바에 따라 미리 국토교통부장관으로부터 비행승인을 받아야 한다. 다만, 비행장 및 이착륙장의 주변 등 대통령령으로 정하는 제한된 범위에서 비행하려는 경우는 제외한다.

다. ③ 제2항 본문에 따른 비행승인 대상이 아닌 경우라 하더라도 다음 각 호의 어느 하나에 해당하는 경우에는 제2항의 절차에 따라 국토교통부장관의 비행승인을 받아야 한다. 〈신설 2017. 8. 9.〉

1) 제68조제1호에 따른 국토교통부령으로 정하는 고도 이상에서 비행하는 경우

2) 제78조제1항에 따른 관제공역 · 통제공역 · 주의공역 중 국토교통부령으로 정하는 구역에서 비행하는 경우

라. ④ 제2항 및 제3항제2호에 따른 국토교통부장관의 비행승인이 필요한 때에 제131조의2 제2항에 따라 무인비행장치를 비행하려는 경우 해당 국가기관등의 장이 국토교통부령으로 정하는 바에 따라 사전에 그 사실을 국토교통부장관에게 알리면 비행승인을 받은 것으로 본다. 〈신설 2019. 8. 27.〉

22. 항공안전법 시행규칙 제308조(초경량비행장치의 비행승인)

가. ① 법 제127조제2항 본문에서 "동력비행장치 등 국토교통부령으로 정하는 초경량비행장치"란 제5조에 따른 초경량비행장치를 말한다. 다만, 다음 각 호의 어느 하나에 해당하는 초경량비행장치는 제외한다. 〈개정 2017. 7. 18.〉

1) 영 제24조제1호부터 제4호까지의 규정에 해당하는 초경량비행장치(항공기대여업, 항공레저스포츠사업 또는 초경량비행장치사용사업에 사용되지 아니하는 것으로 한정한다)

2) 제199조제1호나목에 따른 최저비행고도(150미터) 미만의 고도에서 운영하는 계류식 기구

3) 「항공사업법 시행규칙」 제6조제2항제1호에 사용하는 무인비행장치로서 다음 각 목의 어느 하나에 해당하는 무인비행장치

가) 제221조제1항 및 별표 23에 따른 관제권, 비행금지구역 및 비행제한구역 외의 공역에서 비행하는 무인비행장치

나) 「가축전염병 예방법」 제2조제2호에 따른 가축전염병의 예방 또는 확산 방지를 위하여 소독 · 방역업무 등에 긴급하게 사용하는 무인비행장치

4) 다음 각 목의 어느 하나에 해당하는 무인비행장치
가) 최대이륙중량이 25킬로그램 이하인 무인동력비행장치
나) 연료의 중량을 제외한 자체중량이 12킬로그램 이하이고 길이가 7미터 이하인 무인비행선
5) 그 밖에 국토교통부장관이 정하여 고시하는 초경량비행장치

나. ② 제1항에 따른 초경량비행장치를 사용하여 비행제한공역을 비행하려는 사람은 법 제127조제2항 본문에 따라 별지 제122호서식의 초경량비행장치 비행승인신청서를 지방항공청장에게 제출하여야 한다. 이 경우 비행승인신청서는 서류, 팩스 또는 정보통신망을 이용하여 제출할 수 있다. 〈개정 2017. 7. 18.〉

다. ③ 지방항공청장은 제2항에 따라 제출된 신청서를 검토한 결과 비행안전에 지장을 주지 아니한다고 판단되는 경우에는 이를 승인하여야 한다. 이 경우 동일지역에서 반복적으로 이루어지는 비행에 대해서는 6개월의 범위에서 비행기간을 명시하여 승인할 수 있다.

라. ④ 지방항공청장은 제3항에 따른 승인을 하는 경우에는 다음 각 호의 조건을 붙일 수 있다. 〈신설 2019. 9. 23.〉
1) 탑승자에 대한 안전점검 등 안전관리에 관한 사항
2) 비행장치 운용한계치에 따른 기상요건에 관한 사항(항공레저스포츠사업에 사용되는 기구류 중 계류식으로 운영되지 않는 기구류만 해당한다)
3) 비행경로에 관한 사항법

마. ⑤ 제127조제3항제1호에서 "국토교통부령으로 정하는 고도"란 다음 각 호에 따른 고도를 말한다. 〈신설 2017. 11. 10., 2018. 11. 22., 2019. 9. 23., 2020. 2. 28.〉
1) 사람 또는 건축물이 밀집된 지역: 해당 초경량비행장치를 중심으로 수평거리 150미터(500피트) 범위 안에 있는 가장 높은 장애물의 상단에서 150미터
(1) 제1호 외의 지역: 지표면 · 수면 또는 물건의 상단에서 150미터

바. ⑥ 법 제127조제3항제2호에서 "국토교통부령으로 정하는 구역"이란 별표 23 제2호에 따른 관제공역 중 관제권과 통제공역 중 비행금지구역을 말한다. 〈신설 2017. 11. 10., 2018. 11. 22., 2019. 9. 23., 2020. 2. 28.〉

사. ⑦ 법 제127조제3항제2호에 따른 승인 신청이 다음 각 호의 요건을 모두 충족하는 경우에는 6개월의 범위에서 비행기간을 명시하여 승인할 수 있다. 〈신설 2020. 5. 27.〉
1) 교육목적을 위한 비행일 것
2) 무인비행장치는 최대이륙중량이 7킬로그램 이하일 것
3) 비행구역은 「초 · 중등교육법」 제2조 각 호에 따른 학교의 운동장일 것
4) 비행시간은 정규 및 방과 후 활동 중일 것
5) 비행고도는 지표면으로부터 고도 20미터 이내일 것
6) 비행방법 등이 안전 · 국방 등 비행금지구역의 지정 목적을 저해하지 않을 것

아. ⑧ 법 제127조제4항에 따라 국가기관등의 장이 무인비행장치를 비행하려는 경우 사전에 유·무선 방법으로 지방항공청장에게 통보해야 한다. 다만, 제221조제1항 및 별표 23에 따른 관제권에서 비행하려는 경우에는 해당 관제권의 항공교통업무를 수행하는 자와, 비행금지구역에서 비행하려는 경우에는 해당 구역을 관할하는 자와 사전에 협의가 된 경우에 한정한다. 〈신설 2018. 11. 22., 2019. 9. 23., 2020. 2. 28., 2020. 5. 27.〉

자. ⑨ 제7항에 따라 무인비행장치를 비행한 국가기관등의 장은 비행 종료 후 지체없이 별지 제122호서식에 따른 초경량비행장치 비행승인신청서를 지방항공청장에게 제출해야 한다. 〈신설 2018. 11. 22., 2019. 9. 23., 2020. 2. 28., 2020. 5. 27.〉

[초경량비행장치 사고]

항공안전법 & 항공안전법 시행규칙
출처 https://www.law.go.kr/

23. 항공안전법 제2조 정의"초경량비행장치사고"란 초경량비행장치를 사용하여 비행을 목적으로 이륙[이수(離水)를 포함한다. 이하 같다]하는 순간부터 착륙[착수(着水)를 포함한다. 이하 같다]하는 순간까지 발생한 다음 각 목의 어느 하나에 해당하는 것으로서 국토교통부령으로 정하는 것을 말한다.
   가. 초경량비행장치에 의한 사람의 사망, 중상 또는 행방불명
   나. 초경량비행장치의 추락, 충돌 또는 화재 발생
   다. 초경량비행장치의 위치를 확인할 수 없거나 초경량비행장치에 접근이 불가능한 경우

24. 항공안전법 시행규칙 제6조(사망·중상 등의 적용기준)
   가. ① 법 제2조제6호가목에 따른 사람의 사망 또는 중상에 대한 적용기준은 다음 각 호와 같다.
      1) 항공기에 탑승한 사람이 사망하거나 중상을 입은 경우. 다만, 자연적인 원인 또는 자기 자신이나 타인에 의하여 발생된 경우와 승객 및 승무원이 정상적으로 접근할 수 없는 장소에 숨어있는 밀항자 등에게 발생한 경우는 제외한다.
      2) 항공기로부터 이탈된 부품이나 그 항공기와의 직접적인 접촉 등으로 인하여 사망하거나 중상을 입은 경우
      3) 항공기 발동기의 흡입 또는 후류(後流)로 인하여 사망하거나 중상을 입은 경우
   나. ② 법 제2조제6호가목, 같은 조 제7호가목 및 같은 조 제8호가목에 따른 행방불명은 항공기, 경량항공기 또는 초경량비행장치 안에 있던 사람이 항공기사고, 경량항공기사고 또는 초경량비행장치사고로 1년간 생사가 분명하지 아니한 경우에 적용한다.

다. ③ 법 제2조제7호가목 및 같은 조 제8호가목에 따른 사람의 사망 또는 중상에 대한 적용기준은 다음 각 호와 같다.

1) 경량항공기 및 초경량비행장치에 탑승한 사람이 사망하거나 중상을 입은 경우. 다만, 자연적인 원인 또는 자기 자신이나 타인에 의하여 발생된 경우는 제외한다.

2) 비행 중이거나 비행을 준비 중인 경량항공기 또는 초경량비행장치로부터 이탈된 부품이나 그 경량항공기 또는 초경량비행장치와의 직접적인 접촉 등으로 인하여 사망하거나 중상을 입은 경우

25. 항공안전법 시행규칙 제7조(사망·중상의 범위)

가. ① 법 제2조제6호가목, 같은 조 제7호가목 및 같은 조 제8호가목에 따른 사람의 사망은 항공기사고, 경량항공기사고 또는 초경량비행장치사고가 발생한 날부터 30일 이내에 그 사고로 사망한 경우를 포함한다.

나. ② 법 제2조제6호가목, 같은 조 제7호가목 및 같은 조 제8호가목에 따른 중상의 범위는 다음 각 호와 같다.

1) 항공기사고, 경량항공기사고 또는 초경량비행장치사고로 부상을 입은 날부터 7일 이내에 48시간을 초과하는 입원치료가 필요한 부상

2) 골절(코뼈, 손가락, 발가락 등의 간단한 골절은 제외한다)

3) 열상(찢어진 상처)으로 인한 심한 출혈, 신경 · 근육 또는 힘줄의 손상

4) 2도나 3도의 화상 또는 신체표면의 5퍼센트를 초과하는 화상(화상을 입은 날부터 7일 이내에 48시간을 초과하는 입원치료가 필요한 경우만 해당한다)

5) 내장의 손상

6) 전염물질이나 유해방사선에 노출된 사실이 확인된 경우

26. 항공안전법 시행규칙 제312조(초경량비행장치사고의 보고 등) 법 제129조제3항에 따라 초경량비행장치 사고를 일으킨 조종자 또는 그 초경량비행장치소유자등은 다음 각 호의 사항을 지방항공청장에게 보고하여야 한다.

가. 조종자 및 그 초경량비행장치소유자등의 성명 또는 명칭

나. 사고가 발생한 일시 및 장소

다. 초경량비행장치의 종류 및 신고번호

라. 사고의 경위

마. 사람의 사상(死傷) 또는 물건의 파손 개요

바. 사상자의 성명 등 사상자의 인적사항 파악을 위하여 참고가 될 사항

[초경량비행장치 조종자 등의 준수사항]

항공안전법 & 항공안전법 시행규칙
출처 https://www.law.go.kr/

27. 항공안전법 제129조(초경량비행장치 조종자 등의 준수사항)

가. ① 초경량비행장치의 조종자는 초경량비행장치로 인하여 인명이나 재산에 피해가 발생하지 아니하도록 국토교통부령으로 정하는 준수사항을 지켜야 한다.

나. ② 초경량비행장치 조종자는 무인자유기구를 비행시켜서는 아니 된다. 다만, 국토교통부령으로 정하는 바에 따라 국토교통부장관의 허가를 받은 경우에는 그러하지 아니하다.

다. ③ 초경량비행장치 조종자는 초경량비행장치사고가 발생하였을 때에는 국토교통부령으로 정하는 바에 따라 지체 없이 국토교통부장관에게 그 사실을 보고하여야 한다. 다만, 초경량비행장치 조종자가 보고할 수 없을 때에는 그 초경량비행장치소유자등이 초경량비행장치사고를 보고하여야 한다.

라. ④ 무인비행장치를 사용하여 「개인정보 보호법」 제2조제1호에 따른 개인정보(이하 "개인정보"라 한다) 또는 「위치정보의 보호 및 이용 등에 관한 법률」 제2조제2호에 따른 개인위치정보(이하 "개인위치정보"라 한다)를 수집하거나 이를 전송하는 경우 개인정보 및 개인위치정보의 보호에 관하여는 각각 해당 법률에서 정하는 바에 따른다.

28. 항공안전법 시행규칙 제310조(초경량비행장치 조종자의 준수사항)

가. ① 초경량비행장치 조종자는 법 제129조제1항에 따라 다음 각 호의 어느 하나에 해당하는 행위를 하여서는 아니 된다. 다만, 무인비행장치의 조종자에 대해서는 제4호 및 제5호를 적용하지 아니한다. 〈개정 2017. 11. 10., 2018. 11. 22., 2019. 9. 23.〉

1) 인명이나 재산에 위험을 초래할 우려가 있는 낙하물을 투하(投下)하는 행위
2) 주거지역, 상업지역 등 인구가 밀집된 지역이나 그 밖에 사람이 많이 모인 장소의 상공에서 인명 또는 재산에 위험을 초래할 우려가 있는 방법으로 비행하는 행위
3) 사람 또는 건축물이 밀집된 지역의 상공에서 건축물과 충돌할 우려가 있는 방법으로 근접하여 비행하는 행위
4) 법 제78조제1항에 따른 관제공역 · 통제공역 · 주의공역에서 비행하는 행위. 다만, 법 제127조에 따라 비행승인을 받은 경우와 다음 각 목의 행위는 제외한다.
   가) 군사목적으로 사용되는 초경량비행장치를 비행하는 행위
   나) 다음의 어느 하나에 해당하는 비행장치를 별표 23 제2호에 따른 관제권 또는 비행금지구역이 아닌 곳에서 제199조제1호나목에 따른 최저비행고도(150미터) 미만의 고도에서 비행하는 행위
      (1) 무인비행기, 무인헬리콥터 또는 무인멀티콥터 중 최대이륙중량이 25킬로그램 이하인 것
      (2) 무인비행선 중 연료의 무게를 제외한 자체 무게가 12킬로그램 이하이고, 길이

가 7미터 이하인 것

5) 안개 등으로 인하여 지상목표물을 육안으로 식별할 수 없는 상태에서 비행하는 행위

6) 별표 24에 따른 비행시정 및 구름으로부터의 거리기준을 위반하여 비행하는 행위

7) 일몰 후부터 일출 전까지의 야간에 비행하는 행위. 다만, 제199조제1호나목에 따른 최저비행고도(150미터) 미만의 고도에서 운영하는 계류식 기구 또는 법 제124조 전단에 따른 허가를 받아 비행하는 초경량비행장치는 제외한다.

8) 「주세법」 제3조제1호에 따른 주류, 「마약류 관리에 관한 법률」 제2조제1호에 따른 마약류 또는 「화학물질관리법」 제22조제1항에 따른 환각물질 등(이하 "주류등"이라 한다)의 영향으로 조종업무를 정상적으로 수행할 수 없는 상태에서 조종하는 행위 또는 비행 중 주류등을 섭취하거나 사용하는 행위

9) 제308조제4항에 따른 조건을 위반하여 비행하는 행위

10) 그 밖에 비정상적인 방법으로 비행하는 행위

나. ② 초경량비행장치 조종자는 항공기 또는 경량항공기를 육안으로 식별하여 미리 피할 수 있도록 주의하여 비행하여야 한다.

다. ③ 동력을 이용하는 초경량비행장치 조종자는 모든 항공기, 경량항공기 및 동력을 이용하지 아니하는 초경량비행장치에 대하여 진로를 양보하여야 한다.

라. ④ 무인비행장치 조종자는 해당 무인비행장치를 육안으로 확인할 수 있는 범위에서 조종하여야 한다. 다만, 법 제124조 전단에 따른 허가를 받아 비행하는 경우는 제외한다.

마. ⑤ 「항공사업법」 제50조에 따른 항공레저스포츠사업에 종사하는 초경량비행장치 조종자는 다음 각 호의 사항을 준수하여야 한다. 〈개정 2019. 9. 23.〉

1) 비행 전에 해당 초경량비행장치의 이상 유무를 점검하고, 이상이 있을 경우에는 비행을 중단할 것

2) 비행 전에 비행안전을 위한 주의사항에 대하여 동승자에게 충분히 설명할 것

3) 해당 초경량비행장치의 제작자가 정한 최대이륙중량 및 풍속 기준을 초과하지 아니하도록 비행할 것

4) 다음 각 목의 사항(다목부터 마목까지의 사항은 기구류 중 계류식으로 운영되지 않는 기구류의 조종자에게만 해당한다)을 기록하고 유지할 것

가) 탑승자의 인적사항(성명, 생년월일 및 주소)

나) 사고 발생 시 비상연락 · 보고체계 등에 관한 사항

다) 해당 초경량비행장치의 제작사 매뉴얼에 따른 비행 전 · 후 점검결과 및 조치에 관한 사항

라) 기상정보에 관한 사항

마) 비행 시작 · 종료시간, 이륙 · 착륙장소, 비행경로 등 비행에 관한 사항

5) 기구류 중 계류식으로 운영되지 않는 기구류의 조종자는 다음 각 목의 구분에 따른 사항을 관할 항공교통업무기관에 통보할 것

가) 비행 전: 비행 시작시간 및 종료예정시간

나) 비행 후: 비행 종료시간

바. ⑥ 무인자유기구 조종자는 별표 44의3에서 정하는 바에 따라 무인자유기구를 비행해야 한다. 다만, 무인자유기구가 다른 국가의 영토를 비행하는 경우로서 해당 국가가 이와 다른 사항을 정하고 있는 경우에는 이에 따라 비행해야 한다. 〈신설 2020. 12. 10.〉

[초경량비행장치 불법 사용 등의 죄]

항공안전법 & 항공안전법 시행규칙
출처 https://www.law.go.kr/

29. 항공안전법 제161조(초경량비행장치 불법 사용 등의 죄)

가. ① 다음 각 호의 어느 하나에 해당하는 자는 3년 이하의 징역 또는 3천만원 이하의 벌금에 처한다.

1) 제131조에서 준용하는 제57조제1항을 위반하여 주류등의 영향으로 초경량비행장치를 사용하여 비행을 정상적으로 수행할 수 없는 상태에서 초경량비행장치를 사용하여 비행을 한 사람

2) 제131조에서 준용하는 제57조제2항을 위반하여 초경량비행장치를 사용하여 비행하는 동안에 주류등을 섭취하거나 사용한 사람

3) 제131조에서 준용하는 제57조제3항을 위반하여 국토교통부장관의 측정 요구에 따르지 아니한 사람

나. ② 제124조에 따른 비행안전을 위한 기술상의 기준에 적합하다는 안전성인증을 받지 아니한 초경량비행장치를 사용하여 제125조제1항에 따른 초경량비행장치 조종자 증명을 받지 아니하고 비행을 한 사람은 1년 이하의 징역 또는 1천만원 이하의 벌금에 처한다.

다. ③ 제122조 또는 제123조를 위반하여 초경량비행장치의 신고 또는 변경신고를 하지 아니하고 비행을 한 자는 6개월 이하의 징역 또는 500만원 이하의 벌금에 처한다.

라. ④ 제129조제2항을 위반하여 국토교통부장관의 허가를 받지 아니하고 무인자유기구를 비행시킨 사람은 500만원 이하의 벌금에 처한다.

마. ⑤ 제127조제2항을 위반하여 국토교통부장관의 승인을 받지 아니하고 초경량비행장치 비행제한공역을 비행한 사람은 200만원 이하의 벌금에 처한다.

30. 항공안전법 제167조(과태료의 부과 · 징수절차) 제166조에 따른 과태료는 대통령령으로 정하는 바에 따라 국토교통부장관이 부과 · 징수한다.

31. 항공안전법 시행령 제30조(과태료의 부과기준) 법 제167조에 따른 과태료 부과기준은 별표 5와 같다.

■ 항공안전법 시행령 [별표 5] 〈개정 2020. 12. 10.〉

과태료의 부과기준(제30조 관련)

1. 일반기준

가. 위반행위의 횟수에 따른 과태료의 가중된 부과기준은 최근 1년간 같은 위반행위로 과태료 부과처분을 받은 경우에 적용한다. 이 경우 기간의 계산은 위반행위에 대하여 과태료 부과처분을 받은 날과 그 처분 후 다시 같은 위반행위를 하여 적발된 날을 기준으로 한다.

나. 가목에 따라 가중된 부과처분을 하는 경우 가중처분의 적용 차수는 그 위반행위 전 부과처분 차수(가목에 따른 기간 내에 과태료 부과처분이 둘 이상 있었던 경우에는 높은 차수를 말한다)의 다음 차수로 한다.

다. 부과권자는 다음의 어느 하나에 해당하는 경우에는 제2호에 따른 과태료 금액의 2분의 1 범위에서 그 금액을 줄일 수 있다. 다만, 과태료를 체납하고 있는 위반행위자의 경우에는 그렇지 않다.

1) 위반행위가 사소한 부주의나 오류로 인한 것으로 인정되는 경우

2) 위반행위자가 법 위반상태를 시정하거나 해소하기 위하여 노력한 사실이 인정되는 경우

3) 그 밖에 위반행위의 정도, 위반행위의 동기와 그 결과 등을 고려하여 감경할 필요가 있다고 인정되는 경우

라. 부과권자는 다음의 어느 하나에 해당하는 경우에는 제2호에 따른 과태료 금액의 2분의 1 범위에서 그 금액을 늘릴 수 있다. 다만, 법 제166조에 따른 과태료 금액의 상한을 넘을 수 없다.

1) 위반의 내용·정도가 중대하여 공중에 미치는 영향이 크다고 인정되는 경우

2) 법 위반상태의 기간이 6개월 이상인 경우

3) 그 밖에 위반행위의 정도, 위반행위의 동기와 그 결과 등을 고려하여 가중할 필요가 있다고 인정되는 경우

2. 개별기준

(단위: 만원)

위반행위	근거 법조문	과태료 금액		
		1차 위반	2차 위반	3차 이상 위반
가. 법 제13조 또는 제15조제1항을 위반하여 변경등록 또는 말소등록의 신청을 하지 않은 경우	법 제166조제3항제1호	100	150	200

나. 법 제17조제1항을 위반하여 항공기 등록기호표를 부착하지 않고 항공기를 사용한 경우	법 제166조제3항제2호	100	150	200
다. 법 제26조를 위반하여 변경된 항공기기술기준을 따르도록 한 요구에 따르지 않은 경우	법 제166조제3항제3호	100	150	200
라. 법 제33조에 따른 보고를 하지 않거나 거짓으로 보고한 경우	법 제166조제4항제1호	50	75	100
마. 법 제56조제1항을 위반하여 같은 항 각 호의 어느 하나 이상의 방법으로 소속 승무원의 피로를 관리하지 않은 경우(항공운송사업자 및 항공기사용사업자는 제외한다)	법 제166조제1항제1호	250	375	500
바. 법 제56조제2항을 위반하여 국토교통부장관의 승인을 받지 않고 피로위험관리시스템을 운용하거나 중요사항을 변경한 경우(항공운송사업자 및 항공기사용사업자는 제외한다)	법 제166조제1항제2호	250	375	500
사. 법 제58조제2항을 위반하여 다음의 어느 하나에 해당하는 경우(법 제58조제2항제1호 및 제4호에 해당하는 자 중 항공운송사업자 및 항공기사용사업자 외의 자만 해당한다)	법 제166조제1항제3호			
1) 제작 또는 운항 등을 시작하기 전까지 항공안전관리시스템을 마련하지 않은 경우		250	375	500
2) 국토교통부장관의 승인을 받지 않고 항공안전관리시스템을 운용한 경우		250	375	500

3) 항공안전관리시스템을 승인받은 내용과 다르게 운용한 경우		250	375	500
4) 국토교통부장관의 승인을 받지 않고 국토교통부령으로 정하는 중요사항을 변경한 경우		250	375	500
아. 법 제59조제1항(법 제106조에서 준용하는 경우를 포함한다)을 위반하여 항공기사고, 항공기준사고 또는 의무보고 대상 항공안전장애를 보고하지 않거나 거짓으로 보고한 경우	법 제166조제4항제2호	50	75	100
자. 항공종사자가 아닌 사람으로서 고의 또는 중대한 과실로 법 제61조제1항의 항공안전위해요인을 발생시킨 경우	법 제166조제3항제4호	100	150	200
차. 항공운송사업자 외의 자가 법 제65조제1항을 위반하여 운항관리사를 두지 않고 항공기를 운항한 경우	법 제166조제1항제4호	250	375	500
카. 항공운송사업자 외의 자가 법 제65조제3항을 위반하여 운항관리사가 해당 업무를 수행하는 데 필요한 교육훈련을 하지 않고 업무에 종사하게 한 경우	법 제166조제1항제5호	250	375	500
타. 법 제70조제3항에 따른 위험물취급의 절차와 방법에 따르지 않고 위험물취급을 한 경우	법 제166조제1항제6호			
1) 위험물을 일반화물로 신고하는 경우				
2) 운송서류에 표기한 위험물과 다른 위험물을 운송하려는 경우		250	375	500
3) 유엔기준을 충족하지 않은 포장용기를 사용하였거나 위험물 포장지침을 따르지 않았을 경우		250	375	500
4) 휴대 가능한 위험물의 종류 또는 수량기준을 위반한 경우		250	375	500
5) 위험물 운송서류상의 표기가 오기되었거나 서명이				

누락된 경우		250	375	500
6) 위험물 라벨을 부착하지 않았거나 위험물 분류와 다른 라벨을 부착한 경우		250	375	500
		250	375	500
파. 법 제71조제1항에 따른 검사를 받지 않은 포장 및 용기를 판매한 경우	법 제166조제1항제7호	250	375	500
하. 법 제72조제1항을 위반하여 위험물취급에 필요한 교육을 받지 않고 위험물취급을 한 경우	법 제166조제1항제8호	250	375	500
거. 법 제84조제2항(법 제121조제5항에서 준용하는 경우를 포함한다)을 위반하여 항공교통의 안전을 위한 국토교통부장관 또는 항공교통업무증명을 받은 자의 지시에 따르지 않은 경우	법 제166조제3항제5호	100	150	200
너. 법 제93조제7항 후단(법 제96조제2항에서 준용하는 경우를 포함한다)을 위반하여 운항규정 또는 정비규정을 준수하지 않고 항공기의 운항 또는 정비에 관한 업무를 수행한 경우	법 제166조제3항제6호	100	150	200
더. 법 제108조제3항을 위반하여 부여된 안전성인증 등급에 따른 운용범위를 준수하지 않고 경량항공기를 사용하여 비행한 경우	법 제166조제3항제7호	100	150	200
러. 법 제108조제4항을 위반하여 국토교통부령으로 정하는 방법에 따라 안전하게 운용할 수 있다는 확인을 받지 않고 경량항공기를 사용하여 비행한 경우	법 제166조제2항제1호	150	225	300
머. 법 제115조제2항을 위반하여 국토교통부장관이 정하는 바에 따라 교육을 받지 않고 경량항공기 조종	법 제166조제1항제9호	250	375	500

교육을 한 경우				
버. 법 제120조제1항을 위반하여 국토교통부령으로 정하는 준수사항을 따르지 않고 경량항공기를 사용하여 비행한 경우	법 제166조제2항제2호	150	225	300
서. 경량항공기 조종사 또는 그 경량항공기소유자등이 법 제120조제2항을 위반하여 경량항공기사고에 관한 보고를 하지 않거나 거짓으로 보고한 경우	법 제166조제5항제1호	25	37.5	50
어. 경량항공기소유자등이 법 제121조제1항에서 준용하는 법 제13조 또는 제15조를 위반하여 경량항공기의 변경등록 또는 말소등록을 신청하지 않은 경우	법 제166조제5항제2호	25	37.5	50
저. 경량항공기소유자등이 법 제121조제1항에서 준용하는 법 제17조제1항을 위반하여 경량항공기 등록기호표를 부착하지 않은 경우	법 제166조제4항제3호	50	75	100
처. 초경량비행장치소유자등이 법 제122조제5항을 위반하여 신고번호를 해당 초경량비행장치에 표시하지 않거나 거짓으로 표시한 경우	법 제166조제4항제4호	50	75	100
커. 초경량비행장치소유자등이 법 제123조제4항을 위반하여 초경량비행장치의 말소신고를 하지 않은 경우	법 제166조제6항제1호	15	22.5	30
터. 법 제124조를 위반하여 초경량비행장치의 비행안전을 위한 기술상의 기준에 적합하다는 안전성인증을 받지 않고 비행한 경우(법 제161조제2항이 적용되는 경우는 제외한다)	법 제166조제1항제10호	250	375	500
퍼. 법 제125조제1항을 위반하여 초경량비행장치 조종	법 제166조제	150	225	300

자 증명을 받지 않고 초경량비행장치를 사용하여 비행을 한 경우(법 제161조제2항이 적용되는 경우는 제외한다)	2항제3호			
허. 법 제127조제3항을 위반하여 국토교통부장관의 승인을 받지 않고 초경량비행장치를 이용하여 비행한 경우	법 제166조제3항제9호	100	150	200
고. 법 제128조를 위반하여 국토교통부령으로 정하는 장비를 장착하거나 휴대하지 않고 초경량비행장치를 사용하여 비행을 한 경우	법 제166조제4항제5호	50	75	100
노. 법 제129조제1항을 위반하여 국토교통부령으로 정하는 준수사항을 따르지 않고 초경량비행장치를 이용하여 비행한 경우	법 제166조제3항제8호	100	150	200
도. 초경량비행장치 조종자 또는 그 초경량비행장치소유자등이 법 제129조제3항을 위반하여 초경량비행장치사고에 관한 보고를 하지 않거나 거짓으로 보고한 경우	법 제166조제6항제2호	15	22.5	30
로. 법 제129조제5항을 위반하여 국토교통부장관이 승인한 범위 외에서 비행한 경우	법 제166조제3항제10호	100	150	200
모. 법 제132조제1항에 따른 보고 등을 하지 않거나 거짓 보고 등을 한 경우	법 제166조제1항제11호	250	375	500
보. 법 제132조제2항에 따른 질문에 대하여 거짓 진술을 한 경우	법 제166조제1항제12호	250	375	500
소. 법 제132조제8항에 따른 운항정지, 운용정지 또는 업무정지를 따르지 않은 경우	법 제166조제1항제13호	250	375	500
오. 법 제132조제9항에 따른 시정조치 등의 명령에 따르지 않은 경우	법 제166조제1항제14호	250	375	500

■ 항공안전법 시행규칙 [별표 44의2] 〈신설 2020. 2. 28.〉

초경량비행장치 조종자 등에 대한 행정처분기준

위반행위 또는 사유	해당 법 조문	처분내용
1. 거짓이나 그 밖의 부정한 방법으로 자격증명등을 받은 경우	법 제125조제2항제1호	조종자증명 취소
2. 이 법을 위반하여 벌금 이상의 형을 선고받은 경우	법 제125조제2항제2호	가. 벌금 100만원 미만 : 효력정지 30일 나. 벌금 100만원 이상 200만원 미만 : 효력정지 50일 다. 벌금 200만원 이상 : 조종증명 취소
3. 초경량비행장치의 조종자로서 업무를 수행할 때 고의 또는 중대한 과실로 초경량비행장치사고를 일으켜 다음 각 목의 인명피해를 발생시킨 경우	법 제125조제2항제3호	
가. 사망자가 발생한 경우		조종자증명 취소
나. 중상자가 발생한 경우		효력 정지 90일
다. 중상자 외의 부상자가 발생한 경우		효력 정지 30일
4. 초경량비행장치의 조종자로서 업무를 수행할 때 고의 또는 중대한 과실로 초경량비행장치사고를 일으켜 다음 각 목의 재산피해를 발생시킨 경우	법 제125조제2항제3호	
가. 초경량비행장치 또는 제3자의 재산피해가 100억원 이상인 경우		효력 정지 180일
나. 초경량비행장치 또는 제3자의 재산피해가 10억원 이상 100억원 미만인 경우		효력 정지 90일
다. 초경량비행장치 또는 제3자의 재산피해가 10억원 미만인 경우		효력 정지 30일
5. 법 제129조제1항에 따른 초경량비행장치 조종자의 준수사항을 위반한 경우	법 제125조제2항제4호	1차 위반: 효력 정지 30일 2차 위반: 효력 정지 60일 3차 이상 위반: 효력 정지 180일
6. 법 제131조에서 준용하는 법 제57조제1항을 위반하여 주류등의 영향으로 초경량비행	법 제125조제2항제5호	가. 주류의 경우 - 혈중알콜농도 0.02퍼센트 이상 0.06

장치를 사용하여 비행을 정상적으로 수행할 수 없는 상태에서 초경량비행장치를 사용하여 비행한 경우		퍼센트 미만: 효력 정지 60일 - 혈중알콜농도 0.06퍼센트 이상 0.09퍼센트 미만: 효력 정지 120일 - 혈중알콜농도 0.09퍼센트 이상: 효력 정지 180일 나. 마약류 또는 환각물질의 경우 - 1차 위반: 효력 정지 60일 - 2차 위반: 효력 정지 120일 - 3차 이상 위반: 효력 정지 180일
7. 법 제131조에서 준용하는 법 제57조제2항을 위반하여 초경량비행장치를 사용하여 비행하는 동안에 같은 조 제1항에 따른 주류등을 섭취하거나 사용한 경우	법 제125조제2항제6호	가. 주류의 경우 - 혈중알콜농도 0.02퍼센트 이상 0.06퍼센트 미만: 효력 정지 60일 - 혈중알콜농도 0.06퍼센트 이상 0.09퍼센트 미만: 효력 정지 120일 - 혈중알콜농도 0.09퍼센트 이상: 효력 정지 180일 나. 마약류 또는 환각물질의 경우 - 1차 위반: 효력 정지 60일 - 2차 위반: 효력 정지 120일 - 3차 이상 위반: 효력 정지 180일
8. 법 제131조에서 준용하는 법 제57조제3항을 위반하여 같은 조 제1항에 따른 주류등의 섭취 및 사용 여부의 측정 요구에 따르지 않은 경우	법 제125조제2항제7호	1차 위반: 효력 정지 60일 2차 위반: 효력 정지 120일 3차 이상 위반: 효력 정지 180일
9. 조종자 증명의 효력정지기간에 초경량비행장치를 사용하여 비행한 경우	법 제125조제2항제8호	조종자증명 취소

비고

1. 처분의 구분
   가. 조종자증명 취소: 초경량비행장치 조종자증명을 취소하는 것을 말한다.
   나. 효력 정지: 일정기간 초경량비행장치를 조종할 수 있는 자격을 정지하는 것을 말한다.
2. 1개의 위반행위나 사유가 2개 이상의 처분기준에 해당되는 경우와 고의 또는 중대한 과실로 인명 및 재산피해가 동시에 발생한 경우에는 그 중 무거운 처분기준을 적용한다.
3. 위반행위의 차수에 따른 행정처분의 기준은 최근 1년간 같은 위반행위로 행정처분을 받은 경우에 적용한다. 이 경우 행정처분 기준의 적용은 같은 위반행위에 대하여 최초로 행정처분을 한 날과 같은 위반행위를 다시 위반한 날을 기준으로 한다.
4. 다음 각 목의 사유를 고려하여 행정처분의 2분의 1의 범위에서가중하거나 감경할 수 있다.
   가. 가중할 수 있는 경우
      1) 위반의 내용·정도가 중대하여 공중에 미치는 영향이 크다고 인정되는 경우
      2) 위반행위가 고의나 중대한 과실에 의한 것으로 인정되는 경우
      3) 과거 효력정지 처분이 있는 경우
   나. 감경할 수 있는 경우
      1) 위반행위가 고의성이 없는 사소한 부주의나 오류로 인한 것으로 인정되는 경우
      2) 위반행위가 처음 발생한 경우
      3) 위반행위자가 법 위반상태를 시정하거나 해소하기 위하여 노력한 사실이 인정되는 경우

[초경량비행장치 조종자 전문교육기관의 지정 등]

항공안전법 & 항공안전법 시행규칙
출처 https://www.law.go.kr/

32. 항공안전법 시행규칙 제307조(초경량비행장치 조종자 전문교육기관의 지정 등)

가. ① 법 제126조제1항에 따른 초경량비행장치 조종자 전문교육기관으로 지정받으려는 자는 별지 제120호서식의 초경량비행장치 조종자 전문교육기관 지정신청서에 다음 각 호의 사항을 적은 서류를 첨부하여 한국교통안전공단에 제출하여야 한다. 〈개정 2017. 11. 10., 2018. 3. 23.〉

1) 전문교관의 현황
2) 교육시설 및 장비의 현황
3) 교육훈련계획 및 교육훈련규정

나. ② 법 제126조제3항에 따른 초경량비행장치 조종자 전문교육기관의 지정기준은 다음 각 호와 같다.

1) 다음 각 목의 전문교관이 있을 것
   가) 비행시간이 200시간(무인비행장치의 경우 조종경력이 100시간)이상이고, 국토교통부장관이 인정한 조종교육교관과정을 이수한 지도조종자 1명 이상
   나) 비행시간이 300시간(무인비행장치의 경우 조종경력이 150시간)이상이고 국토교통부장관이 인정하는 실기평가과정을 이수한 실기평가조종자 1명 이상
2) 다음 각 목의 시설 및 장비(시설 및 장비에 대한 사용권을 포함한다)를 갖출 것
   가) 강의실 및 사무실 각 1개 이상
   나) 이륙 · 착륙 시설
   다) 훈련용 비행장치 1대 이상
3) 교육과목, 교육시간, 평가방법 및 교육훈련규정 등 교육훈련에 필요한 사항으로서 국토교통부장관이 정하여 고시하는 기준을 갖출 것

다. ③ 한국교통안전공단은 제1항에 따라 초경량비행장치 조종자 전문교육기관 지정신청서를 제출한 자가 제2항에 따른 기준에 적합하다고 인정하는 경우에는 별지 제121호 서식의 초경량비행장치 조종자 전문교육기관 지정서를 발급하여야 한다. 〈개정 2017. 11. 10., 2018. 3. 23.〉

초경량비행장치 안전성인증 업무 운영세칙

2017.10.30. 제정
2018.02.27. 개정
2018.06.05. 개정
2018.07.06. 개정
2019.06.24. 개정
2020.09.28. 개정

제1장 총 칙

제1조(목적) 이 초경량비행장치 안전성인증 업무 운영세칙(이하 "세칙"이라 한다)은 항공안전법(이하 "법"이라 한다) 제124조에 따라 초경량비행장치의 안전성인증 신청절차, 안전성인증 방법 및 안전성인증서 등에 관하여 필요한 사항을 규정함을 목적으로 한다. 〈개정 2018.06.05.〉

제2조(정의) 이 세칙에서 사용하는 용어의 정의는 다음과 같다.

1. "안전성인증"이란 초경량비행장치가 국토교통부장관이 정하여 고시한 "초경량비행장치 기술기준(이하 "기술기준"이라 한다)"에 적합함을 증명하는 업무로서 초경량비행장치의 비행안전을 확보하기 위하여 제작자가 제공한 서류와 설계, 제작 및 정비관련 기록, 초경량비행장치의 상태 및 비행성능 등을 확인하여 인증하는 것으로 다음과 같이 구분된다. 〈개정 2018.06.05., 2020.09.28.〉
   가. 초도인증 : 국내에서 설계·제작하거나 외국에서 국내로 도입한 초경량비행장치의 안전성인증을 받기 위하여 최초로 실시하는 인증 〈개정 2018.06.05.〉
   나. 정기인증 : 안전성인증의 유효기간 만료일이 도래되어 새로운 안전성인증을 받기 위하여 실시하는 인증
   다. 수시인증 : 초경량비행장치의 비행안전에 영향을 미치는 대수리 또는 대개조 후 기술기준에 적합한지를 확인하기 위하여 실시하는 인증
   라. 재인증 : 초도, 정기 또는 수시인증에서 기술기준에 부적합한 사항에 대하여 정비한 후 다시 실시하는 인증

2. “검사원”이란 항공안진기술원(이하 “기술원”이라 한다) 원장이 초경량비행장치의 안전성인증 업무를 위하여 제5조에서 정한 기준에 따라 임명한 사람을 말한다.
3. “위촉검사원”이란 기술원 원장이 검사원 이외의 사람을 제6조에서 정하는 기준에 따라 위촉한 사람을 말한다.
4. “안전성점검표”란 초경량비행장치 종류별로 안전성인증업무의 표준화와 효율적인 업무수행을 위하여 안전성인증을 위한 점검항목을 구체적으로 정한 표를 말한다.
5. “대수리(Major Repair)"란 초경량비행장치, 발동기, 프로펠러 및 장비품 등의 고장 또는 결함으로 중량, 평형, 구조강도, 성능, 발동기 작동, 비행특성 및 기타 품질에 상당하게 작용하여 감항성에 영향을 주는 것으로 간단하고 기초적인 작업으로는 종료할 수 없는 수리를 말한다. 〈개정 2018.06.05.〉
6. “접수일” 이란 신청자가 안전성인증 등의 신청서와 해당 첨부 서류를 빠짐없이 제출하고 수수료 납입을 완료한 날을 말한다.
7. “대개조(Major Alteration)"란 초경량비행장치, 발동기, 프로펠러 및 장비품 등의 설계서에 없는 항목의 변경으로써 중량, 평형, 구조강도, 성능, 발동기 작동, 비행특성 및 기타 품질에 상당하게 작용하여 감항성에 영향을 주는 것으로 간단하고 기초적인 작업으로 종료할 수 없는 개조를 말한다.
8. “안전성인증시스템” 이란 신청자가 컴퓨터 및 정보통신망을 활용하여 이 세칙에서 규정하고 있는 방법 및 서식에 따라 안전성인증을 신청할 수 있으며, 기술원이 해당 신청서의 접수(반려), 인증 결과 처리 및 관련 자료를 보관할 수 있는 정보시스템 일체를 말한다.
9. “사업용 초경량비행장치”란 항공사업법 제70조제4항 및 같은 법 시행규칙 제70조제4항에 따른 초경량비행장치사용사업, 항공기대여업 및 항공레저스포츠사업에 사용되는 초경량비행장치로 영리용으로 신고된 것을 말한다.
10. “농업기계의 검정”이란 농업기계화 촉진법 제9조 및 같은 법 시행규칙 제3조에 따라 농림축산식품부령으로 정하는 농업기계에 대하여 농림축산식품부장관으로부터 받는 검정을 말한다. 〈신설 2018.06.05.〉
11. “농업용 무인항공살포기”란 농업기계화 촉진법 시행규칙 제3조의2에 따른 액제 또는 입제 등의 살포장치를 부착하여 농약이나, 비료살포, 또는 파종 등의 농작업을 수행할 수 있도록 제작된 무인항공살포기를 말한다. 〈신설 2018.06.05.〉

제3조(적용범위) ① 초경량비행장치 안전성인증의 시행 및 관리에 관하여 다른 법령이 정하는 것을 제외하고는 이 세칙을 따른다.

② 이 세칙에서 정하는 안전성인증 대상은 항공안전법 시행규칙(이하 “규칙”이라 한다) 제305조 제1항에 따른 초경량비행장치를 말한다.

제4조(서식의 통일) 안전성인증에 사용되는 서식은 특별한 경우를 제외하고는 이 세칙에서 정한 서식을 사용하여야 한다.

제2장 비행장치 안전성인증

제5조(검사원자격 및 임명) ① 초경량비행장치의 안전성인증 업무를 수행하는 검사원은 법 제31조 제2항 각 호의 어느 하나에 해당하는 사람 또는 항공관련 이공계열 학사 이상의 학위를 취득한 사람이어야 한다.

② 기술원 원장은 제1항에 해당하는 사람 중에서 검사원을 임명하여야 한다.

③ 제2항에 따른 검사원은 기술원 원장이 정하는 교육을 이수하여야 한다.

④ 검사원은 기술원 임직원 행동강령을 숙지하고 준수하여야 하며, 기술원에서 실시하는 윤리·청렴교육을 매년 최소 1회 이상 이수하여야 한다.

제6조(위촉검사원) ① 기술원 원장은 제5조 제1항에 해당하는 전문가를 위촉검사원으로 위촉하여 초경량비행장치 안전성인증 업무를 수행하게 할 수 있다.

② 기술원 원장은 제1항에 따라 위촉된 위촉검사원이 다음 각 호의 어느 하나에 해당하는 때에는 그 위촉을 취소할 수 있다.

1. 허위 또는 그 밖에 부정한 방법으로 위촉을 받은 때
2. 과실로 인하여 주요한 항공사고를 발생시킨 때
3. 법 또는 법에 의한 명령이나 처분에 위반한 때
4. 안전성인증 업무를 위한 지원 요청을 정당한 사유 없이 3회 이상 거부한 때

제7조(검사원 또는 위촉검사원의 업무) 검사원 또는 위촉검사원은 초경량비행장치 안전성인증 업무를 수행할 때 다음 각 호의 사항을 확인하여야 한다.

1. 해당 초경량비행장치의 제원 및 성능에 관한 사항
2. 해당 초경량비행장치의 안전성에 관한 사항 등

제8조(안전성인증) ① 기술기준에 적합하다는 안전성인증(이하 “안전성인증”이라 한다)을 받고자 하는 자는 별지 제1호서식의 초경량비행장치 안전성인증 신청서를 작성하여 기술원 원장에게 신청하여야 한다.

② 기술원 원장은 제1항에 따른 안전성인증 신청을 받은 때에는 별지 제2호서식의 초경량비행장치 안전성인증 신청서 접수대장을 작성하여 갖춰두거나, 안전성인증시스템에 해당 접수대

장의 내용을 작성·보관하고 이를 관리하여야 한다.

③ 제1항에 따라 안전성인증을 신청하는 경우에는 해당 인증에 필요한 다음 각 호의 서류(한글 또는 영어로 작성된 서류)를 첨부하여야 한다. 다만, 제1호 및 제2호의 서류를 기술원이 보유하고 있는 경우에는 제출하지 않아도 된다.

1. 초경량비행장치 설계서 또는 설계도면
2. 초경량비행장치 부품표
3. 별지 제3호부터 제4호까지 서식 중 해당되는 비행 및 주요 정비 현황
4. 별지 제5호부터 제11호까지 서식 중 해당되는 성능검사표
5. 별지 제12호서식의 초경량비행장치 기술기준 이행완료 제출문(초경량비행장치 기술기준에 적합함을 인정할 수 있는 별도의 서류를 제출한 경우에는 제외한다) 〈개정 2018.06.05., 2020.09.28.〉
6. 별지 제13호서식의 작업 지시서(단, 해외에서 완제기로 도입하거나 행글라이더, 패러글라이더 및 낙하산류는 제외한다)
7. 별지 제13호의2서식의 성능개량을 위한 변경 항목 목록표(해당되는 경우) 〈신설 2018.07.06〉

④ 신청서는 안전성인증시스템을 통해 제출하며, 시스템에 로그인한 신청자의 경우 신청 서명을 생략할 수 있다. 다만, 신청자가 안전성인증시스템 사용이 어렵거나, 안전성인증시스템의 수리 등으로 신청이 불가한 경우 우편, 전자우편 또는 팩스(FAX)를 이용하여 제출할 수 있다.

⑤ 초도 안전성인증을 받고자 하는 자는 제3항 제1호, 제2호, 제5호, 제6호 및 제7호의 서류를 제출하고, 이를 근거로 발급되는 별지 제14호서식의 초경량비행장치 임시 안전성인증서를 받아 시험비행을 실시한 후 제3항 제4호의 서류를 제출하여야 하며, 사용하던 초경량비행장치를 도입한 경우에는 제3항 제3호의 서류도 함께 제출한다. 〈개정 2018.07.06〉

⑥ 정기 안전성인증을 받고자 하는 자는 제3항 제3호, 제4호 및 제7호의 서류를 제출하여야 한다. 〈개정 2018.07.06〉

⑦ 안전성인증 유효기간이 경과하여 인증을 받고자 하는 자는 제3항 제3호의 서류를 근거로 발급되는 별지 제14호서식의 초경량비행장치 임시 안전성인증서를 받아 시험비행을 실시한 후 제3항 제4호 서류를 작성하여 제출하여야 한다.

⑧ 수시 안전성인증을 받고자 하는 자는 제3항 제1호, 제2호, 제5호, 제6호 및 제7호의 서류를 근거로 발급되는 별지 제14호서식의 초경량비행장치 임시 안전성인증서를 받아 시험비행을 실시한 후 제3항 제4호의 서류를 작성하여 제출하여야 한다. 〈개정 2018.07.06〉

⑨ 무인멀티콥터의 경우 성능에 영향을 주는 항목(별지 제13호의3의 성능개량을 위한 항목)을 교환하여 성능개량이 이루어진 경우에는 별지 제13호의2서식의 성능개량을 위한 변경 항

목 목록표를 제출하여야 한다. 다만, 그 외 부품교환 시에는 부품교환에 따른 재 안전성인증을 필요로 하지 아니한다. 〈신설 2018.07.06〉

제9조(검사원 지정) 기술원 원장은 검사원 또는 위촉검사원 중에서 안전성인증 업무를 수행할 2명을 지정하여야 한다. 다만, 검사원 또는 위촉검사원의 부족 등 불가피한 경우에는 1명만 지정할 수 있다.

제10조(서류심사 및 안전성인증 일정 통보) ① 기술원 원장은 제8조에 따른 안전성인증 신청을 받은 경우에는 제출된 서류의 이상 유무를 확인하고 문제점이 없다고 판단되는 경우에는 안전성인증 접수일로부터 5근무일 이내에 안전성인증 일정을 신청자에게 통지하여야 한다. 다만, 기술원의 인증시설(검사소 등)에 입고하여 인증을 받는 경우에는 통지를 생략할 수 있다.

② 기술원 원장은 안전성인증 접수일로부터 7근무일 이내에 안전성인증을 실시하여야 한다. 다만, 부득이하여 신청자와 인증일정을 별도로 협의하여 정한 경우에는 예외로 한다.

제11조(안전성인증 준비) 초경량비행장치 안전성인증을 받고자 하는 자는 필요한 경우 인증 장소 및 장비 등을 제공하여야 하며, 해당 초경량비행장치에 대한 다음 각 호의 자료를 제시하여야 한다.

1. 초경량비행장치의 제원 및 성능 자료
2. 제작자의 기술도서 및 조종 설명서
3. 초경량비행장치의 설계서 또는 설계도면, 부품표 자료
4. 외국정부 또는 국제적으로 공인된 기관의 안전성인증 관련 자료(해당되는 경우만 제시한다)

제12조(안전성인증 기준) 기술원 원장이 초경량비행장치 안전성인증을 하고자 하는 때에는 국토교통부장관이 고시한 기술기준에 따라 별지 제15호부터 별지 제23호까지의 서식 중 해당되는 안전성점검표를 작성하고 적합여부를 판단하여야 한다.

제13조(안전성인증 및 판정기준) ① 검사원 또는 위촉검사원은 별지 제15호부터 별지 제23호까지의 서식 중 해당되는 안전성점검표에 따라 각 항목별로 점검을 실시하고 적합 또는 부적합 판정을 하여야 한다.

② 인증 대상별 안전성인증의 합격 기준은 다음 각 호와 같다.

1. 안전성 등이 기술기준에 적정할 것
2. 성능 및 품질이 기술기준에 의한 설계목적에 부합될 것
3. 구조 및 규격이 기술기준에 의한 설계와 동일할 것
4. 사용된 부품 및 원재료가 제출된 부품표의 품목과 동일할 것

5. 규칙 제5조에 따른 중량 이내일 것
6. 삭제 〈2018.02.27.〉

③ 초경량비행장치를 인증한 검사원 2명 중 1명이 해당 초경량비행장치에 대하여 불합격 판정을 하였을 경우에는 불합격으로 처리하여야 한다.

제14조(재인증) ① 기술원 원장은 부적합한 사항 등으로 안전성인증 결과 불합격으로 판정한 초경량비행장치에 대하여 3근무일 이내에 별지 제24호서식의 초경량비행장치 안전성인증 재인증 통지서에 그 사유와 정비·수정 및 보완 또는 추가확인이 요구되는 사항 등을 포함한 안전성인증 결과를 신청자에게 통지하여야 한다. 〈개정 2018.06.05.〉

② 제1항의 통지를 받은 자는 해당 초경량비행장치의 불합격 판정을 받은 부적합 항목에 대하여 정비·수정 및 보완을 한 후 기술원 원장에게 별지 제1호서식의 초경량비행장치 안전성인증 재인증 신청서를 작성하여 불합격 통지일로부터 6개월 이내에 신청하여야 한다.

③ 기술원 원장은 제2항에 따른 재인증 신청을 받은 경우에는 접수일로부터 7근무일 이내에 재인증을 하여야 한다. 다만, 부득이 하여 신청자와 안전성인증 일정을 별도로 협의한 경우에는 예외로 한다.

④ 재인증은 해당 초경량비행장치의 불합격 판정을 한 부적합 항목에 국한하여 안전성인증 및 점검하는 것을 원칙으로 하되, 제2항에 따른 재인증 신청기간을 경과하여 재인증 신청을 하는 경우에는 정기 안전성인증 항목에 불합격된 항목을 포함하여 안전성인증을 실시한다. 〈개정 2018.06.05.〉

제15조(수시 안전성인증) ① 초경량비행장치 소유자가 안전성인증의 유효기간 이내에 초경량비행장치의 비행안전에 영향을 미치는 대수리 또는 대개조를 하였을 경우에는 기술원 원장으로부터 수시 안전성인증을 받아야 한다. 다만, 같은 부품으로 교환하는 경우에는 수시 안전성인증 대상에서 제외한다.

② 제1항에 따른 수시 안전성인증에 관하여는 제8조부터 제14조까지를 준용한다.

제16조(안전성인증서 발급 등) ① 기술원 원장은 안전성인증 결과 초경량비행장치가 기술기준에 적합하다고 판정을 하였을 때에는 별지 제25호서식의 초경량비행장치 안전성인증서를 신청자에게 발급하여야 한다. 다만, 검사원은 신청자의 편의를 도모하기 위하여 미리 초경량비행장치 안전성인증서 등을 휴대하여 현지에서 교부할 수 있다. 이 경우 기술원 원장은 안전성인증 완료일로부터 3근무일 이내에 신청자에게 초경량비행장치 안전성인증서가 발급되었음을 통지하여야 한다. 〈개정 2018.06.05.〉

② 안전성인증의 유효기간은 영리용의 경우 발급일로부터 1년으로 하고, 비영리용의 경우 2년으로 한다. 〈개정 2018.06.05.〉

③ 정기 안전성인증의 경우 안전성인증 유효기간 만료일 전 30일 이내에 접수하여 합격판정을 받은 경우에는 종전 안전성인증 유효기간 만료일의 다음날부터 기산한다.

④ 수시 안전성인증에 대한 안전성인증의 유효기간은 종전의 안전성인증 유효기간으로 한다.

⑤ 초경량비행장치의 소유자가 초경량비행장치 안전성인증서를 분실 또는 훼손 등의 사유로 재발급을 받고자 하는 경우나 영문 안전성인증서를 발급받고자 하는 경우에는 기술원 원장에게 별지 제26호서식의 초경량비행장치 안전성인증서 발급 신청서를 제출하여야 한다. 〈개정 2019.06.24.〉

⑥ 기술원 원장은 제5항에 따른 초경량비행장치 안전성인증서 재발급 신청서를 접수한 때에는 그 내용을 확인하여 타당하다고 인정되는 경우 3근무일 이내에 초경량비행장치 안전성인증서를 재발급하여야 한다.

제17조(임시로 발급할 수 있는 안전성인증서 등) ① 기술원 원장은 다음 각 호에 해당하는 초경량비행장치가 시험비행(안전성인증을 위한 이동비행을 포함한다) 등을 위하여 안전성인증을 신청한 경우 신청자가 제시한 운용범위 등을 검토하여 안전하게 비행할 수 있다고 판단되는 경우에는 별지 제14호서식 안전성인증서(임시)를 발급할 수 있다.

1. "초경량비행장치 기술기준"에 따라 국내 또는 국외에서 제작되어(제작중인 것을 포함한다) 최초로 안전성인증을 신청한 초경량비행장치 〈개정 2020.09.28.〉
2. 안전성인증서의 효력을 상실하였거나 유효기간이 경과하여 정기·수시·재인증을 신청한 초경량비행장치

② 임시로 발급하는 초경량비행장치 안전성인증서의 유효기간은 10일 이내로 하며, 다음 각 호의 제한사항을 명시하여 발급하여야 한다. 다만, 제1항 제1호의 초도 안전성인증의 경우는 30일 이내로 한다.

1. 비행지역 및 경로
2. 비행목적 외의 비행 금지
3. 그밖에 안전한 비행을 위해 필요한 사항

③ 임시로 발급하는 안전성인증서의 유효기간이 경과한 후에 비행 점검 등이 추가적으로 필요한 경우 1회에 한하여 안전성인증서를 임시로 발급할 수 있다. 다만, 기상악화 등 시험비행이 불가한 경우에는 추가적으로 발급할 수 있다.

제18조(서류보존) 기술원 원장은 초경량비행장치 안전성인증 신청서 접수대장은 10년, 신청 관련 구비서류는 5년간 보존하여야 한다. 다만, 안전성인증시스템과 같이 컴퓨터 등 전산정보처리장치로 보관·관리가 가능한 경우는 해당 장치로 보존할 수 있다.

제19조(농업기계의 검정과 관련된 사항) ① 무인동력비행장치 중 농업기계화 촉진법에 따라 "농업기계의 검정" 대상인 "농업용 무인항공살포기"는 안전성인증 신청 시 농업기계화 촉진법 시행규칙 별지 제2호서식 "농업기계 검정신청서"를 기술원으로 함께 제출할 수 있다. 〈신설 2018.02.27.〉, 〈개정 2018.06.05.〉

② 기술원 원장은 안전성인증 신청과 함께 농업기계 검정신청서가 제출 된 경우 해당 농업기계 검정 신청서를 검정기관인 농업기술실용화재단으로 송부한다. 〈신설 2018.02.27.〉, 〈개정 2018.06.05.〉

③ 신청자가 안전성인증과 농업기계 검정을 동시 또는 연계하여 받을 것을 요청하는 경우, 기술원 원장은 제10조에 따른 서류심사가 완료된 이후 신청자 및 농업기술실용화재단과 협의하여 일자 및 장소를 신청자에게 통지하여야 한다. 다만, 신청자 및 인증·검정기관이 일자 및 장소 등의 변경을 요청할 경우 재협의를 통해 이를 변경할 수 있다. 〈신설 2018.06.05.〉

[본조신설 2018.02.27.]

제3장 수수료 등

제20조(수수료) ① 초경량비행장치 안전성인증과 관련된 수수료는 항공안전법 제136조 및 같은 법 시행규칙 제321조에 따른다. 다만, 안전성인증서(임시)의 발급 수수료는 면제한다.

② 안전성인증을 위하여 현지출장이 필요한 때에는 그 출장에 드는 여비를 신청자가 납부하여야 한다. 이 경우 여비의 기준은 기술원의 "여비규정"에 따른다.

③ 제14조 제2항에 따른 재인증 신청기간을 경과하여 신청하는 경우에는 정기 안전성인증 수수료를 납부하여야 한다. 〈개정 2018.02.27.〉

제21조(수당 등) ① 기술원 원장은 위촉검사원이 안전성인증을 수행한 경우에는 소요경비(운임, 일비, 식비, 숙박비(해당하는 경우에 한함)) 및 수당을 지급할 수 있다.

② 제1항의 소요경비 및 수당은 기술원의 "여비규정" 및 "전문가활용비지급지침"을 준용한다. 〈개정 2018.02.27.〉

부칙

제1조(시행일) 이 세칙은 2017년 11월 03일부터 시행한다.

부칙

제1조(시행일) 이 세칙은 2018년 02월 27일부터 시행한다.

부칙

제1조(시행일) 이 세칙은 2018년 06월 05일부터 시행한다.

제2조(용어) 제1조의 시행일로부터 항공안전법 등 관련법령에 따라 “안전성인증검사업무” 등을 “안전성인증 업무” 등으로 적용하여 이 세칙을 시행한다.

부칙

제1조(시행일) 이 세칙은 2018년 07월 06일부터 시행한다.

부칙

제1조(시행일) 이 세칙은 2019년 06월 24일부터 시행한다.

부칙

제1조(시행일) 이 세칙은 국토교통부장관의 승인을 얻은 날부터 시행한다

제2조(초경량비행장치 안전성인증에 관한 적용례) 별지 제19호 서식은 2021년 3월 10일에 시행한다.

제3조(별지 제19호서식 개정에 따른 경과조치) 세칙 개정 이전 안전성인증을 받은 기구류는 별지 제19호서식의 개정에 따른 초경량비행장치 안전성인증을 받은 것으로 본다.

33. 항공안전법 시행규칙 [별표 23] 공역의 구분(제221조제1항 관련)

1. 제공하는 항공교통업무에 따른 구분

구분		내용
관제공역	A등급 공역	모든 항공기가 계기비행을 해야 하는 공역
	B등급 공역	계기비행 및 시계비행을 하는 항공기가 비행 가능하고, 모든 항공기에 분리를 포함한 항공교통관제업무가 제공되는 공역
	C등급 공역	모든 항공기에 항공교통관제업무가 제공되나, 시계비행을 하는 항공기 간에는 교통정보만 제공되는 공역
	D등급 공역	모든 항공기에 항공교통관제업무가 제공되나, 계기비행을 하는 항공기와 시계비행을 하는 항공기 및 시계비행을 하는 항공기 간에는 교통정보만 제공되는 공역
	E등급 공역	계기비행을 하는 항공기에 항공교통관제업무가 제공되고, 시계비행을 하는 항공기에 교통정보가 제공되는 공역
비관제공역	F등급 공역	계기비행을 하는 항공기에 비행정보업무와 항공교통조언업무가 제공되고, 시계비행항공기에 비행정보업무가 제공되는 공역
	G등급 공역	모든 항공기에 비행정보업무만 제공되는 공역

2. 공역의 사용목적에 따른 구분

구분		내용
관제공역	관제권	「항공안전법」 제2조제25호에 따른 공역으로서 비행정보구역 내의 B, C 또는 D등급 공역 중에서 시계 및 계기비행을 하는 항공기에 대하여 항공교통관제업무를 제공하는 공역
	관제구	「항공안전법」 제2조제26호에 따른 공역(항공로 및 접근관제구역을 포함한다)으로서 비행정보구역 내의 A, B, C, D 및 E등급 공역에서 시계 및 계기비행을 하는 항공기에 대하여 항공교통관제업무를 제공하는 공역
	비행장 교통구역	「항공안전법」 제2조제25호에 따른 공역 외의 공역으로서 비행정보구역 내의 D등급에서 시계비행을 하는 항공기 간에 교통정보를 제공하는 공역
비관제공역	조언구역	항공교통조언업무가 제공되도록 지정된 비관제공역
	정보구역	비행정보업무가 제공되도록 지정된 비관제공역

통제공역	비행금지구역	안전, 국방상, 그 밖의 이유로 항공기의 비행을 금지하는 공역
	비행제한구역	항공사격·대공사격 등으로 인한 위험으로부터 항공기의 안전을 보호하거나 그 밖의 이유로 비행허가를 받지 않은 항공기의 비행을 제한하는 공역
	초경량비행장치 비행제한구역	초경량비행장치의 비행안전을 확보하기 위하여 초경량비행장치의 비행활동에 대한 제한이 필요한 공역
주의공역	훈련구역	민간항공기의 훈련공역으로서 계기비행항공기로부터 분리를 유지할 필요가 있는 공역
	군작전구역	군사작전을 위하여 설정된 공역으로서 계기비행항공기로부터 분리를 유지할 필요가 있는 공역
	위험구역	항공기의 비행시 항공기 또는 지상시설물에 대한 위험이 예상되는 공역
	경계구역	대규모 조종사의 훈련이나 비정상 형태의 항공활동이 수행되는 공역

34. 항공안전법 시행규칙 [별지 제122호서식] 초경량비행장치 비행승인신청서

■ 항공안전법 시행규칙 [별지 제122호서식] <개정 2020. 2. 28.>

초경량비행장치 비행승인신청서

※ 색상이 어두운 난은 신청인이 작성하지 아니하며, [ ]에는 해당되는 곳에 √표를 합니다. (앞 쪽)

접수번호	접수일시	처리기간 3일

신 청 인	성명/명칭	생년월일
	주소	연락처
비행장치	종류/형식	용도
	소유자 (전화:)	
	신고번호	안전성인증서번호 (유효만료기간) (. .)
비행계획	일시 또는 기간(최대 6개월)	구역
	비행목적/방식	보험 [ ] 가입 [ ] 미가입
	경로/고도	
조 종 자	성명	생년월일
	주소	연락처
	자격번호 또는 비행경력	
동 승 자	성명	생년월일
	주소	
탑재장치	무선전화송수신기	
	2차감시레이더용트랜스폰더	

「항공안전법」 제127조제2항 및 같은 법 시행규칙 제308조제2항에 따라 비행승인을 신청합니다.

년 월 일

신고인 (서명 또는 인)

지방항공청장 귀하

작 성 방 법

1. 「항공안전법 시행령」 제24조에 따른 신고를 필요로 하지 않는 초경량비행장치 또는 「항공안전법 시행규칙」 제305조제1항에 따른 안전성인증의 대상이 아닌 초경량비행장치의 경우에는 비행장치란 중 신고번호 또는 안전성인증서번호를 적지 않아도 됩니다.
2. 항공레저스포츠사업에 사용되는 초경량비행장치이거나 무인비행장치인 경우에는 동승자란을 적지 않아도 됩니다.

210㎜×297㎜[백상지(80g/㎡) 또는 중질지(80g/㎡)]

(뒤 쪽)

처 리 절 차

이 신청서는 아래와 같이 처리됩니다.

신청인	처리기관
	지방항공청 운항담당 부서

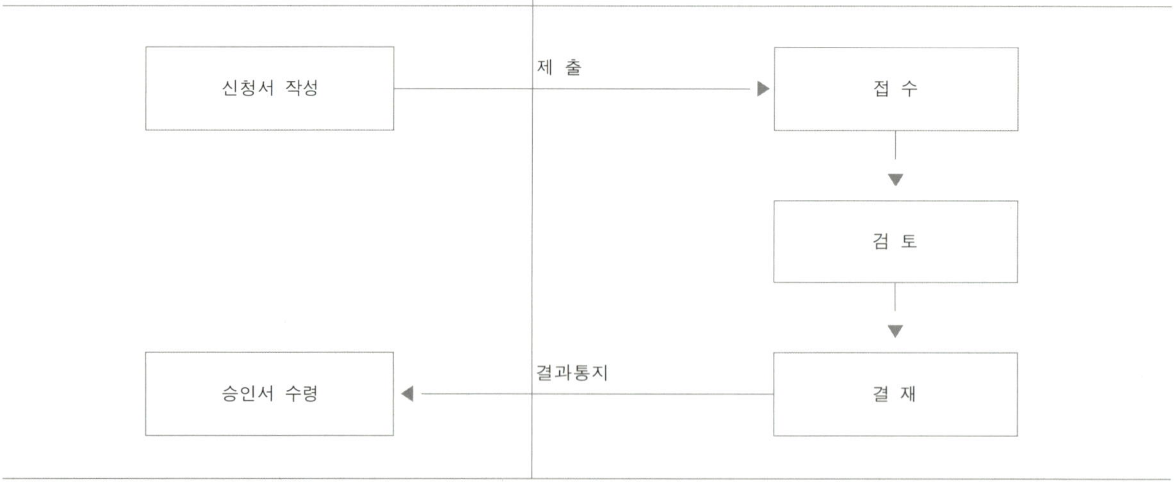

5.2 항공사업법

[초경량비행장치사용사업의 사업범위 등]

항공사업법 시행규칙
출처 https://www.law.go.kr/

1. 항공사업법 시행규칙 제6조(초경량비행장치사용사업의 사업범위 등)
   가. ① 법 제2조제23호에서 "국토교통부령으로 정하는 초경량비행장치"란 「항공안전법 시행규칙」 제5조제2항제5호에 따른 무인비행장치를 말한다.
   나. ② 법 제2조제23호에서 "농약살포, 사진촬영 등 국토교통부령으로 정하는 업무"란 다음 각 호의 어느 하나에 해당하는 업무를 말한다.
      1) 비료 또는 농약 살포, 씨앗 뿌리기 등 농업 지원
      2) 사진촬영, 육상 · 해상 측량 또는 탐사
      3) 산림 또는 공원 등의 관측 또는 탐사
      4) 조종교육
      5) 그 밖의 업무로서 다음 각 목의 어느 하나에 해당하지 아니하는 업무
         가) 국민의 생명과 재산 등 공공의 안전에 위해를 일으킬 수 있는 업무
         나) 국방 · 보안 등에 관련된 업무로서 국가 안보를 위협할 수 있는 업무

2. 항공사업법 시행규칙 제7조(항공레저스포츠사업에 사용되는 항공기 등)
   가. ① 법 제2조제26호 가목에서 "국토교통부령으로 정하는 초경량비행장치"란 다음 각 호의 어느 하나에 해당하는 것을 말한다.
      1) 인력활공기(人力滑空機)
      2) 기구류
      3) 동력패러글라이더(착륙장치가 없는 비행장치로 한정한다)
      4) 낙하산류
   나. ② 법 제2조제26호나목1)에서 "활공기 등 국토교통부령으로 정하는 항공기"란 활공기 또는 비행선을 말한다.

[초경량비행장치사용사업의 등록]

항공사업법 & 항공사업법 시행규칙
출처 https://www.law.go.kr/

3. 항공사업법 제48조(초경량비행장치사용사업의 등록)

가. ① 초경량비행장치사용사업을 경영하려는 자는 국토교통부령으로 정하는 바에 따라 신청서에 사업계획서와 그 밖에 국토교통부령으로 정하는 서류를 첨부하여 국토교통부장관에게 등록하여야 한다. 등록한 사항 중 국토교통부령으로 정하는 사항을 변경하려는 경우에는 국토교통부장관에게 신고하여야 한다.

나. ② 제1항에 따른 초경량비행장치사용사업을 등록하려는 자는 다음 각 호의 요건을 갖추어야 한다. 〈개정 2016.12.2〉

1) 자본금 또는 자산평가액이 3천만원 이상으로서 대통령령으로 정하는 금액 이상일 것. 다만, 최대이륙중량이 25킬로그램 이하인 무인비행장치만을 사용하여 초경량비행장치사용사업을 하려는 경우는 제외한다.

2) 초경량비행장치 1대 이상 등 대통령령으로 정하는 기준에 적합할 것

3) 그 밖에 사업 수행에 필요한 요건으로서 국토교통부령으로 정하는 요건을 갖출 것

다. ③ 다음 각 호의 어느 하나에 해당하는 자는 초경량비행장치사용사업의 등록을 할 수 없다. 〈개정 2017.12.26〉

1) 제9조 각 호의 어느 하나에 해당하는 자

2) 초경량비행장치사용사업 등록의 취소처분을 받은 후 2년이 지나지 아니한 자. 다만, 제9조제2호에 해당하여 제49조제8항에 따라 초경량비행장치사용사업 등록이 취소된 경우는 제외한다.

4. 항공사업법 시행규칙 제47조(초경량비행장치사용사업의 등록)

가. ① 법 제48조에 따른 초경량비행장치사용사업을 하려는 자는 별지 제26호서식의 등록신청서(전자문서로 된 신청서를 포함한다)에 다음 각 호의 서류(전자문서를 포함한다)를 첨부하여 지방항공청장에게 제출하여야 한다. 이 경우 지방항공청장은 「전자정부법」 제36조제1항에 따른 행정정보의 공동이용을 통하여 법인 등기사항증명서(신청인이 법인인 경우만 해당한다)와 부동산 등기사항증명서(타인의 부동산을 사용하는 경우는 제외한다)를 확인하여야 한다.

1) 해당 신청이 법 제48조제2항에 따른 등록요건을 충족함을 증명하거나 설명하는 서류 1부

2) 다음 각 목의 사항을 포함하는 사업계획서

가) 사업목적 및 범위

나) 초경량비행장치의 안전성 점검 계획 및 사고 대응 매뉴얼 등을 포함한 안전관리대책

다) 자본금

라) 상호 · 대표자의 성명과 사업소의 명칭 및 소재지

마) 사용시설 · 설비 및 장비 개요
바) 종사자 인력의 개요
사) 사업 개시 예정일
3) 부동산을 사용할 수 있음을 증명하는 서류(타인의 부동산을 사용하는 경우만 해당한다)

나. ② 지방항공청장은 제1항에 따른 등록신청서의 내용이 명확하지 아니하거나 첨부서류가 미비한 경우에는 7일 이내에 보완을 요구하여야 한다.

다. ③ 지방항공청장은 제1항에 따라 등록신청을 받았을 때에는 법 제48조제2항에 따른 초경량비행장치사용사업 등록요건을 충족하는지를 심사하여 신청내용이 적합하다고 인정되면 별지 제9호서식의 등록대장에 그 사실을 적고, 별지 제10호서식의 등록증을 발급하여야 한다.

라. ④ 지방항공청장은 제3항에 따른 등록 신청 내용을 심사할 때 초경량비행장치사용사업의 등록 신청인과 계약한 이착륙장 시설 · 설비의 소유자 등이 해당 계약을 이행할 수 있는지에 관하여 관계 행정기관 또는 단체의 의견을 들을 수 있다.

마. ⑤ 제3항의 등록대장은 전자적 처리가 불가능한 특별한 사유가 없으면 전자적 처리가 가능한 방법으로 작성 · 관리하여야 한다.

[초경량비행장치사용사업에 대한 준용규정]

항공사업법 시행규칙
출처 https://www.law.go.kr/

5. 항공사업법 제49조(초경량비행장치사용사업에 대한 준용규정)

가. ① 초경량비행장치사용사업의 사업계획에 관하여는 제32조를 준용한다.

나. ② 초경량비행장치사용사업의 명의대여 등의 금지에 관하여는 제33조를 준용한다.

다. ③ 초경량비행장치사용사업의 양도 · 양수에 관하여는 제34조를 준용한다.

라. ④ 초경량비행장치사용사업의 합병에 관하여는 제35조를 준용한다.

마. ⑤ 초경량비행장치사용사업의 상속에 관하여는 제36조를 준용한다.

바. ⑥ 초경량비행장치사용사업의 휴업 및 폐업에 관하여는 제37조 및 제38조를 준용한다.

사. ⑦ 초경량비행장치사용사업의 사업개선 명령에 관하여는 제39조를 준용한다. 이 경우 제39조제2호 중 "항공기"는 "초경량비행장치"로, 같은 조 제3호 중 "「항공안전법」 제2조제6호에 따른 항공기사고"는 "「항공안전법」 제2조제8호에 따른 초경량비행장치사고"로 본다.

아. ⑧ 초경량비행장치사용사업의 등록취소 또는 사업정지에 관하여는 제40조(같은 조 제1항제4호의2 · 제13호는 제외한다)를 준용한다. 〈개정 2017. 1. 17.〉

자. ⑨ 초경량비행장치사용사업에 대한 과징금의 부과에 관하여는 제41조를 준용한다. 이 경우 제41조제1항 중 "10억원"은 "3천만원"으로 본다.

5.3 항공법

[항공정보]

항공법 시행규칙
출처 https://www.law.go.kr/

1. 항공법 시행규칙 제216조(항공정보)

가. ① 법 제73조제1항에 따른 항공정보의 내용은 다음 각 호와 같다.
  1) 비행장과 항행안전시설의 공용의 개시, 휴지, 재개(再開) 및 폐지에 관한 사항
  2) 비행장과 항행안전시설의 중요한 변경 및 운용에 관한 사항
  3) 비행장을 이용할 때에 있어 항공기의 운항에 장애가 되는 사항
  4) 비행의 방법, 결심고도, 최저강하고도, 비행장 이륙 · 착륙 기상 최저치 등의 설정과 변경에 관한 사항
  5) 항공교통업무에 관한 사항
  6) 다음 각 목의 공역에서 하는 로켓 · 불꽃 · 레이저광선 또는 그 밖의 물건의 발사, 무인기구(기상관측용 및 완구용은 제외한다)의 계류 · 부양 및 낙하산 강하에 관한 사항
    가) 진입표면 · 수평표면 · 원추표면 또는 전이표면을 초과하는 높이의 공역
    나) 항공로 안의 높이 150미터 이상인 공역
    다) 그 밖에 높이 250미터 이상인 공역
  7) 그 밖에 항공기의 운항에 도움이 될 수 있는 사항

나. ② 항공정보에 사용되는 측정단위는 다음 각 호의 어느 하나의 방법에 따라 사용한다.
  1) 고도(Altitude): 미터(m) 또는 피트(ft)
  2) 시정(Visibility): 킬로미터(㎞) 또는 마일(SM). 이 경우 5킬로미터 미만의 시정은 미터(m) 단위를 사용한다.
  3) 주파수(Frequency): 헤르쯔(㎐)
  4) 속도(Velocity Speed): 초당 미터(㎧)
  5) 온도(Temperature): 섭씨도(℃)

다. ③ 제1항에 따른 항공정보는 다음 각 호의 어느 하나의 방법으로 제공한다.
  1) 항공정보간행물(AIP)
  2) 항공고시보(NOTAM)
  3) 항공정보회람(AIC)
  4) 비행 전 · 후 정보(Pre-Flight and Post-Flight Information)를 적은 자료

라. ④ 법 제73조제2항에 따라 발간하는 항공지도에 제공하는 사항은 다음 각 호와 같다.

1) 비행장장애물도(Aerodrome Obstacle Chart)
2) 정밀접근지형도(Precision Approach Terrain)
3) 항공로도(Enroute Chart)
4) 지역도(Area Chart)
5) 표준계기출발도(Standard Departure Chart-Instrument)
6) 표준계기도착도(Standard Arrival Chart-Instrument)
7) 계기접근도(Instrument Approach Chart)
8) 시계접근도(Visual Approach Chart)
9) 비행장 또는 헬기장도(Aerodrome/Heliport Chart)
10) 비행장지상이동도(Aerodrome Ground Movement Chart)
11) 항공기주기도 또는 접현도(Aircraft Parking/Docking Chart)
12) 세계항공도(World Aeronautical Chart)
13) 항공도(Aeronautical Chart)
14) 항법도(Aeronautical Navigation Chart)
15) 레이더 최저고도도(Radar Minimum Altitude Chart)

마. ⑤ 제1항부터 제4항까지에 따른 항공정보의 제공 및 항공지도의 발간 등에 관한 세부사항은 국토해양부장관이 정하여 고시한다.[전문개정 2009. 9. 10.]

[항공정보]

국토교통부
출처 http://www.molit.go.kr

2. 항공정보업무란
: 항공기운항의 안전성·정규성 및 효율성을 확보하기 위하여 필요한 정보를 비행정보구역에서 비행하는 사람 등에게 제공하는 업무를 말한다.

3. 항공정보의 내용
가. 비행장과 항행안전시설의 공용의 개시, 휴지, 재개(再開) 및 폐지에 관한 사항
나. 비행장과 항행안전시설의 중요한 변경 및 운용에 관한 사항
다. 비행장을 이용할 때에 있어 항공기의 운항에 장애가 되는 사항
라. 비행의 방법, 결심고도, 최저강하고도, 비행장 이륙·착륙 기상 최저치 등의 설정과 변경에 관한 사항
마. 항공교통업무에 관한 사항
바. 다음 각 목의 공역에서 하는 로켓·불꽃·레이저광선 또는 그 밖의 물건의 발사, 무인기구(기상관측용 및 완구용은 제외한다)의 계류·부양 및 낙하산 강하에 관한 사항

1) 진입표면·수평표면·원추표면 또는 전이표면을 초과하는 높이의 공역
2) 항공로 안의 높이 150미터 이상인 공역
3) 그 밖에 높이 250미터 이상인 공역

사. 그 밖에 항공기의 운항에 도움이 될 수 있는 사항

4. 항공정보의 제공형태

가. 항공정보간행물(AIP)

: 항공정보간행물은 항공항행에 필수적이고 영구적인 성격의 항공정보를 수록한 책자형태의 간행물로서 일반사항(GEN), 항행(ENR), 비행장(AD) 편으로 구성되어 있다. 일반사항(GEN)에는 항공정보간행물에 수록되어 있는 항행시설, 업무 또는 절차에 대한 소관 기관의 설명, 업무 또는 시설의 국제적인 사용에 필요한 일반적인 조건, 국내규정과 국제규정의 중요 차이점 등이 수록되어 있다. 항행(ENR)에는 비행정보구역, 항공로 현황, 비행제한구역 등 항행에 필요한 정보가 수록되어 있으며, 비행장(AD)에는 공항에 대한 일반정보, 활주로 제원, 공항 출도착 비행절차 등이 수록되어 있다. 항공정보간행물은 기본 책자로서 인쇄물 형태와 CD 형태로 제공되며 두 가지 형태의 또 다른 항공정보형태, 즉 수정판(Amendment) 및 보충판(Supplement)으로서 그 수록내용이 수정 또는 보완된다. 수정판(Amendment)은 항공정보에 수록된 내용 중에서 영구적으로 변경되는 사항을 수록하여 발간되며, 보충판(Supplement)"은 항공정보간행물에 수록된 정보가 일시적인 변경되는 사항을 수록하여 발간된다.

나. 항공고시보(Notice to Airmen, NOTAM)

: 항공고시보는 항공시설, 업무, 절차 또는 장애요소, 항공기 운항관련자가 필수적으로 적시에 숙지해야 할 사항의 신설, 상태 또는 변경에 관한 정보 등 긴급히 공지해야할 사항을 수록하여 통신수단을 통해 배포되는 공고문을 말한다. 원칙적으로 항공고시보는 전세계적으로 연결되어 있는 항공고정통신망(AFTN, Aeronautical fixed telecommunication network)을 통하여 전문형태로 제공되어야 한다. 그러나 정보통신기술의 발달과 인터넷 사용이 전세계적으로 확산됨에 따라 인터넷 웹사이트에 항공고시보를 등재하는 방식도 점차 사용되고 있는 추세이다.

다. 항공정보회람(Aeronautical Information Circular, AIC)

: 항공정보회람은 비행안전·항행·기술·행정·규정개정 등에 관한 내용으로써 항공고시보 또는 항공정보간행물에 의한 전파의 대상이 되지 않는 정보를 수록한 공고문으로서 녹색, 황색, 백색, 분홍색, 자주색의 용지를 사용하여 수록내용을 구분한다. 행정적인 사항에 대해서는 백색(white), 항공교통관제 관련사항은 황색(yellow), 안전관련사항은 분홍색(pink), 위험구역 지도는 자주색(mauve) 그리고 지도 및 챠트에 관한 사항은 녹색(green) 용지를 각각 사용한다.

비행전·후 정보(Pre-Flight and Post Flight Information)를 적은 자료 비행전정보게시(Preflight Information Bulletin, PIB)는 비행전에 운영상 중요한 유효 항공고시보 정보들을 취합하여 요약한 공고문으로서 오늘날 대부분의 경우 시스템을 사용하여 자동으로 확인할 수 있는 방법으로 제공된다.

라. 항공정보관리절차(AIRAC)

: 국제민간항공조약 부속서 15에 규정된 바에 의하며 항공정보관리절차(AIRAC)는 "운영방식에 대한 중요한 변경을 필요로 하는 상황을 국제적으로 합의된 공통의 발효일자를 기준으로 하여 사전에 통보하기 위해 수립된 체제"를 말한다. 1964년에 국제민간항공기구는 항공과 관련된 중요사항은 전세계적으로 공통된 발효일자에 발효시키는 체제를 도입하였으며, 1964년 11.19일부터 28일 간격으로 1년에 13개의 발효일자를 지정하였다. 또한 1953년에 국제민간항공기구는 "사전통보" 개념을 도입하였는데 사전에 계획된 중요사항의 신설, 변경 등에 관한 사항은 발효일전에 미리 충분한 시간을 두고 항공정보를 통보하여야 한다는 것이다. 사전에 항공정보를 제공함으로써 조종사, 항공기 운영자 들은 항공기 장비 업데이트를 적시에 시행할 수 있고, 종사자에 대한 교육훈련 또한 충분히 실시힐 수 있어 중요변경에 효과적으로 대응할 수 있다.

: AIRAC 발행 대상

- ㅇ 공역 및 항공교통업무절차
- ㅇ 항행안전무선시설 및 통신시설의 위치, 주파수, 호출부호, 운용의 불규칙성 및 정비기간
- ㅇ 기상시설(기상방송 포함) 및 절차
- ㅇ 활주로 및 정지로
- ㅇ 항공장애물의 위치, 높이 및 등화
- ㅇ 유도로 및 에이프런
- ㅇ 비행장, 시설 및 업무의 운영시간
- ㅇ 위험구역, 금지구역, 제한구역 및 항행에 대한 장애요소,
- ㅇ 군 훈련 및 항공기의 대량이동
- ㅇ 요격이 가능성이 존재하는 임시로 설정된 구역 또는 비행로 또는 그 일부분
- ㅇ 세관, 입국관리 및 검역업무

[항공법에서 정한 용어정리]

항공법
출처 https://www.law.go.kr/

5. 항공법 제2조(정의) 이 법에서 사용하는 용어의 뜻은 다음과 같다. 〈개정 2011. 12. 2., 2012. 1. 26., 2013. 3. 23., 2014. 1. 14., 2015. 6. 22.〉

가. "항공기"란 비행기, 비행선, 활공기(滑空機), 회전익(回轉翼)항공기, 그 밖에 대통령령으로 정하는 것으로서 항공에 사용할 수 있는 기기(機器)를 말한다.

나. "국가기관등항공기"란 국가, 지방자치단체, 그 밖에 「공공기관의 운영에 관한 법률」에 따른 공공기관으로서 대통령령으로 정하는 공공기관(이하 "국가기관등"이라 한다)이 소유하거나 임차(賃借)한 항공기로서 다음 각 목의 어느 하나에 해당하는 업무를 수행하기 위하여 사용되는 항공기를 말한다. 다만, 군용 · 경찰용 · 세관용 항공기는 제외한다.

1) 재난 · 재해 등으로 인한 수색(搜索) · 구조
2) 산불의 진화 및 예방
3) 응급환자의 후송 등 구조 · 구급활동
4) 그 밖에 공공의 안녕과 질서유지를 위하여 필요한 업무

다. "항공업무"란 다음 각 목의 어느 하나에 해당하는 것을 말한다.

1) 항공기에 탑승하여 하는 항공기의 운항(항공기 조종연습은 제외한다)
2) 항공교통관제(航空交通管制)
3) 운항 관리 및 무선설비의 조작(操作)
4) 정비 · 수리 · 개조(이하 "정비등"이라 한다)된 항공기 · 발동기 · 프로펠러(이하 "항공기등"이라 한다), 장비품 또는 부품에 대하여 제22조에 따라 안전성 여부를 확인하는 업무
5) 항공기에 사람이 탑승하지 아니하고 원격 · 자동으로 비행할 수 있는 항공기(이하 "무인항공기"라 한다)의 운항

라. "항공종사자"란 제25조제1항에 따른 항공종사자 자격증명을 받은 사람을 말한다.

마. "객실승무원"이란 항공기에 탑승하여 비상시 승객을 탈출시키는 등 안전업무를 수행하는 승무원을 말한다.

바. "비행장"이란 항공기 · 경량항공기 · 초경량비행장치의 이륙[이수(離水)를 포함한다. 이하 같다] · 착륙[착수(着水)를 포함한다. 이하 같다]을 위하여 사용되는 육지 또는 수면(水面)의 일정한 구역으로서 대통령령으로 정하는 것을 말한다.

사. "공항"이란 공항시설을 갖춘 공공용 비행장으로서 국토교통부장관이 그 명칭 · 위치 및 구역을 지정 · 고시한 것을 말한다.

아. "공항운영자"란 「인천국제공항공사법」, 「한국공항공사법」 등 관련 법률에 따라 공항운영의 권한을 부여받은 자 또는 그 권한을 부여받은 자로부터 공항운영의 권한을 위탁 · 이전받은 자를 말한다.

자. “공항시설”이란 항공기의 이륙 · 착륙 및 여객 · 화물의 운송을 위한 시설과 그 부대시설 및 지원시설로서 공항구역에 있는 시설과 공항구역 밖에 있는 시설 중 대통령령으로 정하는 시설로서 국토교통부장관이 지정한 시설을 말한다.

차. “공항구역”이란 공항으로 사용되고 있는 지역으로서 「국토의 계획 및 이용에 관한 법률」 제30조 및 제43조에 따라 도시계획시설로 결정된 지역을 말한다.

카. “공항개발예정지역”이란 공항개발사업을 목적으로 제91조에 따라 국토교통부장관이 공항개발기본계획으로 고시한 지역을 말한다.

타. “공항개발사업”이란 이 법에 따라 시행하는 공항시설의 신설 · 증설 · 정비 또는 개량에 관한 사업을 말한다.

파. “착륙대”란 활주로와 항공기가 활주로를 이탈하는 경우 항공기와 탑승자의 피해를 줄이기 위하여 활주로 주변에 설치하는 안전지대로서 국토교통부령으로 정하는 길이와 폭으로 이루어지는 활주로 중심선에 중심을 두는 직사각형의 지표면 또는 수면을 말한다.

하. “비행정보구역”이란 항공기의 안전하고 효율적인 비행과 항공기의 수색 또는 구조에 필요한 정보를 제공하기 위한 공역(空域)으로서 「국제민간항공조약」 및 같은 조약 부속서에 따라 국토교통부장관이 그 명칭, 수직 및 수평 범위를 지정 · 공고한 공역을 말한다.

거. “항공기사고”란 사람이 항공기에 비행을 목적으로 탑승한 때부터 탑승한 모든 사람이 항공기에서 내릴 때까지(무인항공기 운항의 경우에는 비행을 목적으로 움직이는 순간부터 비행이 종료되어 발동기가 정지되는 순간까지를 말한다) 항공기의 운항과 관련하여 발생한 다음 각 목의 어느 하나에 해당하는 것을 말한다.

1) 사람의 사망 · 중상(重傷) 또는 행방불명
2) 항공기의 중대한 손상 · 파손 또는 구조상의 결함
3) 항공기의 위치를 확인할 수 없거나 항공기에 접근이 불가능한 경우

너. “항공기준사고(航空機準事故)”란 항공기사고 외에 항공기사고로 발전할 수 있었던 것으로서 국토교통부령으로 정하는 것을 말한다.

더. “항공안전장애”란 항공기사고, 항공기준사고 외에 항공기 운항 및 항행안전시설과 관련하여 항공안전에 영향을 미치거나 미칠 우려가 있었던 것으로서 국토교통부령으로 정하는 것을 말한다.

러. “장애물 제한표면”이란 항공기의 안전운항을 위하여 비행장 주변에 장애물(항공기의 안전운항을 방해하는 지형 · 지물 등을 말한다)의 설치 등이 제한되는 표면으로서 대통령령으로 정하는 것을 말한다.

머. “항행안전시설”이란 유선통신, 무선통신, 불빛, 색채 또는 형상(形象)을 이용하여 항공기의 항행을 돕기 위한 시설로서 국토교통부령으로 정하는 시설을 말한다.

버. “항공등화”란 불빛을 이용하여 항공기의 항행을 돕기 위한 항행안전시설로서 국토교통부령으로 정하는 시설을 말한다.

서. "관제권(管制圈)"이란 비행장과 그 주변의 공역으로서 항공교통의 안전을 위하여 국토교통부장관이 지정한 공역을 말한다.

어. "관제구(管制區)"란 지표면 또는 수면으로부터 200미터 이상 높이의 공역으로서 항공교통의 안전을 위하여 국토교통부장관이 지정한 공역을 말한다.

저. "항공로"란 국토교통부장관이 항공기의 항행에 적합하다고 지정한 지구의 표면상에 표시한 공간의 길을 말한다.

처. "시계비행 기상상태"란 항공기가 항행할 때의 가시거리 및 구름 상황을 고려하여 국토교통부령으로 정하는 시계상(視界上) 양호한 기상상태를 말한다.

커. "계기비행 기상상태"란 시계비행(視界飛行) 기상상태 외의 기상상태를 말한다.

터. "계기비행"이란 항공기의 자세 · 고도(高度) · 위치 및 비행방향의 측정을 항공기에 장착된 계기에만 의존하여 비행하는 것을 말한다.

퍼. "계기비행방식"이란 다음 각 목에 따른 비행방식을 말한다.

1) 관제권에서의 이륙 및 이에 따른 상승비행(上昇飛行)과 착륙 및 이에 선행(先行)하는 강하비행(降下飛行)은 제38조에 따라 국토교통부장관이 지정하는 항공로 또는 제70조제1항에 따라 국토교통부장관이 지시하는 비행로에서 하고, 그 밖의 비행은 제70조제1항에 따라 국토교통부장관이 지시한 방법에 따라 하는 비행방식

2) 가목에 따른 비행 외의 관제구에서의 비행을 제70조제1항에 따른 국토교통부장관의 지시에 따라 하는 비행방식

허. "경량항공기"란 항공기 외에 비행할 수 있는 것으로서 국토교통부령으로 정하는 타면(舵面)조종형비행기, 체중이동형비행기 및 회전익경량항공기 등을 말한다.

고. "경량항공기사고"란 경량항공기의 비행과 관련하여 발생한 다음 각 목의 어느 하나에 해당하는 것을 말한다.

1) 경량항공기에 의한 사람의 사망 · 중상 또는 행방불명

2) 경량항공기의 추락 · 충돌 또는 화재 발생

3) 경량항공기의 위치를 확인할 수 없거나 경량항공기에 접근이 불가능한 경우

노. "초경량비행장치"란 항공기와 경량항공기 외에 비행할 수 있는 장치로서 국토교통부령으로 정하는 동력비행장치(動力飛行裝置), 인력활공기(人力滑空機), 기구류(氣球類) 및 무인비행장치 등을 말한다.

도. "초경량비행장치사고"란 초경량비행장치(超輕量飛行裝置)의 비행과 관련하여 발생한 다음 각 목의 어느 하나에 해당하는 것을 말한다.

1) 초경량비행장치에 의한 사람의 사망 · 중상 또는 행방불명

2) 초경량비행장치의 추락 · 충돌 또는 화재 발생

3) 초경량비행장치의 위치를 확인할 수 없거나 초경량비행장치에 접근이 불가능한 경우

로. "모의비행장치"란 항공기의 조종실을 모방하여 기계 · 전기 · 전자장치 등의 통제기능과

비행의 성능 및 특성 등을 실제의 항공기와 동일하게 재현할 수 있게 고안된 장치를 말한다.

모. "항공운송사업"이란 타인의 수요에 맞추어 항공기를 사용하여 유상(有償)으로 여객이나 화물을 운송하는 사업을 말한다.

보. "국내항공운송사업"이란 국토교통부령으로 정하는 일정 규모 이상의 항공기를 이용하여 다음 각 목의 어느 하나에 해당하는 운항을 하는 항공운송사업을 말한다.

1) 가. 국내 정기편 운항: 국내공항과 국내공항 사이에 일정한 노선을 정하고 정기적인 운항계획에 따라 운항하는 항공기 운항

2) 나. 국내 부정기편 운항: 국내에서 이루어지는 가목 외의 항공기 운항

소. "국제항공운송사업"이란 국토교통부령으로 정하는 일정 규모 이상의 항공기를 이용하여 다음 각 목의 어느 하나에 해당하는 운항을 하는 항공운송사업을 말한다.

1) 가. 국제 정기편 운항: 국내공항과 외국공항 사이 또는 외국공항과 외국공항 사이에 일정한 노선을 정하고 정기적인 운항계획에 따라 운항하는 항공기 운항

2) 나. 국제 부정기편 운항: 국내공항과 외국공항 사이 또는 외국공항과 외국공항 사이에 이루어지는 가목 외의 항공기 운항

오. "소형항공운송사업"이란 국내항공운송사업 및 국제항공운송사업 외의 항공운송사업을 말한다.

조. "항공기사용사업"이란 항공운송사업 외의 사업으로서 타인의 수요에 맞추어 항공기를 사용하여 유상으로 농약 살포, 건설 또는 사진촬영 등 국토교통부령으로 정하는 업무를 하는 사업을 말한다.

초. "항공기취급업"이란 항공기에 대한 급유(給油), 항공 화물 또는 수하물(手荷物)의 하역(荷役), 그 밖에 정비등을 제외한 지상조업(地上操業)을 하는 사업을 말한다.

코. "항공기정비업"이란 다른 사람의 수요에 맞추어 다음 각 목의 어느 하나에 해당하는 업무를 하는 사업을 말한다.

1) 가. 항공기등, 장비품 또는 부품의 정비등을 하는 업무

2) 나. 항공기등, 장비품 또는 부품의 정비등에 대한 기술관리 및 품질관리 등을 지원하는 업무

토. "상업서류 송달업"이란 타인의 수요에 맞추어 유상으로 「우편법」 제2조제2항 단서에 해당하는 수출입 등에 관한 서류와 그에 딸린 견본품을 항공기를 이용하여 송달하는 사업을 말한다.

포. "항공운송 총대리점업"이란 항공운송사업을 경영하는 자를 위하여 유상으로 항공기를 이용한 여객 또는 화물의 국제운송계약 체결을 대리(代理)[여권 또는 사증(査證)을 받는 절차의 대행은 제외한다]하는 사업을 말한다.

호. "도심공항터미널업"이란 공항구역이 아닌 곳에서 항공여객 및 항공화물의 수송 및 처리

에 관한 편의를 제공하기 위하여 이에 필요한 시설을 설치 · 운영하는 사업을 말한다.

구. "항공교통사업자"란 공항 또는 항공기를 사용하여 여객 또는 화물의 운송과 관련된 유상 서비스(이하 "항공교통서비스"라 한다)를 제공하는 공항운영자 또는 항공운송사업자를 말한다.

누. "항공교통이용자"란 항공교통사업자가 제공하는 항공교통서비스를 이용하는 자를 말한다.

두. "항공레저스포츠"란 취미 · 오락 · 체험 · 교육 · 경기 등을 목적으로 하는 비행[공중에서 낙하하여 낙하산(落下傘)류를 이용하는 비행을 포함한다]활동을 말한다.

루. 항공기대여업"이란 다른 사람의 수요에 맞추어 유상으로 항공기, 경량항공기 또는 초경량비행장치를 대여(貸與)하는 사업(제43호의2나목의 사업은 제외한다)을 말한다.

무. "항공레저스포츠사업"이란 타인의 수요에 맞추어 유상으로 다음 각 목의 어느 하나에 해당하는 서비스를 제공하는 사업을 말한다.

1) 항공기(비행선과 활공기에 한한다), 경량항공기 또는 국토교통부령으로 정하는 초경량비행장치를 사용하여 조종교육, 체험 및 경관조망을 목적으로 사람을 태워 비행하는 서비스

2) 다음 중 어느 하나를 항공레저스포츠를 위하여 대여(貸與)해주는 서비스

가) 활공기 등 국토교통부령으로 정하는 항공기

나) 경량항공기

다) 초경량비행장치

3) 경량항공기 또는 초경량비행장치에 대한 정비, 수리 또는 개조 서비스

부. "초경량비행장치사용사업"이란 다른 사람의 수요에 맞추어 국토교통부령으로 정하는 초경량비행장치를 사용하여 유상으로 농약살포, 사진촬영 등 국토교통부령으로 정하는 업무를 하는 사업을 말한다.

수. "이착륙장"이란 비행장 외에 경량항공기 또는 초경량비행장치의 이륙 또는 착륙을 위하여 사용되는 육지 또는 수면(水面)의 일정한 구역으로서 대통령령으로 정하는 것을 말한다.

우. "항공학적 검토"란 항공안전과 관련하여 시계비행 및 계기비행 절차 등에 대한 위험을 확인하고 수용할 수 있는 안전수준을 유지하면서도 그 위험을 제거하거나 줄이는 방법을 찾기 위하여 계획된 검토 및 평가를 말한다.

[전문개정 2009. 6. 9.]

부록

용어정리 및 참고자료

용어정리

ㄱ

- **가속도 센서(Acceleration sensor)**: 물체가 정지 할 때, 물체의 기울기를 알려줌(중력 가속도를 측정하는 장치)
- **가속도의 법칙(제2법칙)**: 물체가 힘을 받으면 그 물체는 힘의 방향으로 가속되려는 성질
- **강수(Precipitation)**: 대기 중의 수증기가 변화하여 지상으로 떨어지는 액체상태의 물방울 또는 고체상태의 얼음조각 등의 총칭
- **거친 착빙(Rime ice)**: 거칠고 불투명하며, 충격을 받으면 급속히 얼어붙는 과냉각 방울로 형성
- **결빙**: '착빙' 참조
- **경도풍(Gradient wind)**: 등압선이 원형으로 되어있고 중심이 저기압인 경우에는, 기압경도력에 의하여 중심 쪽으로 불어 들어가는 바람
- **경로점**: '웨이포인트' 참조
- **계절풍**: 계절적 변화에 따라 육지와 바다의 비대칭 가열과 관련된 대기 순환(지표면 기압 분포의 계절적 변화)에 기인하여 생기는 바람
- **고기압(High pressure)**: 주위보다 기압이 높음, 바람은 기압이 높은 곳에서 낮은 곳으로 불기 때문에 고기압 중심에서 바깥쪽으로 바람이 불어 나감(북반구에서는 시계방향)
- **고도계 센스(Altitude sensor)**: '기압계 센서' 참조
- **고정익 드론(Fixed Wing Drone)** : 항공기처럼 고정된 날개가 부착되어 있는 드론
- **고홈**: '자동회귀' 참조
- **골바람**: 낮 동안에 산 아래에서 산 정상으로 불어오는 바람
- **공역(Airspace)**: 비행 중인 항공기가 충돌하는 것을 막기 위하여 설정한 공중의 영역
- **관성의 법칙(제1법칙)**: 정지하고 있는 물체는 계속 정지하려하고, 운동하고 있는 물체는 계속 운동하려고 하는 성질
- **관성측정장치(IMU, Inertial Measurement Unit)**: 자이로 가속도 센서는 가속도 센서(Accelerometer sensor)와 자이로 센서(Gyro sensor)가 결합된 센서 융합기(Sensor fusion platform)

- **관제구(Control Zone)**: 자표면 또는 수면으로부터 200m 이상 높이의 공역으로서 항공교통의 안전을 위하여 국토교통부장관이 지정한 공역
- **관제권(Control Area)**: 공항을 포함한 지표에서 상공에 이르는 정해진 넓이의 공간. 이 공간에서는 관리구역 내에 적용되는 법규 및 교통 보호를 위한 여러 가지 규칙이 적용
- **관제탑(Aerodrome Control Tower)**: 비행장 관제업무를 제공하기 위하여 설치된 시설
- **구름**: 대기 중에 떠 있는 극히 작은 물방울 또는 얼음결정의 집합체
- **국지풍(열적 국지풍)**: 복사 가열 또는 복사 냉각에 의해 발생, 해륙풍(sea/land breezes), 산곡풍(mountain/valley breezes) 등
- **극동풍**: 극 순환이 있는 지표면에서의 부는 동풍
- **극 순환**: 극지역의 차가운 공기가 적도 쪽에서 퍼져 나와 아한대 저압대에서 상승하는 순환
- **기단(氣團, Airmass)**: 온도와 수증기 함량으로 정의되는 공기의 부피
- **기상의 7대 요소**: 기온, 습도, 기압, 바람, 강수, 시정, 구름
- **기압경도력(Pressure gradient)**: 대기가 균형을 이루기 위해서 기압이 높 곳에서 낮은 곳으로 이동하는 힘
- **기압계 센서(Barometer Pressure sensor)**: 고도에 따른 대기압 변화의 원리를 이용하여 드론의 고도를 측정하는 센스
- **기압고도(氣壓高度, Pressure Altitude)**: 표준대기(해수면 표준기압) 상태에서 측정된 고도
- **기온(Air temperature)**: 지상으로부터 약 1.5m 높이의 대기 온도
- **김안개(Steam fog)**: '증발안개' 참조

ㄴ

- **난류(Turbulent)**: 기단의 운동으로, 매우 다른 속도로 움직이는 공기가 만나면서 발생
- **노점(Dew point)**: 공기가 포화되어 수증기가 응결할 때의 온도
- **노콘(NoCon, No Control)**: 조종 불능(Out of Control)상태, 기체와 조종기 사이의 신호에 문제가 생겨 조종자가 의도하지 않은 기체동작이 발생하는 현상
- **높새바람**: 우리나라의 푄현상, 태백산맥의 영동과 영서 지방에서 부는 동풍(북동쪽에서 불어오는 봄바람)
- **뇌우(雷雨, Thunderstorm)**: 번개와 천둥을 동반하는 특징을 가지는 폭풍
- **눈(Snow)**: 얼음결정 또는 이들의 집합체로 이루어진 강수의 한 형태

ㄷ

- **대기압(Atmospheric pressure)**: 표면(1cm2) 위에 대기 가스가 가지는 공기기둥의 무게, 보통 1기압은 1013.25hPa
- **대류(Convection)**: 유체 운동으로 인해 물체와 환경 간의 에너지 전달(수직 방향의 유체 운동)
- **대류권(Troposphere)**: 표면에서 성층권의 바닥까지의 층, 활발한 날씨 현상, 기온감률 6.5℃/km[2℃/1000ft]
- **돌풍(Gust)**: 바람의 속도가 짧게 증가하는 것(보통 20초 미만)
- **동축반전형 유인항공기**: 기체의 한 축에 상부, 하부 두 개의 로터를 반대 방향으로 회전하여 반토크 현상을 상쇄시키는 원리를 이용한 항공기
- **드론(Drone)**: 무인기를 지칭하는 최초의 용어, 국립국어원은 '무인기(UAV)'로 순화하여 사용하기를 권장
- **등압선(isobar, 等壓線)**: 일기도 상에 기압이 같은 지점을 연결한 선

ㄹ

- **랜딩스키드(Landing Skid)**: 드론의 기체 하단 부분, 이착륙 시 충격으로부터 기체를 보호하는 장치
- **러더(Rudder) 스틱**: 드론을 좌회전시키고 우회전시키는 스틱
- **로그 북(Log Book)**: 비행날짜, 비행 횟수, 비행장소, 비행시간, 비행 목적 등을 기록하는 기록장
- **로터(Rotor)**: 모터의 회전에 의해 양력을 발생시키는 장치
- **롤(Roll)**: 세로축(Longitudinal Axis)은 기체의 앞부터 꼬리까지 연결하는 축, 드론에서는 에릴러런(Aileron) 스틱의 조종을 통해서 좌우비행
- **리턴 투 랜드(Return to Land)**: 리턴 투 홈과 마찬가지로 이륙 지점으로 돌아와 착륙하도록 하는 비행 모드
- **리턴 투 홈**: '자동복귀 모드' 참조
- **리튬폴리머 배터리(LiPO Battery)**: 재충전이 가능한 배터리로 드론의 동력원으로 가장 많이 이용

ㅁ

- **마찰력(Frictional force)**: 이동하는 공기가 지표면에 의해 반대 방향으로 받게 되는 힘
- **맑은 착빙(Clear ice)**: 깨끗하고 부드러우며, 과냉각된 물방울 형성
- **멀티콥터(Multicopter)**: 3개 이상의 모터 및 프로펠러를 가진 비행체
- **무게중심(CG, Center of Gravity)**: 3차원 공간인 공중에서 비행운동을 하는 기체는 세로축(롤, Roll), 가로축(피치, Pitch), 수직축(요, Yaw)의 3개의 축이 교차하는 지점, 드론(멀티콥터)의 CG는 동체의 중앙부분
- **무선조종(R/C, Radio Control)**: 무선에 의해서 원격 조정을 하는 것
- **무선항법**: 전파의 정속성 및 직진성을 이용한 항법
- **무역풍(편동풍)**: 해들리 순환이 있는 곳의 동서 방향으로 평균한 바람, 적도를 향하는 동풍
- **무인기/무인 항공기(UAV, Unmanned Aerial Vehicle)**: 인간 조종사가 탑승하지 않은 항공기, 드론의 또 다른 명칭
- **무인비행장치(우리나라 항공안전법)**: 항공기에 사람이 탑승하지 않는 무인 동력비행장치와 무인 비행선
- **무인 항공기 시스템(UAS, Unmanned Aircraft System)**: 무인기, 지상 기반 컨트롤러 및 둘 간의 통신 시스템
- **밀리암페어시(mAh)**: 배터리의 용량을 뜻하며, 1000 mAh(=1 Ah) 배터리는 1암페어(1 A)의 부하를 1시간 동안 견딜 수 있는 용량

ㅂ

- **바람(Wind)**: 대기압의 차이로 인한 공기의 수평방향의 운동, 방향(풍향)과 세기(풍속)로 나타냄
- **바람구배(Wind gradient)**,: '윈드 시어' 참조
- **반시계방향 회전**: CCW(Counter Clockwise)
- **반토크(Antitorque)**: 토크(Torque)를 상쇄시키는 힘, '토크' 참조
- **받음각(영각, Angle of Attack)**: 익현선(날개의 경사각)과 회전상대풍(공기 흐름의 방향)이 이루는 각

- **방공식별구역(Air Defence Identification Zone)**: 땅이나 물 위에 위치하는 공역, 국가 안보를 위해 민간항공기의 식별, 위치 찾기, 통제를 수행하는 구역
- **베르누이 정리**: 이상 유체의 정상 흐름에서 유체의 에너지 총량은 항상 일정
- **벡터**: 크기와 방향을 모두 가지고 있는 물리량(속도, 가속도, 중량, 양력, 항력 등)
- **병진운동상태(Translational States, 직진운동)**: 경도, 위도, 고도, 속도
- **보퍼트(Beufort) 풍력계급**: 육안으로 풍속을 측정하는 방법, 12단계의 풍력계급
- **복사(Radiation)**: 우주 공간으로부터 나오는 전자기파(electromagnetic wave)의 복사 방출에 의한 에너지 전달(태양의 복사 에너지)
- **복사안개(Radiation fog)**: 지표면의 냉각으로 여기에 접한 공기가 냉각되어 발생
- **붙임각**: '취부각' 참조
- **브러시 모터(Brushed Motor)**: 자석은 고정되어 있고 로터(회전자)가 움직여서 브러시를 통하여 전기를 공급하는 모터
- **브러시리스 모터(Brushless Motor)**: 브러시 없이 전류의 방향을 전자적으로 검출하는 모터, 3상 전류를 사용해야 하므로 전자변속기(ESC)가 필요
- **블래이드 로터(Blade Rotor)**: 헬리콥터의 주 회전날개(메인 로터)
- **비(rain)**: 0.5mm 이상의 물방울이 구름에서 떨어지는 것
- **비등점(Boiling point)**: 물이 끓기 시작하는 온도(1기압의 순수한 물은 100℃)
- **비열(Specific heat)**: 어떤 물질 1g의 온도를 1℃만큼 올리는데 필요한 열량
- **비행금지구역(Prohibited Area)**: 안전, 국방 및 그 밖의 이유로 항공기의 비행을 금지하는 육지 또는 영해 상공에 설정된 일정범위의 공역
- **비행 모드(Mode)**: GPS 모드, 자세 모드, 매뉴얼 모드
- **비행정보구역(Flight Information Region)**: 국제민간항공기구(ICAO)가 항공교통관제를 위해 각 나라가 담당하는 공역을 나눈 것
- **비행 제한구역(RA, Restricted Area)**: 항공사격, 대공사격 등으로 인한 위험으로부터 항공기의 안전을 보호 하거나 그 밖의 이유로 비행허가를 받지 않은 항공기의 비행을 제한하는 육지 또는 영해 상공에 설정된 공역
- **비행컨트롤러(FC, Flight Controller)**: 센서 칩(자이로 가속도, GPS, 지자계, 기압계)과 연산을 하는 프로세서가 부착되어 있고, 전자변속기(ESC, Electrical Speed Controller)에 속도 제어신호를 주어서 모터의 회전수를 제어
- **빙점(Freezing point)**: 물이 얼기 시작하거나 얼음이 녹기 시작할 때의 온도로 0℃

ㅅ

- **산바람**: 밤 동안에 산 정상에서 산 아래로 불어오는 바람
- **상대습도(Relative humidity)**: 대기 중에 포함된 수증기량과 그때의 온도에서 대기가 포함할 수 있는 최대 수증기량과의 비를 백분율(%)
- **서리(Frost)**: 고체 표면의 얇은 얼음 층
- **서리 착빙(Frost ice)**: 기체가 고정되어있는 동안 보호되지 않은 표면에서 물이 얼기 때문에 형성
- **성층권(Stratosphere)**: 대류권의 꼭대기에서 중간권의 바닥까지의 층, 오존층(15~35 km), 오존이 자외선 흡수(기온이 가열)
- **셀(Cell)**: 리튬폴리머(LiPO) 배터리의 단위, 1셀당 3.7 V의 정격전압을 가지고 직렬로 연결하여 사용
- **시계 가시영역**: '시야거리' 참조
- **시계방향 회전**: CW(Clockwise)
- **시계비행(Visual Flight)**: 기상상태가 양호한 경우에 계기비행 방식에 의존하지 않고 시각으로 비행하는 것
- **시야거리(VLOS, Visual Line Of Sight)**: 항공기가 항행할 때의 가시거리 및 구름 상황을 고려하여 국토교통부령으로 정하는 시계상 양호한 기상상태
- **시위선**: '익현선' 참조
- **시위길**: 캠버(Chamber)의 앞전에서 뒷전까지의 거리
- **시정(Visibility)**: 물체나 빛을 명확하게 식별 할 수 있는 거리의 척도
- **실속(Stall)**: 항공기의 속도 상실, 항공기가 공기의 저항에 부딪쳐 추진력을 상실하는 현상
- **수동 모드(Manual mode)**: 자동화된 기능 없음(수동조작 필요)
- **수준원점**: 표고와 고도는 평균 해수면을 기준으로 삼는데, 수위 측정소에서 얻은 값을 육지로 옮겨와 고정점을 정하는 것
- **수평유지장치**: '짐벌' 참조
- **스로틀(Throttle) 스틱**: 드론을 상승시키고 하강시키는 스틱
- **스칼라**: 방향을 가지고 있지 않고 크기만 가지고 있는 물리량(속력, 질량, 부피, 시간, 면적 등)
- **스콜(Squall)**: 몇 분 동안 계속되는 풍속의 갑작스럽고 급격한 증가
- **습도(Humidity)**: 공기 중에 존재하는 수증기의 농도

ㅇ

- **안개**: 지표면 가까운 대기 중에 떠 있는 극히 작은 물방울의 집합체
- **암페어시**: '밀리암페어시' 참조
- **양력(Lift)**: 베르누이 원리를 따르며, 드론(비행기)의 진행방향에 대하여 바람이 불어오는 방향에 대하여 수직으로 작용하는 힘(부양력)
- **언덕안개(Hill fog)**: '활승안개' 참조
- **에어포일(Airfoil, 날개골, 풍판)**: 항공기의 날개 단면(Wing section) 또는 드론의 프로펠러 단면
- **에일러런(Aileron) 스틱**: 드론을 좌측 및 우축으로 이동시키는 스틱
- **엘리베이터(Elevator) 스틱**: 드론을 전진시키고 후진시키는 스틱
- **열권(Thermosphere)**: 85 km에서 400 km의 외권 기저까지의 층, 전리층(ionosphere), 장거리 통신 이용
- **열량(Heat quantity)**: 열을 양적으로 표시한 것으로써 물질의 온도가 상승함에 따라 열에너지를 흡수할 수 있는 양
- **옥터콥터(Octocopter)**: 로터가 8개가 부착된 드론
- **온난 전선(Warm front)**: 따뜻한 공기가 찬 공기의 경계면을 따라서 올라가면서, 찬 공기가 있는 쪽으로 이동해 가는 형태의 전선
- **온도(Temperature)**: 더위와 추위를 표현하는 물리량, 모든 물질에 존재하는 열에너지의 표현
- **외기권(Exosphere)**: 표면에서 약 690km에서 1,000km까지의 층, 야광운, 인공위성, 행성의 자기권과 상호 작용
- **요(Yaw)**: 수직축(Vertical Axis)은 기체의 무게중심을 관통하는 축, 드론에서는 러더(Rudder) 스틱의 조종을 통해서 좌우회전비행
- **우박(Hail)**: 단단하고 둥글거나 불규칙한 얼음덩어리
- **원격 조종 항공기 시스템(RPAS, Remotely Piloted Aircraft System)**: 국제 민간 항공기구(ICAO)가 채택하여 사용하는 용어
- **원심력(Centrifugal force)**: 바람이 원운동을 하는 경우, 중심에서 멀어지게 하는 힘
- **웨이포인트(Waypoint)**: 경로점, 항공로점, 드론이 중간 중간 설정된 웨이포인트를 지나도록 지정하여 경로를 따라 자동 비행이 가능한 기능

- **위성항법 시스템(GNSS, Global Navigation Satellite System)**: 인공위성을 이용해서 수신자가 수신기를 통해서 자신의 위치를 알게 해주는 체계
- **윈드 시어(wind shear)**: 바람구배, 대기에서 비교적 짧은 거리에 걸친 풍속 또는 방향의 차이, 항공기 제어에 중요한 영향을 미치며, 많은 항공기 사고의 결정적인 원인이 됨
- **유도기류**: 드론이 상승 및 하강 시, 이착륙 지면과 거리가 가까워지면 유도기류에 의한 지면효과(ground effect)가 발생
- **유도항력**: 프로펠러의 움직임에 발생(양력 발생)하는 하강기류(유도기류)에 의하여 발생하는 항력
- **유상하중**: '탑재하중' 참조
- **유체의 연속의 법칙**: 왼쪽에 유입된 유량은 나중에 오른쪽에 유출된 유량(Q = AV)와 같음
- **유해항력**: 전체 항력에서 메인 로테에 작용하는 항력을 뺀 나머지 항력
- **육풍**: 야간에 육지에서 바다로 부는 바람
- **이류(Advection)**: 한 위치에서 다른 위치로의 유체 이동 메커니즘(수평 방향의 유체 운동)
- **이류안개(Advection fog)**: 따뜻한 공기가 찬 지표면이나 수면 위로 이동할 때, 공기가 냉각되어 포화 수증기압에 도달하여 발생
- **이슬(Dew)**: 결로(結露)로 인해 아침이나 저녁에 얇고 노출된 물체에 나타나는 물방울 형태의 물
- **이슬점**: '노점' 참조, 물방울이 형성되는 온도
- **이슬점온도(露点溫度, 노점온도)**: 일정한 압력 하에서 온도를 내려서 공기가 포화되는 순간의 온도
- **익현선(시위선, Chord line)**: 에어포일의 앞전(Leading edge)과 뒷전(Trailing edge)을 이은 선
- **일기도**: 일기 요소의 관측된 값과 분석결과를 여러 기호와 숫자, 선 등을 사용하여 지도의 형식으로 나타낸 것
- **일기도 기호**: 바람(풍향, 풍속), 기온, 이슬점, 일기, 기압, 기압 변화경향, 구름(운형, 운량) 등의 일기정보(여러 기호와 숫자, 선 등)

ㅈ

- **자동복귀 모드(RTH, Return To Home)**: 통신두절(Failsafe) 시, GPS를 기반으로 이륙위치로 돌아오게 하는 기능
- **자동회귀(Auto Return)**: 고홈(Go Home)으로 최초 이륙지점으로 돌아오는 기능(RTL, Return To Launch)
- **자세제어 모드(Attitude mode)**: 자세, 고도 만 유지(전후좌우로 흘러 다님)
- **자이로 가속도 센서**: 관성측정장치 참조
- **자이로 센서(Gyro sensor)**: 회전하는 물체의 각속도를 측정하는 각속도 센서(회전관성을 이용해 비행자세를 측정)
- **작용 반작용의 법칙(제3법칙)**: 물체A가 물체B에 힘을 가하면 물체B도 물체A에게 크기가 같고 방향이 반대인 반작용하는 성질
- **잠열(latent heat, 증발열)**: 기체가 액체상태(혹은 고체상태)로 상태가 변할 때 방출하는 열에너지, 수증기가 증발할 때 방출하는 열에너지
- **저기압(Low pressure)**: 주위보다 기압이 낮다. 중심 기압이 낮으므로 저기압 중심 쪽으로 바람이 불어 들어감(북반구에서는 반시계방향)
- **전도(Conduction)**: 물리적 접촉에 있는 물체 사이의 에너지 전달(물체의 직접적인 접촉에 의해서 발생)
- **전선(Front)**: 성질이 다른 두 기단이 만나는 면으로 두 기단의 경계면
- **전선안개(Frontal fog)**: 따뜻한 공기가 찬 공기를 만나 상승하면서 포화되어 발생
- **전압(Total pressure, Pt)**: 정압과 동압의 합을 의미하며 항상 일정
- **전향력(Coriolis force, 코리올리힘)**: 지구의 자전으로 인하여 발생하는 겉보기의 힘
- **절대고도(絶對高度, Absolute Altitude)**: 지표면에서 항공기까지의 수직거리, 지면고도(AGL)로 표기
- **절대습도(Absolute humidity)**: 단위 부피의 공기 속에 포함되어 있는 수증기량(g/m3)
- **정규 식생지수(NDVI, Normalized Difference Vegetation Index)**: 단위가 없는 복사 값, 녹색식물의 상대적 분포량과 활동성, 엽면적 지수, 엽록소 함량, 엽량 및 광합성 흡수복사량 등과 관련된 지표로 사용
- **정체 전선(Stationary front)**: 온난 전선과 한랭 전선이 이동하지 않고 정체해 있는 전선
- **제트기류**: '편서풍' 참조

- **조언공역(Advisory Airspace)**: 항공교통 조언업무가 제공되도록 지정된 공역 또는 비행로
- **조종 불능상태**: '노콘' 참조
- **조종자 기준 모드**: '헤드리스 모드' 참조
- **중간권(Mesosphere)**: 약 85 km에 위치하는 중간권계면(mesopause)까지의 층, 유성이 타는 층, 야광운 존재
- **중력(Weight)**: 지구가 지표면에 있는 물체(드론)를 끌어당기는 힘
- **증발안개(Evaporation fog)**: 혹은 김안개, 일사량이 강한 잔잔한 해면에서 종종 발생
- **증발열**: '잠열' 참조
- **지균풍(Geostrophic wind)**: 마찰력이 약한 상층에서 기압경도력과 전향력이 균형을 이루는 바람
- **지리정보체계**: '지아이에스' 참조
- **지면고도(AGL, Above Ground Level)**: 지표면 위로부터 측정된 고도, 절대고도와 동일한 의미, AGL(above ground level) 또는 HAGL(height above ground level)로 사용
- **지면효과(Ground Effect)**: 기체가 지면 가까이에서 비행시 지면 때문에 기체가 받는 영향
- **지문항법**: 지상의 중요한 목표를 비행 중에 육안으로 확인하면서 비행하는 방법
- **지상풍(Surface wind)**: 기압경도력에 전향력과 마찰력이 균형을 이루는 바람
- **지씨피[GCP, Ground Control Point]**: 직접 측량에 의해 위치 값을 알 수 있는 기지점, 교차로, 모서리, 독립된 바위 등 식별이 용이한 지점을 선정
- **지아이에스[GIS, Geographic Information System]**: 지리정보체계로 지구상의 지점에 관련된 정보를 처리하는 것을 일컷는 것으로, 지리정보를 컴퓨터 데이터로 변환하여 효율적으로 활용하기 위한 정보체계
- **지자계 센서(Magenetometer sensor)**: 자북을 측정하여 드론의 방향(방위정보)을 제공하는 나침반 기능을 하는 센서
- **지피에스[GPS(Global Positioning System, 위치인식 시스템) 센서]**: GPS 위성으로부터 GPS 수신기를 통하여 신호를 받아 드론의 위치와 고도를 측정하는 센서
- **지피에스 모드[GPS 모드(GPS mode)]**: 위치, 자세, 고도, 방향 유지(자동화로 안정된 비행)
- **지피에스 항법[GPS 항법]**: GPS전파를 받는 기기를 이용한 항법
- **진고도(眞高度, True Altitude)**: 평균해수면을 기준으로 하는 고도(해수면부터 항공기까지의 높이)
- **진눈깨비(Sleet)**: 비가 지상으로 떨어지는 도중에 영하의 공기층을 통과할 때 얼어서 형성
- **진북(True north)**: 언제나 변하지 않는 북쪽(북극성 방향)

- **짐벌(Gimbal)**: 수평유지장치로 드론에 장착되어 기체가 기울어져도 카메라가 흔들림 없이 바른 자세를 유자하면서 영상을 촬영하도록 도와주는 장치

ㅊ

- **착빙(着氷, icing; 결빙)**: 항공기의 날개나 프로펠러 등에 얼음이 부착하는 현상
- **초경량 비행장치**: Ultra Light Flying Equipment
- **추력(Thrust)**: 드론의 진행방향으로 발생하는 힘(드론이 앞으로 나아가는 힘)
- **추측항법**: 항법에 필요한 제원(고도, 속도, 거리, 시간, 풍향, 풍속, 편류 등을 구하거나 가정)을 참고하여 비행하는 방법
- **취부각(붙임각, Angle of Pitch)**: 익현선과 회전면이 이루는 각

ㅋ

- **캠버**: 시위길이(시위선)와 평균캠버선 사이의 길이(두께)
- **케이브이(kV)**: 1V당 모터의 분당 회전수(RPM, Recycle Per Minute)
- **코리올리힘**: '전향력' 참조
- **쿼드콥터(Quadcopter)**: 로터가 4개가 부착된 드론

ㅌ

- **탑재하중(Payload)**: 유상하중으로 드론이 싣고 이동 가능한 물체의 중량
- **태풍(颱風, Typhoon)**: 열대성 저기압(tropical cyclone)으로 북태평양 남서부 열대 해역에서 발생
- **터미날 공항 예보(TAF, Terminal Aerodrome Forecast)**: 기상 및 항공에서 TAF는 특히 항공과 관련된 기상 예보 정보를 보고하는 형식
- **테일 로터(Tail Rotor)**: 헬리콥터의 꼬리 회전날개

- **토글스위치(Toggle Switch)**: GPS 모드, 자세 모드, 매뉴얼 모드, 자동복귀모드 등 기능 설정에 사용
- **토리첼리(Torricelli)**: 수은 기압계의 수은 기둥 높이로 측정, 수은 기둥의 760mm(76cm)에 해당
- **토크(Torque)**: 모멘트(monent), 회전력, 돌림힘 등으로 불리며, 물체를 회전시키는 효력을 나타내는 물리량(N•m, 뉴턴미터)
- **트리콥터(Tricopter)**: 로터가 3개 부착된 드론
- **트림(Trim)**: 항공기에 작용하는 모멘트의 힘이 상쇄되어 각운동을 하지 않는 상태
- **트림(Trim)버튼**: 조종기 기능 설정버튼(조종기의 모드를 모드 1 혹은 모드 2로 조작), 미세 조종하여 스틱의 영점을 잡는데 사용
- **틸트로터 드론(Tiltrotor) Drone**: 고정익과 회전익 기능을 모두 포함하는 드론

ㅍ

- **팔로우 미(Follow Me)**: 조종하지 않아도 피사체를 자동으로 따라오는 기능
- **페렐(Ferrel) 순환**: 해들리 순환과 극 순환 사이에 있는 반대 방향의 순환
- **페일세이프(Failsafe)**: GPS가 설치된 FC 이용 시, 드론이 조종신호를 잃었거나, 외부통신 교란 요인으로 기체와 조종기간 통신이 끊기거나 배터리가 없을 때 자동으로 홈 위치로 복귀하는 기능
- **편류현상**: 헬리콥터 전체가 꼬리 회전날개의 추력방향으로 편류(driftway)되려는 현상
- **편서풍(Westerlies)**: 아열대 지역(35° ~65° 사이의 중위도)의 상층(고도 약 13km 상공)에 부는 매우 강한 바람(제트기류), 펠렐 순환이 있는 중위도 지역의 지표면에서 극 쪽으로 향하는 서풍
- **평균캠버선**: 윗면(Upper chamber)과 아랫면(Lower chamber)의 중간지점을 잇는 선
- **폐색 전선(Occluded front)**: 한랭 전선과 온난 전선이 서로 겹쳐진 전선
- **푄(Föhn)현상**: 독일 지역에서 알프스 산맥을 넘어 부는 건조한 열풍
- **프로펠러(Propeller, 프롭)**: '로터' 참조
- **피치(Pitch)**: 가로축(Lateral Axis)은 날개 끝들을 연결하는 축, 드론에서는 엘리베이터(Elevator) 스틱의 조종을 통해서 전후비행

- **피치(Pitch/Blade Pitch)**: 프로펠러가 한 바퀴 회전 시 앞으로 나아간 거리
- **피치각(Pitch Angle)**: 시위선과 프로펠러 회전면(1개의 날개깃(blade)의 회전면, Disk)이 이루는 각
- **픽스포디 맵퍼(Pix4D mapper)**: 2차원 이미지를 이용하여 고정밀 거리 지도와 3차원 모델을 생성하는 프로그램

ㅎ

- **한랭 전선(Cold front)**: 차가운 공기가 따뜻한 공기 쪽으로 이동하면서, 그 밑으로 쐐기처럼 파고들면서 따뜻한 공기를 강제적으로 상승시킬 때 만들어지는 전선
- **항공고시보(NOTAM, Notice To Airmen)**: 항공시설, 서비스, 절차 또는 장애의 신설, 상태 또는 그 변경에 관한 정보를 수록하고 있는 공고문을 무선통신에 의하여 배포하는 고시보
- **항공교통관제업무**: 항공기 간의 충돌방지, 기동지역에서 항공기와 장애물 간의 충돌방지, 항공교통 흐름의 질서유지 및 촉진 등의 목적을 위하여 수행하는 비행장 관제업무, 접근관제 업무, 지역 관제업무 등
- **항공기(Aircraft)**: 공중을 날 수 있는 비행체
- **항공로점**: '웨이포인트'
- **항공정기 기상보고(METAR: aviation routine weather report)**: 날씨 정보를 보고하기 위한 형식
- **항공정보간행물(AIP, Aeronautical Information Publication)**: 항공항행에 필수적이고 영구적인 성격의 항공정보를 수록한 간행물
- **항공정보관리(AIM, Aeronautical Information Management)**: 항공관련 정보를 전자형태로 생산, 관리, 교환하여 항공정보의 안전성, 신뢰성, 효율성을 확보하는 체계
- **항력(Drag)**: 드론 진행방향의 반대 방향으로 발생하는 저항력으로, 추력의 반대방향으로 작용하는 힘
- **항행 안전시설**: 유선통신, 무선통신, 불 빛, 색채 또는 형상을 이용하여 항공기의 항행을 돕기 위한 시설
- **해들리(Hadley) 순환**: 적조지역 따뜻한 공기가 상승하여 아열대 지역으로 하강하는 순환
- **해발고도(ASML, Above Mean Sea Level)**: 평균해수면(MSL, Mean Sea Level)을 기준으로 한 높이, 항공기의 고도

- **해풍**: 주간에 육지 쪽으로 불어오는 바람
- **헤드리스 모드(Headless Mode)**: 조종자 기준 모드로 드론이 어디를 향하고 있든 상관없이 조종자 기준으로 방향을 조절할 수 있는 기능
- **헥사콥터(Hexacopter)**: 로터가 6개가 부착된 드론
- **현열(Sensible heat)**: 물질의 온도변화를 일으키는데 필요한 열량
- **형상항력**: 유해항력의 일종으로 주로 회전익에서 발생하며 날개가 회전할 때 공기와 마찰하면서 발생하는 항력
- **호버링(Hovering)**: 공중 정지비행, 전체 추력의 합력이 드론의 무게를 상쇄하면 드론은 공중에서 정지
- **활승안개(Up-slope fog)**: 또는 언덕안개, 습윤한 공기가 완만한 경사면을 따라서 올라갈 때 발생
- **회전면**: 드론의 경우에 프로펠러가 수평으로 회전하는 면(로터의 이동경로)
- **회전상대풍(Rotational relative wind)**: 공기 흐름들의 합력(공기역학적 바람)을 이론적으로 나타낸 것
- **회전운동상태(Rotational States, 회전운동)**: 롤, 피치, 요
- **회전익 드론(Rotary Blade Drone)**: 다수의 로터(Rotor, 회전자)로 움직이는 드론

참고자료

1. 위키피디아, www.en.wikipedia.org
2. 두피디아, www.doopedia.co.kr
3. 한국교통안전공단, www.kotsa.or.kr
4. 국토교통부, www.molit.go.kr
5. 법제처 국가법령정보센터, www.law.go.kr
6. 한국항공우주연구원, www.kari.re.kr
7. 유튜브, 이원장드론, 드론자격증 필기강좌(동영상)
8. 드론학개론(현장가이드북), 민진규·박재희, 배움, 2019
9. 드론학개론, 신정호 등, 복두출판사, 2020
10. 드론공학개론, 윤용현, 형설출판사, 2017
11. 무인멀티콥터(드론 요점 & 필기시험), 류영기·박장환, ㈜골든벨, 2018
12. 초경량비행장치 드론실기 및 구술시험, 박장환 등, 2018
13. 드론 초경량비행장치(무인멀티콥터) 필기 한권으로 끝내기, 서일수·장경식, ㈜시대고시기획, 2018
14. 드론 초경량비행장치(무인멀티콥터) 실기편(교육용 교본), 서일수·장경식, ㈜시대고시기획, 2018
15. 드론 조종자 자격증 핵심이론 + 1000제, 민진규, 배움, 2018
16. 초경량비행장치 무인멀티콥터 드론 조종 자격증 필기시험 한방에 끝내기, 권희춘, ㈜한솔아카데미, 2018
17. 드론 교관 과정, 김재윤 등, 구민사, 2020
18. 드론 Pix4D mapper, 권세호 등, 구미서관, 2020
19. 드론산업 발전 기본계획(안), 관계부처 합동, 2017
20. 무인비행장치 기체신고 및 조종자격 차등화 설명회, 국토교통부, 한국교통안전공단, 2020
21. 드론(무인기) 원격탐사·사진측량, 이강원 등, 구미서관, 2016
22. 해양원격탐사: 4차 산업혁명과 해양원격탐사 Big data의 활용, 윤홍주, 위즈덤플, 2018
23. 드론을 이용한 하천부유쓰레기 및 녹조 감시, 윤홍주, 낙동강소리, 2018

24. 해양수산분야 드론활용 확대방안 연구, 최상희 등, 한국해양수산개발원, 2017
25. 4차 산업혁명시대, 수산부분 드론 활용 및 확대방안 고찰, 이남수, 수산관측 리뷰, 2016
26. 드론의 해양수산 분야 활용방안, 김형태, 한국해양수산개발원, 2014
27. 수중드론 기술 현황 및 미래, 최형식, 드론쇼 코리아 컨퍼런스 2017, 2017
28. 중소기업 전략기술로드맵 2019-2021 드론, 중소벤쳐기업부, 2018
29. 드론 안전관리 가이드, 국토교통부, 2018
30. Drone technology in Architecture, Engineering and Construction: A strategic guide to unmanned aerial vehicle operation and implementation, Daniel Tal & Jon Altschuld, Wiley, 2012
31. Unmanned: Drone warfare and global security, Rogers, A., & Hill, J., Between the Lines. 2014
32. Drones and Artificial Intelligence(https://droneii.com/project/drones-and-ai), 2018

드론 2021년 3월 관련법 개정

드론의 정석(별책부록 포함)

2021년 5월 20일 초판 인쇄
2021년 5월 25일 인쇄 발행

저 자 윤홍주
발 행 인 송기수
발 행 처 도서출판 위즈덤플
편 집 처 도서출판 위즈덤플
편 집 인 김명신, 공예서
표지디자인 디자인붐
인 쇄 처 더블비
등록번호 제 2015-000009 호
ISBN 979-11-89342-34-0(93550)

주 소 서울 은평구 증산로 15길 69 2층
전 화 02-976-7898, 02-3272-7898
팩 스 02-6468-7898
홈페이지 gsintervision.co.kr
E-Mail gsinter7@gmail.com

정 가 28,000원

이 책의 무단전재, 복제, 복사는 저작권법 제 97조에 의거 5년 이하의 징역 또는 5천만원 이하의 벌금에 처하게 됩니다.